Metallfärbung

Die wichtigsten Verfahren zur Oberflächenfärbung und zum Schutz von Metallgegenständen

von

Hugo Krause

Beratender Ingenieur-Chemiker für Metalloberflächenbehandlung

Zweite, vollständig neu bearbeitete und vermehrte Auflage

Berlin
Verlag von Julius Springer
1937

ISBN 978-3-642-51215-5 ISBN 978-3-642-51334-3 (eBook)
DOI 10.1007/978-3-642-51334-3

Softcover reprint of the hardcover 2nd edition 1937

Vorwort zur zweiten Auflage.

Bei der Bearbeitung der ersten Auflage dieses Buches war ich bestrebt, nicht nur ein Rezeptbuch zu bieten, sondern ein Lehrbuch für den Unterricht an der Staatl. Fachschule für Metallindustrie in Iserlohn, an der ich damals tätig war. Ich habe schon in dieser ersten Auflage nur eine Auslese aus der Unzahl der im Fachschrifttum zu findenden Vorschriften gebracht. Seitdem habe ich aber in Iserlohn, später während meiner Tätigkeit in Gmünd und nach Aufgabe dieser Tätigkeit noch als beratender Ingenieur Gelegenheit gehabt, die Hauptgruppen der Färbeverfahren planmäßig zu überprüfen. Das Ergebnis dieser in den Mitteilungen des Forschungsinstituts Schwäb.-Gmünd, der Metallwarenindustrie und Galvanotechnik und der Oberflächentechnik ausführlich veröffentlichten Arbeiten führte noch zur Ausscheidung einer ganzen Anzahl von Vorschriften, nach denen man zwar „auch“ färben kann, die aber keinerlei besondere Vorteile bieten. An Stelle der restlosen Wiedergabe des verwirrend umfangreichen Fach- und Patentschrifttums wurden in der Neuauflage die Ergebnisse der Überprüfung der hauptsächlichsten für die gewerbliche Anwendung geeigneten Verfahren ausführlicher behandelt. Hierdurch wird dem Leser die Wahl eines Verfahrens erleichtert, auch werden dadurch für die Ausführung, für etwa nötige Abänderungen zur Anpassung an Sonderfälle, für die Erkennung von Fehlern und ihre Abhilfe sicherere Grundlagen gegeben als durch eine kurze Zusammenstellung zahlreicher Vorschriften.

Diese Ergänzungen machten allerdings umfangreichere Streichungen nötig. Die einleitenden Abschnitte wurden knapper gefaßt, die Abschnitte über die Chemikalien, über die eigentlichen galvanischen Metallniederschläge und die Abschnitte der ersten Auflage über Email, Tauschierung, Niello usw. wurden weggelassen. An Stelle des Abschnitts „Die wichtigsten Chemikalien und ihre Benennung“ kann durch den Verfasser ein zur Vorbereitung auf die Meisterprüfung der Galvaniseure bestimmter Sonderdruck an Leser, denen die chemischen Grundkenntnisse fehlen, abgegeben werden, die galvanischen Niederschläge sind in des Verfassers „Galvanotechnik“, 8. Auflage 1937, ausführlich behandelt, nur die Abschnitte über Metallniederschläge ohne äußere Stromquelle und die eigentlichen elektrochemischen Färbungen wurden beibehalten. Die einleitenden Abschnitte über die zu färbenden Werkstoffe wurden auch auf das zum Verständnis der Färbevorgänge unbedingt Notwendige beschränkt.

Ich hoffe durch die in der Neuauflage niedergelegten Ergebnisse einer mehrjährigen Arbeit der weiteren Sichtung des Stoffes dem Rat suchenden Praktiker einen Dienst erwiesen zu haben und spreche meinen Mitarbeitern bei diesen Versuchsarbeiten auch an dieser Stelle meinen Dank aus. Es bleibt aber noch viel Arbeit zu leisten, ehe sich die Metallfärbung mit anderen Zweigen der Metallwissenschaft und -technik auf gleiche Stufe stellen kann. Wenn auch die Korrosionsforschung zu manchen auch für die Metallfärbung wichtigen Erkenntnissen geführt hat, bleibt noch immer zu wünschen, daß die Metallfärbung selbst von unseren Forschungsstätten mehr gefördert wird.

Schwäb. Gmünd, im Juli 1937. **Der Verfasser.**

Inhaltsverzeichnis.

Erstes Kapitel.

Begriff, Anwendung und Ausführung der Metallfärbung[1].

Die metallischen Werkstoffe können häufig nicht mit ihrer blanken Oberfläche verwendet werden. In manchen Fällen möchte man das durch die Einwirkung der umgebenden Luft entstehende Anlaufen und Fleckigwerden verhindern oder das sonst notwendig werdende Putzen vermeiden, in anderen Fällen ist der Metallglanz störend, oder das Metallteil muß sich durch seine Farbe der Umgebung oder der Verwendung anpassen. Man kann in manchen Fällen das nicht anlaufbeständige Grundmetall mit einem anlaufbeständigen Deckmetall durch Aufwalzen, Tauchen ins Schmelzbad, Elektroplattieren, Spritzen überziehen, wobei das Grundmetall geschützt wird, eine metallische Oberfläche aber erhalten bleibt; in anderen Fällen kann man die Oberfläche durch einen Farb- oder Lackanstrich decken. Dabei gehen aber wesentliche Eigenschaften der metallischen Oberfläche verloren, wie die Glätte, die Widerstandsfähigkeit gegen reibende Beanspruchungen und gegen höhere Temperaturen. Wo dies nicht angängig ist, wo zwar dem Metall der Glanz der blanken Metallfläche genommen und der Oberfläche eine bestimmte Färbung gegeben werden soll, die meist zugleich auch einen Schutz der Oberfläche bildet, dabei aber die Eigenart des Metalls bewahrt, kommt nur die chemische Färbung des Metalls in Frage.

1. Begriff und Anwendungsgebiete der Metallfärbung.

Bei der Metallfärbung wird eine meist nur sehr dünne, mehr oder weniger hitzebeständige und chemisch widerstandsfähige Schicht einer chemischen Verbindung des Grundmetalles selbst, manchmal auch eines anderen Metalles auf der Oberfläche gebildet. Diese Schicht zeigt gewissermaßen die Eigenart der metallischen Oberfläche vor der Färbung: sie ist glatt und glänzend, wenn das Metall vorher glanzpoliert war, und sie ist matt, wenn es matt war. Sie wächst, wenn sie eine Verbindung des zu färbenden Metalls selbst ist, auf der Oberfläche durch die chemische Umsetzung mit der zur Färbung benutzten Lösung, also gewissermaßen aus der Oberfläche heraus, entspricht also auch der Natur des Metalles. Ist die Schicht eine Verbindung eines anderen Metalles als des Grundmetalles, so wird sie zwar aus der Lösung niedergeschlagen, verwächst aber doch innig mit der Oberfläche des Grundmetalls und hat die Eigenschaften einer Schicht der erstgenannten Art.

[1] Siehe auch Z. VDI Bd. 81 (1937) S. 127.

Das Vorbild für künstlich erzeugte chemische Metallfärbungen bilden die natürlichen Metallfärbungen; sie entstehen durch die Einwirkung des Sauerstoffs der Luft unter Mitwirkung der Luftfeuchtigkeit, durch den Einfluß der in der Luft enthaltenen Verunreinigungen wie Kohlensäure, Schwefeldioxyd, Schwefelwasserstoff, Schwefelammonium, in anderen Fällen durch Erhitzung oder durch die Einwirkung des Wassers und der in ihm gelösten Stoffe. Man hat deshalb auch bei der künstlichen chemischen Färbung der Metalle in erster Linie chemische Verbindungen dieser Art erzeugt, also nur Vorgänge beschleunigt, die von Natur langsam verlaufen. Die Hilfsmittel der Chemie geben aber auch die Möglichkeit, zahlreiche andere chemische Färbungen herzustellen; diese nahezu unbegrenzten Möglichkeiten verleiten aber leicht zu mancherlei Entgleisungen. Wenn man einen Metallknopf dem Kleiderstoff, einen Möbel- oder Kofferbeschlag dem Holz oder Leder anpassen will oder aus Aluminiumblech eine auffallende Verpackung herstellen will, so mag man von diesen Möglichkeiten unbegrenzten Gebrauch machen, wenn man aber einen Metallgegenstand als solchen zur Geltung bringen will, wird man Eisen nicht grün, Messing nicht blau und Aluminium, soweit es z. B. in der Architektur verwendet wird, nicht blau, grün oder rot färben.

2. Ausführung der Metallfärbung.

Hier sollen zunächst nur die allgemeinen Gesichtspunkte zusammengestellt werden, die bei der Wahl und Ausführung einer Metallfärbung zu beachten sind und auf die auch oft schon bei der Gestaltung eines später zu färbenden Gegenstandes Rücksicht zu nehmen ist.

Kleinere Gegenstände färbt man am besten durch Tauchen in eine Lösung gewisser Salze, das „Bad" oder die „Beize" genannt, manchmal bei Zimmertemperatur, häufiger bei erhöhter Temperatur (bis zum Siedepunkt des Bades), da hierdurch die Beizdauer meist erheblich abgekürzt wird; manche Beizen wirken bei Zimmertemperatur überhaupt noch nicht. In einigen Fällen nimmt man den elektrischen Strom zu Hilfe, und zwar kann man in manchen Bädern auf dem als Anode, in anderen auf dem als Kathode eingehängten Gegenstand Färbungen, also Schichten farbiger Metallverbindungen erzeugen; galvanische Metallniederschläge selbst sollen hier nicht behandelt werden. Wenn elektrochemische Metallfärbungen nur wenig Anwendung finden, so liegt der Grund neben den höheren Betriebskosten darin, daß bei diesen Verfahren wegen des meist sehr verschiedenen Abstandes einzelner Teile der zu färbenden Oberfläche von der Gegenelektrode die Färbung selten gleichmäßig wird. Bei anodischen Färbungen werden vorstehende Teile auch leicht zerfressen, ehe die zurückliegenden gefärbt sind. Eine Ausnahme macht die anodische Oxydierung des Aluminiums. Einige elektrolytisch hergestellte Färbungen, wie der Grauglanzoxyd genannte Arsenniederschlag, die Schwarznickel-, Schwarzchrom-, Platin- und Palladiumschwarz-Niederschläge gehören trotz ihres oxydähnlichen Aussehens doch zu den galvanischen Metallniederschlägen, nicht zu den Färbungen der oben gekennzeichneten Art.

Durch Einwirkung von Gasen färbt man noch seltener als elektrolytisch. Häufig arbeitet man aber statt durch Eintauchen in die Lösung durch Auftragen dieser mit Pinsel, Bürste, Lappen oder Schwamm oder durch Aufspritzen der Lösung. Wenn es dabei auch etwas schwerer ist, gleichmäßige Färbungen zu erhalten als beim Tauchen, muß man dieses Verfahren notwendigerweise bei allen größeren Gegenständen wählen, die nicht getaucht werden können. Wenn man fleckenfreie, gut haftende Färbungen herstellen will, muß man möglichst gleichmäßig und dünn auftragen. Dies wiederholt man so oft wie nötig, nachdem der erste Auftrag vollständig getrocknet ist. Will man eine gleichmäßige Färbung durch Tauchen erzielen, ist es nötig, das Bad nicht zu klein zu nehmen und die Gegenstände möglichst im Bade zu bewegen. Beim Eintauchen mehrerer Gegenstände muß man die gegenseitige Berührung verhindern.

Auch maschinelle Arbeitsverfahren sind in Anwendung. Man kann z. B. den zu färbenden Gegenstand auf eine Drehbank mit langsamem Gang spannen und einen mit dem Färbebad getränkten Lappen andrücken oder eine rotierende Bürste, Lappenscheibe oder Filzscheibe mit dem Färbebad tränken bzw. dieses langsam auftropfen lassen und den Gegenstand dagegen drücken, auch Sägemehl oder ähnliche Stoffe mit dem Färbebad tränken und die Gegenstände mit diesen in eine rotierende Trommel bringen, die auch durch eine Feuerung erhitzt werden kann.

Fleckige Färbungen kann man auch dadurch erzeugen, daß man den Gegenstand dunkel färbt und mit einem mit verdünnter Zyankalilösung oder einer schwachen Säure befeuchteten Schwamm oder Pinsel betupft, wodurch sich an den betupften Stellen die färbende Schicht löst, so daß diese Stellen heller oder ganz bloßgelegt werden, worauf man sie unter Umständen mit anderen Mitteln nachfärben kann.

Eine sehr wirkungsvolle Färbung erhielt Verfasser z. B. auf Bronzetellern, Vasen usw. durch Betupfen mit einer Goldlösung, Verarbeiten der entstehenden Goldflecke mit einer weichen Kratzbürste und nachfolgendes Färben z. B. mit einer nicht zu starken Lösung von Kupfernitrat (Aufpinseln oder Tupfen, Trocknenlassen und Erhitzen).

Nach einem der Württ. Metallwarenfabrik Geislingen geschützten Verfahren erzielt man besonderen Glanz der Färbung durch vorhergehende ganz schwache Versilberung und besondere Wirkung durch verschieden starke Vorversilberung.

Zur Belebung größerer Flächen ist es manchmal recht vorteilhaft, die Kristallstruktur der Metalle sichtbar zu machen.

Verfasser erzielte auch bei Färbungen durch Antupfen oder Anstreichen Vorteile durch die Verwendung von Netzmitteln (Nekal, Leonil usw.), teils durch Zusatz zur verwendeten Lösung, teils durch Vorbehandlung der Oberfläche damit. Diese Versuche auf andere Färbungen auszudehnen, fehlte bisher die Zeit, die Netzmittel sind aber ohne Zweifel auch bei Tauchfärbungen mit Vorteil zu verwenden.

Zum Abtönen der Färbungen verwendet Verfasser seit Jahren Wasserstoffsuperoxyd.

Nach einem DRP. der Württ. Metallwarenfabrik in Geislingen werden mit Werkzeugen verschiedener Art, z. B. kleinen Bohrern, Fräsern oder Schleifscheiben an biegsamen Wellen, ähnlich wie sie die Zahnärzte haben, Zeichnungen ausradiert und die freigelegten Flächen in einer anderen Färbung gefärbt.

Schließlich kann die chemische Metallfärbung mit der mechanischen verbunden werden. Statt farblose Schutzanstriche zu verwenden, kann man durch schwach gefärbte die Färbung verändern, feuriger, dunkler machen, auch pulverförmige Stoffe auf den Lackanstrich aufstäuben, von den Höhen unter Umständen wieder wegwischen, so daß sie nur in den Tiefen sitzen bleiben u. dgl. mehr. Besonders bei Beleuchtungskörpern verwendet man oft eine chemische Grundfärbung und setzt Tiefen und Ornamente mit sog. Patinalacken ein, ebenso bei Vergoldungen und echten Goldwaren.

3. Vorbereitung der Gegenstände für die Färbung.

Der Erfolg hängt sehr wesentlich von der richtigen Vorbereitung des Gegenstandes vor der eigentlichen Färbung ab. Oxyd- und Fettschichten, mögen sie auch noch so dünn sein, verzögern die chemische Einwirkung der Badbestandteile auf die Metalloberfläche oder verhindern sie ganz. Die Oberfläche ist also entweder auf chemischem Wege mit Säuren (Beizen oder Brennen) oder auf mechanischem Wege durch Schleifen und Polieren, Sandblasen, Scheuern in Trommeln od. dgl. metallisch rein zu machen und gut zu entfetten. Hierzu nimmt man Fettlösungsmittel, wie Benzin, Trichloräthylen, Perchloräthylen, Tetrachlorkohlenstoff oder Laugen wie Natron- oder Kalilauge, Lösungen von Soda, Pottasche oder Trinatriumphosphat oder Mischungen dieser Bestandteile. Man reinigt durch Abkochen, Abbürsten, Abspritzen oder auch in alkalischen Lösungen elektrolytisch (durch den kathodisch entwickelten Wasserstoff). Bei der Vorbereitung ist weiter zu beachten, daß bei der Metallfärbung die Oberflächenbeschaffenheit erhalten bleibt. Damit man eine glänzende Färbung erzielt, muß man also das Metall vorher glänzend polieren; will man eine matte Färbung erzielen, so muß vorher mit dem Sandstrahl mattiert (körniges Matt) oder mit einer umlaufenden Bürste mit Schmirgel oder Bimsmehl (Strichmatt) oder auch mit der Mattbrenne (zinkhaltige Salpetersäure-Schwefelsäure-Mischung) mattiert werden. Die Metallfärbungen sind mit wenigen Ausnahmen so dünn (höchstens etwa 0,002 mm), daß sie eine derartige Bearbeitung nachträglich nicht mehr zulassen, wenn man auch glänzende Färbungen oft noch leicht nachglänzen oder Färbungen, die fleckig oder schillernd aus dem Bade kommen, durch leichtes Kratzen mit umlaufenden weichen Draht- oder Fiberbürsten ausgleichen muß. Es ist deshalb auch ganz falsch, anzunehmen, daß sich eine mangelhafte Oberflächenbeschaffenheit, schlechte Politur, Risse, Kratzer oder Poren durch die Metallfärbung verdecken lassen. Meist ist das Gegenteil der Fall: derartige Fehler treten nach der Färbung noch stärker hervor. Die chemische Färbung ist eben kein deckender Anstrich, sondern eine chemische Veränderung der Metalloberfläche selbst, bei der ihre mechanische Beschaffenheit unverändert bleibt.

4. Arten der Metallfärbung.

Die Verfahren zur Herstellung chemischer Metallfärbungen lassen sich in der Hauptsache in drei Gruppen einteilen: Verfahren zur Herstellung von Oxydschichten, Verfahren zur Herstellung von Schwefelverbindungen (Sulfiden) und Verfahren zur Herstellung basischer Salze.

Oxydfärbungen erhält man schon durch Erhitzen an der Luft, besser und gleichmäßiger aber meist durch die Einwirkung von Lösungen oder auch Schmelzen verschiedener Oxydationsmittel, Sulfidfärbungen durch Schwefelalkalien, Schwefelwasserstoff, Schwefelammonium, auch Thiosulfate (beim Ansäuern der Lösung) oder Thioantimoniate, Färbungen durch basische Salze mit Hilfe der Lösungen von Chloriden, Sulfaten, Karbonaten, Nitraten, Azetaten usw.

5. Rezepte und Patente.

Die Möglichkeiten, chemische Färbungen herzustellen, sind außerordentlich zahlreich und dementsprechend auch die in Handbüchern und Fachzeitschriften beschriebenen und zum Teil auch durch Patente geschützten Verfahren. Es gibt aber natürlich viele Bäder, mit denen man gleiche oder annähernd gleiche Färbungen erzielt, von denen für die Praxis nur das beste und am sichersten zum Ziel führende Bad Wert hat; andere Verfahren geben wohl gute und haltbare Färbungen, sind aber für die Massenfertigung zu umständlich und zu teuer. Bei der Metallfärbung ist zu beachten, daß es eine Menge wertloser „Rezepte" gibt, auf die leider oft Bezug genommen wird, ohne daß sie einer Nachprüfung nach technischer Brauchbarkeit oder Wirtschaftlichkeit standhalten.

Beim Ansetzen der Bäder ist sorgfältig auf die Benennung der Chemikalien zu achten. Bei der Neigung der meisten Praktiker, die manchmal etwas langen und schwierigen Namen abzukürzen und zu verstümmeln, und den meist recht geringen oder gar nicht vorhandenen chemischen Kenntnissen kommen zahlreiche Verwechslungen vor, die zu unliebsamen Verlusten an Zeit und Geld führen. Man verwechsele also nicht Chloride mit Chloriten oder Chloraten, Sulfide mit Sulfiten oder Sulfaten usw. Auch auf den Gehalt der im Handel befindlichen Chemikalien ist zu achten, der z. B. bei wasserfreien Salzen höher ist als bei den kristallisierten, die Kristallwasser enthalten. Die Selbstherstellung der Chemikalien bietet keinen Vorteil und führt häufig zu Mißerfolgen. Man wird also statt Eisenfeile oder Hammerschlag und Salzsäure, Eisenchlorür und Eisenchlorid, statt Kupfer in Salpetersäure aufzulösen, Kupfernitrat nehmen usw.

6. Wissenschaftliche Arbeiten auf dem Gebiete der Metallfärbung.

Wissenschaftliche Arbeit ist auf dem Gebiete der Metallfärbung noch wenig geleistet worden. Man hat bei einigen ursprünglich rein aus der praktischen Erfahrung hervorgegangenen Verfahren die günstigsten Zusammensetzungen der Bäder und die vorteilhaftesten Arbeitsbedingungen durch planmäßige Forschungsarbeit ermittelt und dabei auch einige neue Verfahren gefunden. Fast ganz fehlen aber noch

Untersuchungen über die Haltbarkeit der Färbungen gegen mechanische Abnutzung und über die Widerstandsfähigkeit gegen atmosphärische Korrosion und andere chemische Einwirkungen.

Bei den meisten Anwendungen der chemischen Metallfärbung handelt es sich aber nicht nur darum, dem Gegenstand eine bestimmte Farbe zu geben, sondern auch einen Schutzüberzug, und die Fragen des Metallschutzes haben in den letzten Jahren eine außerordentlich umfangreiche und eingehende wissenschaftliche Bearbeitung erfahren. Die Ergebnisse der Korrosionsforschung liefern natürlich auch für die Metallfärbung wertvolle Erkenntnisse, können aber anderseits auch wieder die Aufmerksamkeit von den eigentlichen „Färbungen" ablenken, um so mehr, als von der Schwarzfärbung optischer Geräteteile und der Feldgraufärbung der Heeresausrüstungsgegenstände abgesehen, die Metallfärbung vorwiegend im Kunstgewerbe Anwendung findet und hier zur Zeit blankes Metall bevorzugt wird. Die Metallfärbung bietet also noch ein weites und dankbares Gebiet für Forschungsarbeiten.

Die Vorgänge bei der Metallfärbung sind ausgesprochene topochemische Reaktionen, also Vorgänge, die an den Ort gebunden sind und die manche Eigentümlichkeiten gegenüber Reaktionen zeigen, deren Teilnehmer frei beweglich sind. Den Sonderbedingungen solcher Vorgänge hat man in neuerer Zeit besondere Beachtung geschenkt, wobei es sich um die Abhängigkeit des Reaktionsprodukts vom Ort und den Umständen seiner Bildung, um die Bildungsform und die aus dieser bedingte Fähigkeit, sich weiter in besonderer Weise zu betätigen, um die Wirkungsform, handelt.

Adsorptionsmessungen haben gezeigt, daß die wirklich reagierende Oberfläche ein Vielfaches der scheinbaren, geometrisch gemessenen Oberfläche ist. Die Oberfläche ist auch nicht nach dem normalen Kristallgitter aufgebaut, sondern aus unregelmäßig angeordneten und ungleichmäßig gebundenen Atomen, beim Polieren tritt sogar eine Art Verglasung ein. Die aktivsten Stellen eines Metalls liegen nicht in der Mitte einer Kristallfläche, sondern an den Ecken und Kanten der einzelnen Kristalle. Nach Merk kann die Reaktionsgeschwindigkeit an den aktivsten Stellen das Hundert- bis Millionenfache betragen, so daß die übrige Oberfläche für den Reaktionsverlauf praktisch nicht mehr in Frage kommt. Auch der Rostvorgang und die Lösung von Eisen in Schwefelsäure gehen von den Korngrenzen aus und sind nach Pietsch verhältnisgleich der Korngrenzenstrecke je Flächeneinheit. Durch alles das läßt sich erklären, daß manchmal ein und derselbe Vorgang an Gegenständen aus dem gleichen Werkstoff ganz verschieden verlaufen kann.

Beachtung verdient auch noch der Einfluß des p_H-Wertes auf die Wirkung der Bäder für Metallfärbung, Untersuchungen darüber liegen bisher kaum vor.

7. Einfluß der Legierung auf die Färbung.

Die Färbung der Kupferlegierungen ist im wesentlichen, da die entstehenden Zink- oder Zinnverbindungen farblos sind, auch eine Kupferfärbung, wobei die Bestandteile der Legierung den Farbton natürlich beeinflussen. Dies geschieht aber nicht einfach im Verhältnis des Legierungsanteils in der Weise, daß mit zunehmendem Gehalt an Zink oder Zinn sich der Farbton von dem auf Kupfer erzielten entfernt. Zunehmender, nicht zu hoher Zinkgehalt erleichtert oft die Erzielung einer satten Färbung, stärkerer Zinkgehalt gibt allerdings weniger schöne, graugrünlicher werdende und oft auch weniger gut haftende Färbungen. Die ammoniakalische Messingschwarzbeize liefert z. B. auf Kupfer nur ein mageres Braun, ein tiefes Schwarz nur auf Messing mit nicht zu niedrigem und nicht zu hohem Zinkgehalt. Zinnreiche Bronzen sind schwerer zu färben als zinkhaltige, höher nickelhaltige Legierungen lassen sich in den für Kupferlegierungen verwendeten Bädern gar nicht färben, höchstens in der Arsenbeize grau. Ein nicht zu hoher Bleigehalt der Bronze begünstigt die Patinierung. Bei den Untersuchungen über verschiedene Färbeverfahren in kupferhaltigen Bädern zeigte sich, daß der Farbton auf Messing mit steigendem Zinkgehalt bis Ms 67 und teilweise bis Ms 63 heller, dann wieder rötlicher wurde. Das ist durch das Auftreten des Beta-Kristalls zu erklären, der mit dem Alpha-Kristall galvanische Ketten bildet, die zur Ausscheidung von Kupfer aus der Lösung führen.

8. Fehler und Störungen bei der Ausführung der Färbung.

Die Bildung galvanischer Ketten zwischen verschiedenen sich berührenden Metallen kann bei der Metallfärbung sehr störend wirken. Werden Teile aus verschiedenen Metallen vor der Färbung zusammengebaut, so ist eine gleichmäßige Färbung der einzelnen Teile nicht möglich, da sich an der Berührungsstelle durch die Einwirkung der dort entstehenden galvanischen Ströme mindestens Ränder bilden werden. Das gilt auch für Lötnähte, denn das Lot ist ja auch ein anderes Metall oder wenigstens eine andere Legierung als der Werkstoff; dasselbe gilt für Niete aus einem anderen Metall oder einer anderen Legierung, es gilt selbstverständlich auch für Teile mit abweichendem Legierungsverhältnis. Dieser Fall liegt vor, wenn Gegenstände oder Werkstücke aus Gußteilen, Blechteilen und Teilen aus Stangenwerkstoff zusammengesetzt werden. Man erhält bekanntlich schon ein galvanisches Element, wenn man ein stark kaltgerecktes Blech und ein ausgeglühtes Blech desselben Werkstoffs in eine Säure oder Salzlösung taucht, wobei sich das kaltgereckte als unedler, also als die Lösungselektrode, erweist.

Dünnwandige, schnell erstarrende und dickwandige, langsam erstarrende Stellen an Gußstücken haben verschiedene Gefüge und infolge Seigerung auch oft verschiedene Zusammensetzung der Legierung. Das kann zu abweichender Färbung infolge der Legierungsunterschiede an sich, aber auch durch Bildung galvanischer Ketten führen. Bei kaltverformten Teilen bilden sich galvanische Ketten zwischen den stark kaltverformten Kanten und Umbördelungen und den wenig kaltverformten Böden oder den weniger verformten Seitenwänden. Alle diese Störungen sind, soweit nicht ein Ausgleich durch

Ausglühen möglich ist, nur dadurch zu umgehen, daß man die Ursachen schon bei der Gestaltung vermeidet.

Beim Färben von Gußstücken örtlich sehr verschiedener Wandstärke bleibt die Temperatur der dicken Teile sowohl beim Eintauchen in das meist erhitzte Färbebad als auch beim Herausziehen zurück. Dadurch können im ersten Fall die dicken Teile in der Färbung zurückbleiben, im zweiten Fall aber unter der Einwirkung der noch anhaftenden Badflüssigkeit und der Luft noch nachgefärbt werden. Das läßt sich durch Wahl eines bei gewöhnlicher Temperatur wirkenden Bades vermeiden oder durch Vorwärmen und Nachspülen in heißem Wasser.

Um Flecken und Ausblühungen zu vermeiden, die sich oft erst nach längerer Zeit zeigen, ist gründliches Spülen, möglichst in heißem Wasser, nötig, damit nicht Reste des Färbebades in Poren des Metalls zurückbleiben. Besondere Schwierigkeiten verursachen dabei Hohlräume, in denen trotz gründlichen Spülens leicht größere Badreste zurückbleiben, z. B. bei Blechgegenständen geschlossene Umbördelungen, bei verschraubten Gegenständen Schraubenlöcher, bei vernieteten undichte Nietungen. Hier helfen häufig auch Neutralisationsbäder nichts, denn auch deren Reste verursachen dieselben Störungen, wenn sie nicht entfernt werden. Günstigenfalls entstehen Ränder, Flecken, Ausblühungen. Größere Badreste z. B. in Umbördelungen können aber auch zur vollständigen Zerstörung des Gegenstandes führen. Das schlimmste ist, daß sich diese Störungen nicht sofort bemerkbar machen, sondern erst nach längerer Zeit. Trockene Salzreste schaden nichts; da die Salze aber meist hygroskopisch sind, ziehen sie nach und nach Feuchtigkeit an und reagieren nunmehr unter Angriff des Metalls.

Da jede Metallfärbung ein chemischer Angriff der Oberfläche, also eine gewollte „Korrosion“ ist, so können die schon obengenannten galvanischen Ketten zwischen verschieden stark kaltgereckten Teilen auch zu einer verstärkten Korrosion der stark kaltgereckten Stellen führen, also nicht nur Unterschiede in der Färbung verursachen, sondern auch Zerstörungen des Teils durch Rissig- und Brüchigwerden hervorbringen. Hierbei kann auch die Aufhebung des Gleichgewichts der inneren und äußeren Spannungen durch Angriff der äußeren Schicht und Korngrenzenkorrosion bei zu stark wirkenden Färbebädern mitwirken.

9. Rücksichten der Gestaltung auf die Metallfärbung.

Für den Entwurf und die Herstellung von Gegenständen, die auf chemischem Wege gefärbt werden sollen, ergeben sich aus den vorstehenden Betrachtungen eine Anzahl Regeln, deren Nichtbeachtung bei der Ausführung der Färbung selbst nicht wieder gut zu machen ist.

1. Gegenstände, die einheitlich gefärbt werden sollen, müssen in ihren Einzelteilen auch aus völlig einheitlichem Werkstoff hergestellt werden.

2. Niete und Schrauben, soweit sie nicht aus dem gleichen Werkstoff wie die Gegenstände hergestellt werden können, sind möglichst verdeckt anzubringen, ebenso Lötnähte, die sich immer anders färben.

3. Bei Gußstücken sind große Unterschiede in der Wandstärke und sehr dünnwandige Stellen, die in der Form abgeschreckt werden, zu vermeiden.

4. Geschlossene Umbördelungen und andere Hohlräume, aus denen die Badreste sich durch Spülen schwer oder gar nicht entfernen lassen, sind möglichst zu vermeiden.

5. Stellen mit örtlich besonders starker Kaltreckung, scharfe Biegungen u. dgl. sind möglichst zu vermeiden, wenn die Reckspannungen nicht vor der Färbung durch Ausglühen beseitigt werden können.

6. Wenn aus einzelnen Teilen zusammengesetzte Gegenstände aus verschiedenen Metallen oder Legierungen hergestellt werden müssen, sollen die Verbindungen nicht starr, sondern lösbar sein, so daß man die Teile vor dem Färben auseinandernehmen und einzeln färben kann.

7. Bestehen die Einzelteile aus verschiedenen Metallen oder Legierungen oder aus Guß-, Blech- und Stangenwerkstoff, so ist vor der Färbung ein deckender galvanischer Niederschlag, meist aus Kupfer oder Messing, aufzubringen.

8. Wenn Teile eine ganz bestimmte Färbung haben müssen, so ist der Werkstoff so zu wählen, daß die gewünschte Färbung auf einfache Weise möglich ist, da nicht jeder Werkstoff beliebig gefärbt werden kann.

Durch die Notwendigkeit, Heimstoffe zu bevorzugen, werden auch der Metallfärbung neue Aufgaben gestellt. Man darf aber an diesen Weg, ausländische Rohstoffe einzusparen, nicht zu spät denken und dann von der Metallfärbung Unmögliches verlangen. Ebenso muß sich der Betriebsingenieur bewußt sein, daß zum Metallfärben Kenntnisse, Erfahrungen, Geschick und in vielen Fällen auch Geschmack gehören und daß man keine guten Erfolge erwarten kann, wenn man es von Unerfahrenen ausführen läßt und ihnen nur ein „Rezept“ in die Hand gibt.

Zweites Kapitel.

Vorbereitung der zu färbenden Metallgegenstände und Behandlung nach der Färbung.

Vor der Besprechung einzelner Metallfärbungen sollen zunächst diejenigen Arbeiten behandelt werden, die bei allen Metallfärbungen vor und nach der eigentlichen Färbung vorzunehmen sind.

Die Vorbereitung zerfällt in Arbeiten zur Herstellung einer metallisch reinen, das heißt von Fett und Schmutz einerseits, von Oxydschichten, Gußhaut, Glühspan usw. andererseits freien Oberfläche, und in Arbeiten zur Erzielung einer besonderen Oberflächenbeschaffenheit: Schleifen, Polieren, Mattieren usw.

Die Nachbehandlung hat zunächst die Aufgabe, die Reste der zum Färben verwendeten Chemikalien, die unerwünschte Nachwirkungen (Flecken, Ausblühungen) verursachen würden, zu entfernen, die

Färbung selbst, die meist in Gestalt einer unansehnlichen, rauhen, nur teilweise festhaftenden Oberflächenschicht aus dem Bade kommt, herauszuarbeiten, Nichthaftendes zu entfernen, der Färbung Glanz zu verleihen, sie abzutönen, in vielen Fällen auch an einzelnen Stellen das Metall durchzureiben und schließlich die Färbung mit einer Schutzschicht von Wachs, Öl, Zapon, Lack, die unerwünschte spätere Veränderungen verhindern soll, dabei aber auch auf die Wirkung der Färbung selbst oft von großem Einfluß ist, zu überziehen.

A. Vorbereitende Arbeiten.

Da die Arbeiten zur Reinigung der Oberfläche häufig zugleich der Erzielung einer bestimmten Oberflächenbeschaffenheit dienen, sollen alle vorbereitenden Arbeiten zusammen besprochen werden. Es wird sich dann in jedem Einzelfall leicht feststellen lassen, welche dieser Arbeiten man wählen und in welcher Reihenfolge man sie vornehmen muß, denn auch diese Reihenfolge ist nicht immer dieselbe. Während man vor dem Beizen oder Brennen entfetten muß, da Fett die Einwirkung von Säuren verhindert, ist die Entfettung bei polierten Waren nach dem Polieren vorzunehmen, bei der Mattierung mit dem Sandstrahlgebläse kann sie ganz wegfallen, doch ist hier auf sorgfältige Entfernung des feinen Sandstaubes von der Oberfläche zu achten. Dagegen bildet sich beim Entfetten polierter Waren in Laugen wieder eine dünne Oxydhaut auf der Oberfläche, die nun abermals mit Säuren oder bei Kupferlegierungen mit Zyankalilösung entfernt werden muß, eine Arbeit, die man Dekapieren nennt.

Die Vorbereitungsarbeiten sind teils mechanische, teils chemische.

I. Die chemische Vorbereitung.

1. Das Entfetten.

a) Entfetten in Laugen: Das Entfetten geschieht meist durch längeres Eintauchen in heiße Natron- oder Kalilauge, wobei pflanzliche und tierische Fette verseift, mineralische emulgiert werden, so daß sie sich, besonders bei nachfolgendem Abbürsten, leicht von der Oberfläche loslösen. Man nimmt gewöhnlich 1 Teil Ätznatron (Natriumhydroxyd, Laugenstein, kaustische Soda) auf 10 Teile Wasser und erhitzt diese Lösung in gußeisernen Kesseln. Statt des Ätznatrons kann man auch Ätzkali nehmen, das die weicheren Schmierseifen bildet. Die Behauptung, daß Ätzkalilösungen die Metalle weniger oxydieren als Ätznatronlösungen, konnte durch Versuche des Verfassers nicht bestätigt werden. Man verwendet auch jetzt wohl allgemein das billigere Ätznatron.

Die zu entfettenden Gegenstände werden an Drähte gebunden oder in Sieben aus Drahtnetz oder siebartig durchlöcherten Steinzeugkörben in die kochende Lauge getaucht. Wie lange sie darin bleiben müssen, richtet sich natürlich nach der zu entfernenden Fettschicht. Nach dem Herausnehmen bürstet man die Gegenstände nochmals mit Lauge ab und bürstet und spült sie dann gründlich mit Wasser, am besten unter einer Brause.

Kennzeichen einer gründlichen Entfettung ist, daß der Gegenstand sich vollständig mit Wasser benetzt zeigt. Zeigen sich noch Fettinseln, die kein Wasser annehmen, so ist die Entfettung zu wiederholen.

Die Entfettungslauge wirkt aber stark oxydierend auf die meisten Metalle, auch greift sie Glas (Email) leicht an. Bei empfindlicheren Gegenständen muß man deshalb längeres Eintauchen vermeiden und sich auf gründliches Abbürsten mit der Lauge beschränken, oder man nimmt schwächere Lauge (1 Teil Ätznatron auf 20 Teile Wasser) oder ersetzt die Natronlauge durch eine weniger stark wirkende Sodalösung.

Seit einigen Jahren wird auch das Trinatriumphosphat oder das vorwiegend aus solchem bestehende P_3 viel zum Entfetten verwendet. Es haftet nicht so fest an der Oberfläche der Metalle wie Natronlauge und Sodalösung, ist also leichter abzuspülen. Man verwendet meist eine 5proz. Lösung. Auch Natriummetasilikat (nicht zu verwechseln mit Kaliwasserglas) wird als Entfettungsmittel verwendet, oft genügt schon eine 2proz. Lösung. Für Massenentfettung hat man automatisch arbeitende Apparate, die Lauge und hierauf Spülwasser auf die auf Transporttischen durch den Apparat geführte Ware spritzen.

b) Abkalken: Zum Abbürsten nach dem Entfetten nimmt man auch häufig einen Brei aus gleichen Teilen Ätzkalk und Schlämmkreide, den man aber nach dem Löschen des Kalkes erst sich abkühlen lassen muß. Der Ätzkalk wirkt entfettend, die Schlemmkreide entfernt als Putzmittel die auf der Oberfläche sich durch die Einwirkung der Entfettungsmittel bildenden Oxydschichten.

Für Zink und Aluminium sind alkalische Reinigungsmittel mit Vorsicht anzuwenden, da sie diese Metalle stark angreifen oder ganz auflösen.

c) Entfettung mit Fettlösungsmitteln: Wenn die Waren, die Einwirkung dieser Laugen nicht vertragen, muß man sie in fettlösende Flüssigkeiten tauchen. Als solche kommt hauptsächlich Benzin in Anwendung, bei dessen Benutzung der Feuergefährlichkeit (auch der Dämpfe!) wegen, Vorsicht geboten ist. Stockmeier hat den nicht feuergefährlichen Tetrachlorkohlenstoff vorgeschlagen, später ist vorwiegend Trichloräthylen (meist kurz Tri genannt) angewendet worden, für Aluminium besser Perchloräthylen. Zur ersten groben Reinigung kann auch Petroleum verwendet werden.

Man benutzt am besten 2—3 Gefäße mit der fettlösenden Flüssigkeit, also z. B. Benzin; zuerst taucht man in ein Gefäß mit schon länger gebrauchtem Benzin, das zur vollständigen Reinigung nicht mehr genügt, weil es schon zu große Mengen Fett gelöst enthält, zur Vorreinigung aber noch verwendbar ist, zuletzt spült man in einem Gefäß mit frischem Benzin nochmals zur letzten gründlichen Reinigung ab. Ist das Benzin in dem ersten Gefäß durch längeren Gebrauch zu stark verunreinigt worden, so kann man es für Brennzwecke (Lötlampen usw.) verwenden, und die Gefäße rücken nun vor, während man das ausgegossene mit reinem Benzin füllt und nunmehr zur letzten Reinigung verwendet. Die verschiedenen Spezialfirmen für Galvanotechnik bringen auch

Benzinspültische in den Handel, die mit Filtervorrichtungen versehen sind, um das Benzin soweit als möglich wieder reinigen und verwenden zu können. Entsprechende Reinigungsapparate, teils automatisch wirkend, hat man für Tri- und Perchloräthylen, auch Apparate, die durch Tridampf entfetten. Diese sind aber nur für dickwandigere Gegenstände brauchbar, die sich nicht zu schnell erwärmen, denn das Verfahren beruht darauf, daß der Dampf sich durch die Abkühlung durch die zu entfettenden Gegenstände auf deren Oberfläche kondensiert.

Da diese Lösungsmittel wohl das Fett lösen, aber nicht immer die festen Reste der Polierpasten entfernen, ist eine Nachbehandlung im elektrolytischen Entfettungsbad oder ein Abbürsten mit Kalk-Schlämmkreidebrei meist nötig. Besser wirken in diesem Falle Emulsionen von Tri und Wasser.

d) Elektrolytische Entfettung: Seit längerer Zeit ist die elektrolytische Entfettung mehr und mehr in Aufnahme gekommen. Die zu entfettenden Gegenstände werden als Kathode (mit dem —-Pol verbunden) in ein Bad eingehängt, das aus Hydroxyden und Karbonaten mit Zusatz von Zyaniden der Alkalien, auch Trinatriumphosphat besteht, manchmal auch Zusätze von Chloriden, schäumenden Mitteln und Stoffen, die Fett und Schmutz an sich binden und aus der Lösung ausfällen, besteht. Die Spannung (mindestens 4 Volt) wird so geregelt, daß an den Waren eine kräftige Gasentwicklung auftritt. Als Anoden dienen vernickelte Eisenbleche, manchmal auch der Badbehälter, doch ist dies nicht zu empfehlen. Unter der Einwirkung des Stromes bildet sich an der als Kathode eingehängten Ware Alkali in höherer Konzentration, welches, wie schon beim Entfetten in Laugen beschrieben, das in Wasser unlösliche Fett verseift oder emulgiert. Der größte Teil des Fettes wird aber durch das an der Kathode sich entwickelnde Wasserstoffgas mechanisch abgestoßen. Hierdurch geht die Entfettung viel schneller vor sich als beim Kochen in Laugen.

Da bei dieser elektrolytischen Entfettung das abgestoßene Fett auf der Badoberfläche schwimmt, ist es wichtig, beim Herausnehmen der Waren zu verhindern, daß diese sich wieder mit Fett behaften. Dies geschieht durch entsprechende Spüleinrichtungen, im einfachsten Falle durch Wegblasen der Fettschicht vor dem Herausziehen der Waren.

Eine allgemein zu verwendende Vorschrift für ein elektrolytisches Entfettungsbad ist folgende:

1,2—1,5 kg Ätznatron, 4 kg Soda oder Pottasche, 1,2—1,5 kg Trinatriumphosphat, 0,6—0,8 kg Natronwasserglas oder Natriumaluminat und evtl. noch 1,2 kg Zyankalium oder Zyannatrium auf 100 l Wasser.

Eine einfachere und stärkere Lösung enthält auf 100 l je 5 kg Ätznatron und Ätzkali und 2 kg Zyankali.

Die Bäder werden zweckmäßig anfangs mäßig stark erhitzt, später erhitzen sie sich durch den Stromdurchgang selbst. Man entfettet mit 5—10 Amp/dm^2 Stromdichte und braucht dazu 5—10 Volt Spannung. Die Aufhängedrähte müssen so stark sein, daß sie sich durch den Strom nicht zu stark erhitzen.

Die elektrolytische Entfettung eignet sich besonders für kleinere Massenartikel, mit glatter gleichmäßiger Oberfläche, eine Nachbehandlung mit dem obengenannten Kalk-Schlämmkreidebrei ist besonders dann zu empfehlen, wenn der Gegenstand Vertiefungen hat, da die Bäder wenig in die Tiefe wirken.

2. Entfernung der Oxydschichten (Beizen, Brennen).

Die Entfernung der Oxydschichten geschieht durch die Beizen und Brennen, mit Hilfe von Säuren und Säuremischungen. Von Beizen spricht man gewöhnlich bei der Verwendung verdünnter Säuren, von Brennen bei der Verwendung von Mischungen konzentrierter Säuren. Wenn die Beizen und Brennen gleichmäßig greifen sollen, muß eine gründliche Entfettung und, wenn nötig, Reinigung von Lackresten, Lötschlacken u. dgl. vorangehen. Neben der Erzielung einer metallisch reinen Oberfläche erstrebt man vielfach eine glänzende Oberfläche: Glanzbrennen, oder auch eine matte Oberfläche: Mattbrennen.

a) Kupfer und Kupferlegierungen: Für Kupfer und Kupferlegierungen verwendet man die sog. Gelbbrennen. Mit Zunder, Glühspan, Gußhäuten u. dgl. überzogene Gegenstände legt man erst in eine Vorbeize, die aus 1 Teil konzentrierter Schwefelsäure auf 9 Teile Wasser besteht (Säure vorsichtig ins Wasser gießen, nicht umgekehrt!). Die Gegenstände bleiben in dieser Vorbeize so lange, bis der schwarze Oxydüberzug eine braune Farbe (Kupferoxydul) angenommen hat. Zur Entfernung des Zunders werden die Gegenstände, nachdem sie einige Zeit in der Vorbeize gelegen haben, auch mit harten Stahldrahtbürsten gekratzt.

Im Gegensatz zum Beizen verwendet man beim sog. Brennen konzentrierte Säuren. Man verwendet beim „Gelbbrennen" der Kupferlegierungen meist eine Vorbrenne und eine Glanzbrenne.

Die Physikalisch-Technische Reichsanstalt hat Versuche mit verschieden angesetzten Gelbbrennen gemacht und folgenden Ansatz als den besten ermittelt:

Vorbrenne: 2 l konzentrierte Salpetersäure (40° Bé), 20 cm^3 konzentrierte Salzsäure.

Glanzbrenne: 1 l konzentrierte Salpetersäure (40° Bé), 1 l konzentrierte Schwefelsäure (60° Bé), 20 cm^3 konzentrierte Salzsäure, 10 g Glanzruß (erst nach dem Erkalten der Mischung zuzusetzen).

Bei der Herstellung der Glanzbrenne gießt man die Schwefelsäure unter beständigem Umrühren langsam in die Salpetersäure, nicht umgekehrt. Das Mischungsverhältnis der beiden Hauptbestandteile kann man der Legierung anpassen, man nimmt z. B. bei Ms 58 (Schraubenmessing) bis zu zwei Drittel Schwefelsäure, bei Ms 63 (Blechmessing) bis zu zwei Drittel Salpetersäure.

Die Glanzbrenne verliert leicht ihre Wirkung, wenn sie verdünnt wird. Sind die Brennen stark in Anspruch genommen, so empfiehlt es sich, die Waren nach dem Verlassen der Vorbrenne in Wasser zu spülen, dann in kochendes Wasser zu tauchen, wonach sie durch die aufgenommene Wärme rasch trocknen und erst dann in die Glanzbrenne zu bringen.

Dem obigen Ansatz ähnlich ist folgender:

Vorbrenne: 100 Gewichtsteile Salpetersäure von 36° Bé (1,33 spez. Gew.), $^1/_2$—1 Gewichtsteil Glanzruß, $^1/_2$—1 Gewichtsteil Kochsalz.

Glanzbrenne: 75 Gewichtsteile Salpetersäure von 40° Bé (1,38 spez. Gew.), 100 Gewichtsteile Schwefelsäure von 66° Bé (1,84 spez. Gew.), je 1 Gewichtsteil Kochsalz und Glanzruß.

Im Gegensatz zu den bei uns aus möglichst konzentrierten Säuren hergestellten Gelbbrennen wurden aber von Graham auch für die Glanzbrennen stark mit Wasser verdünnte Säuregemische empfohlen, die für Messing wie auch Neusilber verwendbar sind. Wie wir eine Vorbrenne und eine Glanzbrenne anwenden, unterscheidet auch Graham „Reinigungsbäder“ und „Glanzbäder“. Beide werden aus Schwefelsäure von 1,84 spez. Gew. (66° Bé), Salpetersäure von 1,38 spez. Gew. (40° Bé) und Salzsäure von 1,17 spez. Gew. (21° Bé) hergestellt. Das Reinigungsbad besteht aus 700 g = 380 cm³ Schwefelsäure, 100 g = 72 cm³ Salpetersäure, 5 g = 4 cm³ Salzsäure und 544 g = 544 cm³ Wasser, das Glanzbad aus 800 g = 435 cm³ Schwefelsäure, 100 g = 72 cm³ Salpetersäure, 2,5 g = 2 cm³ Salzsäure und 491 g = 491 cm³ Wasser.

Nach dem Gelbbrennen werden die Gegenstände sofort gründlich mit fließendem Wasser gespült, und wenn sie nicht sofort galvanisiert oder gefärbt werden können, in Weinsteinwasser (5—10 g Weinstein auf 1 l Wasser) gelegt oder in harzfreien Sägespänen getrocknet.

Weichlötstellen müssen nach dem Gelbbrennen mit Bimsstein blank geputzt werden.

Sind die Gegenstände zu lange in die Gelbbrenne eingetaucht worden, oder ist diese zu alt, so erhält man oft eine fleckige oder trübe Oberfläche. Um solche Gegenstände wieder glänzend zu machen, wird empfohlen, sie zu trocknen, in eine Chlorzinklösung zu tauchen und so lange schwach zu erhitzen, bis die Chlorzinklösung angetrocknet ist, worauf man wieder in Wasser spült.

Gegenstände, die durch das Beizen in Salpetersäure matt geworden sind, kann man auch in einer Mischung von 6 Teilen Salzsäure, 1 Teil Salpetersäure und 2 Teilen Wasser wieder glänzend machen.

Das den Brennen zugesetzte Kochsalz (Chlornatrium) bzw. die Salzsäure wird unter Freiwerden von Chlor zersetzt, während der Glanzruß, an dessen Stelle auch andere kohlenstoffhaltige Stoffe (Sägemehl, trockenes Laub, Schnupftabak) genommen werden, reduzierend auf die Salpetersäure wirkt. Ganz reine Salpetersäure wirkt nur langsam auf die Metalle ein, die durch Reduktion der Salpetersäure entstehenden niederen Oxydationsprodukte des Stickstoffs beschleunigen die Einwirkung.

Die durch die Zersetzung der Salpetersäure beim Gelbbrennen entstehenden gelbroten Dämpfe (nitrose Gase) sind sehr giftig, man muß deshalb unter einem gutziehenden Abzug oder, wo ein solcher nicht vorhanden ist, im Freien arbeiten. Im Großbetrieb soll man der Gelbbrennanlage immer die nötige Sorgfalt zuwenden, was in vielen Metallwarenfabriken, trotz der gewerbepolizeilichen Vorschriften, leider noch immer recht mangelhaft geschieht.

Über die Wirkung der einzelnen Bestandteile der Gelbbrennen ist nach Graham folgendes zu sagen:

Erhöhung des Salpetersäuregehaltes begünstigt die Lösung von Kupfer, hat aber auf die des Zinks kaum Einfluß. Erhöhung des Schwefelsäuregehaltes steigert die Lösung beider Legierungsbestandteile bis zu einer Konzentration von 500 g/l, weitere Konzentrationserhöhung vermindert die Lösungsgeschwindigkeiten beider Metalle, besonders die des Zinks.

Höherer Salzsäure- (bzw. Kochsalz-) Zusatz begünstigt die Lösung des Zinks, hat aber auf die Lösung des Kupfers nur wenig Einfluß.

Temperaturerhöhung steigert die Lösungsgeschwindigkeit des Kupfers bis etwa 50°, weitere Temperaturerhöhung vermindert sie, auf die Lösung des Zinks hat die Temperatur wenig Einfluß.

Die Schwefelsäure setzt aus den durch die Salpetersäure gebildeten salpetersauren Salzen die Salpetersäure wieder in Freiheit und verwandelt die gelösten Metalle zum größten Teil in schwer lösliche, basisch schwefelsaure Salze, die als Schlamm ausfallen.

Kutzelnigg (Z. Elektrochem. Bd. 33 Nr 2) fand, daß die Lösungsgeschwindigkeit des Kupfers in konzentrierter Salpetersäure durch Zusatz von Schwefelsäure sehr herabgedrückt wird. Da die Löslichkeit von Kupfersulfat durch Schwefelsäure sehr vermindert wird, tritt Passivität durch Deckschichtenbildung ein; Temperatursteigerung begünstigt dies. Ein mäßiger Wasserzusatz verzögert die Passivierung, bei stärkerer Verdünnung kann sie wieder auftreten. Das Verhältnis Salpetersäure : Schwefelsäure beeinflußt den Lösungsverlauf, Salzsäure ist in geringer Menge bei Gegenwart von Ruß ohne Einfluß, in höherer Konzentration verhindert sie die Passivität, doch wird ihre Wirkung durch Zusatz von Ruß wieder aufgehoben. Ruß, kolloidal gelöst, verursacht Schaumbildung und verhindert Entweichen der Gase.

Braust die Brenne und erwärmt sich stark, so muß sie vorsichtig verdünnt oder gekühlt werden, wirkt sie zu schwach oder zu langsam, ist konzentrierte Schwefelsäure vorsichtig unter Umrühren zuzusetzen oder auch etwas Salzsäure. Salzsäure setzt man auch zu, wenn die Gegenstände nicht glänzend genug aus der Brenne kommen.

Träge Wirkung kann im Winter auch durch zu niedrige Temperatur, weißliche, rauchige Färbung kann durch zu hohe Temperatur hervorgerufen werden.

Ein dunkler, brauner Anlauf oder rötliche Kupferfarbe kann durch zu hohen Salpetersäuregehalt (Abhilfe Zusatz von Schwefelsäure) oder auch durch zu hohen Salzsäuregehalt (Abhilfe Zusatz von Glanzruß) hervorgerufen werden. Bei zu geringem Salpetersäuregehalt kommen die Gegenstände mit lehmigem Aussehen oder solchen Flecken oder Streifen aus dem Bade (Abhilfe Zusatz konzentrierter Salpetersäure, auch etwas Salzsäure). Mattgraues, schwärzliches oder grünliches Aussehen kann durch zu langes Brennen oder zu alte Brenne verursacht werden.

Flecken können auch durch zu langsames Spülen, durch Berührung mit Eisen, durch Verunreinigung der Brenne mit Arsen oder Quecksilber, durch schlechte Entfettung, Abtrocknen mit harzhaltigem Sägemehl u. dgl. hervorgerufen werden.

Mattbrennen. Zur Erzielung einer matten Oberfläche kann man die oben beschriebene Gelbbrenne in erwärmtem Zustande verwenden, oder man bedient sich der nachfolgend beschriebenen kalten Mattbrenne:

300 Gewichtsteile Salpetersäure 36° Bé,
200 Gewichtsteile Schwefelsäure 66° Bé,
1—2 Gewichtsteile Kochsalz.

Die Schwefelsäure wird unter Umrühren langsam in die Salpetersäure gegossen. Nach dem Erkalten setzt man noch 1 Gewichtsteil Zinkvitriol (schwefelsaures Zink in 5 Gewichtsteilen Wasser gelöst) zu.

Die in einer gewöhnlichen Vorbrenne vorgebrannten Gegenstände werden so lange in die Mattbrenne getaucht, bis sie das gewünschte Matt zeigen, worauf man sie abspült und noch schnell durch die Glanzbrenne zieht.

Eine andere, häufig für Knöpfe u. dgl. verwendete Mattbrenne, die man auf etwa 50° erwärmt verwendet, wird wie folgt hergestellt:

Man löst in 1 kg Salpetersäure 50 g Zink (unter dem Abzug, nitrose Gase!), setzt dann langsam unter Umrühren 1 kg Schwefelsäure und nach dem Abkühlen 50 g Ammoniumchlorid, 50 g Schwefelblumen und 50 g Glanzruß zu (sog. franz. Mattbrenne).

Da durch die Ausscheidung basischer Salze auf der Oberfläche der Waren leicht Flecken entstehen, spült man die mattgebrannten Gegenstände am besten mit stark verdünnter Salz- oder Salpetersäure nach.

Chromsäurebrennen: Ein feines Matt liefert eine Lösung von 200 g Kaliumchromat, 60 g Schwefelsäure und 1 g Kochsalz in 1 l Wasser.

Ein sehr schönes Matt erhält man auch durch mit Schwefelsäure oder Salzsäure versetzte Lösungen von doppeltchromsaurem Kali oder Natron, z. B.

100 g Kaliumdichromat in 1 l Wasser gelöst,
2 l konzentrierte Salzsäure.

Die zu mattierenden Gegenstände müssen in dieser Lösung einige Zeit liegen, werden dann schnell durch die Glanzbrenne gezogen und gut abgespült.

Ein feinkörniges Matt erhält man mit der Lösung von 100—150 g Kalium- oder Natriumdichromat und 50—100 g konzentrierter Schwefelsäure in 1 l Wasser, in der die Gegenstände nur etwa 10 Minuten zu verweilen brauchen, am besten in schaukelnder Bewegung.

Schneller wirken die zuletzt genannten Mattbrennen, wenn man den Gegenstand als Anode in dieselben einhängt und einen elektrischen Strom durchschickt. Als Kathode verwendet man eine Messing- oder Kupferblechplatte.

Dekapieren in Zyanidlösung. Zur Entfernung dünner Oxydhäute, wie sie sich z. B. beim Entfetten in Laugen bilden, taucht man Kupfer und Kupferlegierungen in eine Lösung von etwa 50 g Zyankalium oder Zyannatrium in 1 l Wasser.

b) Zink und Zinklegierungen. Für Zink genügt in den meisten Fällen eine Beize von verdünnter Schwefelsäure:

1 Teil konzentrierter Schwefelsäure,
10—20 Teile Wasser.

Man taucht den Gegenstand wiederholt auf kürzere Zeit ein, bis die Oberfläche metallisch rein ist. Längere Zeit in der Beize liegen bleiben darf das Zink nicht, weil es sich schnell darin auflöst.

Eine Glanzbrenne für Zink besteht aus gleichen Teilen konzentrierter Schwefelsäure und Salpetersäure von 1,33 spez. Gew. (36° Bé), in die man nach dem Erkalten die Gegenstände einige Sekunden eintaucht, worauf man sie sofort in viel Wasser spült. (Wie unter Gelbbrenne beschrieben die Schwefelsäure langsam unter Umrühren in die Salpetersäure gießen, nicht umgekehrt.) Genügt das erste Eintauchen nicht, so muß man die Gegenstände vor der Wiederholung abtrocknen. Verkupfertes Zink taucht man in Salpetersäure, bis es schwarz wird, und hierauf in obiges Gemisch.

Nach Lüdersdorff kann man sich auch einer das Zink selbst fast gar nicht angreifenden Lösung von weinsaurem Kali-Ammoniak bedienen. Man trägt in eine Lösung von 250 g Weinstein in 1 l Wasser so lange kohlensaures Ammonium ein, als noch Aufbrausen erfolgt (etwa 100 g). Die Lösung kann man auf die Zinkgegenstände aufstreichen, läßt sie dann einige Zeit wirken, bürstet mit einem Brei von Wasser und Schlämmkreide und spült in reinem Wasser ab.

c) Blei, Zinn, Britanniametall werden am besten durch Kratzen mit Bürsten oder Abscheuern mit Sand oder Bimsstein von Oxydschichten befreit. Blei kann man evtl. in mit Salpetersäure angesäuertem Wasser dekapieren, Zinn kann in stark verdünnter Salzsäure gebeizt werden, ebenso die vorwiegend aus Zinn bestehenden Legierungen.

d) Eisen. Um von Schmiedeeisengegenständen den Glühspan, von Gußeisengegenständen die Gußkruste zu entfernen, legt man die zuvor entfetteten Gegenstände in verdünnte Schwefelsäure oder auch Salzsäure, für Eisenguß wird 1proz., für Schmiedeeisen 10proz., für Stahl 20proz. Schwefelsäure empfohlen. Schwefelsäure ist, wie eine einfache stöchiometrische Rechnung ergibt, wirkungsvoller als Salzsäure und eben deshalb im allgemeinen vorzuziehen. Die Wirkung der Schwefelsäure läßt sich durch Erwärmen der Beize steigern, Salzsäure wird kalt verwendet. Bei Schwefelsäure wird allerdings die Wirkung durch den entstehenden Eisenvitriol geschwächt, auch ist er in konzentrierter Säure schwer löslich, so daß man nicht bis zu der bei 30% liegenden Konzentration mit größter Lösungsgeschwindigkeit gehen kann, während bei Salzsäure das zunächst entstehende Eisenchlorür sich zu Eisenchlorid oxydiert, das beschleunigend auf die Lösung des Eisens wirkt. Salzsäure wirkt mehr lösend, Schwefelsäure mehr zunderabsprengend. Um den Angriff des Metalls an den zunderfreien Stellen zu verzögern, verwendet man Beizzusätze (Sparbeizen).

Zur Entfernung von Rost verwendet man auch naszierenden Wasserstoff, indem man die Eisengegenstände in Natronlauge mit Zinkgranalien, -blechschnitzeln oder -staub in Berührung bringt.

Schwefelsäure- und Salzsäurebeizen (meist 10—20%) verursachen leicht Nachrosten, Phosphorsäurebeizen wirken dagegen bis zu einem gewissen Grade rostschützend. Für leichten Rostanflug genügt oft schon eine Beize mit 1% Phosphorsäure, für starken Rostansatz oder Verzunderung verwendet man eine Beize mit 15% Phosphorsäure, spült, beizt in einer Lösung von 1% nach und läßt diese ohne zu spülen antrocknen.

Flußsäurebeizen, die man besonders bei mit Gußsand behafteten Teilen manchmal anwendet, wirken sehr schädlich auf die Haut und die Atmungsorgane, man sollte sie nur im Notfall und nur mit besonderer Vorsicht verwenden (Gummihandschuhe, Gasmasken, guten Abzug). Auch Flußsäure-Schwefelsäure-Gemische sind vorgeschlagen worden, reine Flußsäure von 15° Bé soll aber vorzuziehen sein. Flußsäurebeizen dürfen nicht in Steinzeugwannen verwendet werden, am besten sind mit Hartgummi ausgekleidete Wannen.

Auch die Beizwirkung der an der Anode bei der Elektrolyse geeigneter Lösungen sich abscheidenden Säurereste ist zum Beizen angewandt worden. Hierbei werden auch leichte Fettschichten von den zu beizenden Gegenständen mit abgestoßen. Viel Anwendung hat die elektrolytische Beize bisher nicht gefunden, doch kann sich das durch ein neues Beizverfahren ändern, bei dem die zu beizenden Gegenstände ohne Stromanschluß zwischen unlösliche Elektroden gehängt werden und die Stromrichtung nach einiger Zeit gewechselt wird. Hierbei werden starke Einhängvorrichtungen erspart, die anodische Lösung wird mit der reduzierenden und zunderabsprengenden Wirkung des kathodisch entwickelten Wasserstoffs vereinigt, und die bei der anodischen Lösung des Metalls verbrauchte Säure wird durch den kathodischen Vorgang wiedergewonnen. Nach Ungersböck arbeitet man mit 15proz. Schwefelsäure, 1 Amp/dm² Stromdichte und 7—10 Volt Spannung. Die Beizdauer beträgt (bei Draht) 10—20 Minuten, Erwärmen des Bades ist von Vorteil.

Beim Bullard-Dunn-Verfahren (DRP.) werden die zu entzundernden Gegenstände mit Verwendung von Bleianoden in einem Elektrolyten, der im Liter 100 ccm Schwefelsäure von 66° Bé, 30 bis 35 ccm Salzsäure von 20° Bé und 5 g Kochsalz enthält, bei 70—80° kathodisch behandelt. Der entwickelte Wasserstoff sprengt Oxyde ab, auf das freigelegte Metall wird aber sofort eine vor weiterem Säureangriff schützende Bleischicht niedergeschlagen, die vor der Ausführung einer Färbung oder Galvanisierung anodisch in einem alkalischen Elektrolyten wieder gelöst werden muß.

Zum Weißbrennen von Eisen- und Stahlgegenständen verwendet man konzentrierte Salpetersäure, der man aus dem schon unter „Gelbbrenne" angeführten Grunde etwas Glanzruß zusetzt.

Die Behandlung mit Säuren macht das Eisen geneigt, später leicht zu rosten, auch noch unter den Färbungen und galvanischen Niederschlägen, namentlich bei Behandlung mit Salzsäure zeigt sich dies. Man muß deshalb das Eisen nach dem Beizen ganz besonders sorgfältig mit viel reinem Wasser spülen, taucht es dann zweckmäßig in eine verdünnte Ätznatron- oder Sodalösung, um die in den Poren sitzende Säure zu neutralisieren, und spült abermals sorgfältig mit Wasser. Nach dem Färben oder Galvanisieren müssen Eisengegenstände besonders sorgfältig getrocknet werden.

Für rostfreien Stahl gibt es durch Patente geschützte Beizverfahren, z. B. werden saure Lösungen von Eisenchlorid und Eisennitrat empfohlen, auch anodische Behandlung in 25proz. Schwefelsäure oder 30proz. Salzsäure bei etwa 60° und 4—6 Volt Spannung.

Nach einem amerikanischen Patent beizt man rostfreien Stahl mit einer Lösung von 40—50% Essigsäure, 10—12% Salpetersäure und 4—8% Salzsäure. Gewöhnlich nimmt man gleiche Teile Salzsäure und Wasser mit Zusatz von etwa 5% Salpetersäure.

e) **Aluminium.** Sollen die Aluminiumgegenstände nur von ihrer unangenehm grauen Farbe befreit werden, ohne daß man an die Beschaffenheit der Oberfläche sonstige Anforderungen stellt, so taucht man sie in etwa 10proz. Natronlauge, bis das an der Oberfläche haftende Fett entfernt ist, und spült sie gut mit Wasser ab, worauf sie in verdünnter Salzsäure (1 Teil Salzsäure auf 500 Teile Wasser) oder Salpetersäure blank gebeizt werden. Nach den Angaben der Aluminium-Industrie A. G. Neuhausen soll man die silberähnlichste Farbe erzielen, wenn man in Flußsäure (1 Teil auf 500 Teile Wasser) beizt und dann in fließendem Wasser sorgfältig abwäscht. In den meisten Fällen wird aber das Beizen in Salz- oder Salpetersäure genügen.

Eine mattsilberähnliche Färbung erzielt man nach den Angaben der gleichen Firma durch Behandlung in einer heißen, etwa 10—20proz. mit Kochsalz gesättigten Natronlauge. Man taucht die Gegenstände zunächst 15—20 Sekunden ein, wäscht und bürstet sorgfältig ab, taucht abermals ein, bis Gasentwicklung eintritt, wäscht wieder sorgfältig ab und trocknet mit Sägemehl. Kupferhaltige Aluminiumlegierungen werden bei der Behandlung mit diesen Laugen zunächst schwarzbraun; man taucht sie nach gutem Abspülen in konzentrierte Salpetersäure, spült wieder sorgfältig und trocknet in Sägemehl.

Flußsäurebeizen werden besonders zur Vorbereitung des Aluminiums für die Elektroplattierung auch in erheblich höherer Konzentration als oben angegeben verwendet, z. B. 1 Teil 50proz. Flußsäure auf 9 Teile Wasser, oder je $^1/_2$ Teil Flußsäure und Salpetersäure auf 9 Teile Wasser, für siliziumreiche Gußlegierungen 3 Teile Salpetersäure, 1,42 spez. Gew. und 1 Teil 50proz. Flußsäure. Über die notwendige Vorsicht siehe unter Eisen.

f) **Silber.** Den durch die Einwirkung der in der Luft enthaltenen Schwefelverbindungen sich auf Silbergegenständen bildenden Anlauf von Schwefelsilber entfernt man am besten mit der oben schon genannten etwa 5proz. Zyankaliumlösung. Da die Gegenstände in dieser Lösung leicht matt werden, empfiehlt Stockmeier eine Lösung von 30 g Zyankalium und 1 g Zinkzyanid in 1 l Wasser zu verwenden. Andere verwenden eine Lösung von etwa 300 g Natriumthiosulfat in 1 l Wasser. Man kann die Silbergegenstände in diese Lösungen eintauchen oder man reibt sie mit einem mit der Lösung befeuchteten Lappen ab.

Zum sogen. „Weißsieden“ des Silbers verwendet man heiße verdünnte Schwefelsäure, 20—100 g Schwefelsäure auf 1 l Wasser (Näheres siehe unter Färben des Silbers).

Mattieren. Eine matte Oberfläche erhält man auf Silbergegenständen, wenn man sie vor dem zweiten Sieden mit einem Brei aus Pottasche oder Weinstein und Wasser bestreicht, damit glüht und dann in Wasser ablöscht. W. Rau empfiehlt das Auftragen einer geschlämmten Masse, die aus 4 Teilen feingemahlener Holzkohle und 1 Teil kalziniertem Borax unter Wasserzusatz angesetzt wird. Die Gegenstände werden dann in einem Holzkohlenfeuer bis zur Rotglut erhitzt, danach abgekühlt und einige Stunden in mit Schwefelsäure leicht angesäuertes Wasser gelegt.

Das Mattieren mit dem Sandstrahlgebläse ist vorzuziehen.

g) Gold. Die durch Oxydation des mit dem Gold legierten Kupfers beim Glühen entstehende braune Farbe entfernt man durch Kochen in einer Mischung von gleichen Teilen konzentrierter Salpetersäure oder konzentrierter Schwefelsäure und Wasser. Die Salpetersäure muß chlorfrei sein, da chlorhaltige Säure auch Gold löst und das mit dem Gold legierte Silber in auf der Oberfläche festhaftendes Chlorsilber verwandelt. Bei kurzem Eintauchen einer Gold-Kupfer-Silber-Legierung löst sich nur Kupferoxyd, so daß die Farbe der silberhaltigen Legierung erscheint, bei längerem Eintauchen löst sich auch Silber, und man erhält die reine Goldfarbe. Verdünnte Schwefelsäure löst nur das Kupferoxyd, nicht das Silber, gibt also auf silberhaltigen Legierungen keine reine Goldfarbe. Man nennt diese Arbeit das Gelbsieden. Vor dem Gelbsieden werden die Waren in der Regel schwach ausgeglüht, andernfalls sind sie in Natronlauge zu entfetten.

Mattiert werden Goldwaren nach einem älteren Verfahren, indem man sie mit einem Brei von 8 Teilen Salpeter, 7 Teilen Kochsalz und 5 Teilen Alaun bedeckt, erhitzt, bis der angetrocknete Brei schmilzt (wobei sich Chlor entwickelt, das das Gold matt ätzt) und schließlich in kaltem Wasser ablöscht.

Handelt es sich nur um die Entfernung eines leichten Anlaufs, so kann man nach dem Entfetten mit einem in etwa 3proz. Boraxlösung getauchten Wollappen abreiben.

II. Die mechanische Vorbereitung.

Die mechanischen Vorbereitungsarbeiten der zu färbenden Gegenstände sind, wie das Beizen, auch oft Vollendungsarbeiten, nach denen die Oberfläche eine weitere Behandlung nicht mehr erfährt. Die in Frage kommenden Verfahren sind nachstehend in Anlehnung an des Verfassers „Galvanotechnik“, 8. Auflage, Verlag Dr. Max Jänicke (Leipzig) kurz beschrieben.

1. Schleifen, Polieren, Mattieren usw.

a) Kratzen. Um Metallgegenständen eine rein metallische Oberfläche zu geben, kann man sie mit Bürsten aus Stahl- oder Messingdraht evtl. unter Zuhilfenahme von Sand, Schmirgelpulver oder Bimssteinpulver bearbeiten, nachdem man, wo dies nötig ist, die Gußkruste oder den Glühspan durch Einlegen in verdünnte Säuren (Beizen) erweicht hat. Dieses „Kratzen“ kann mit Handbürsten oder rotierenden Bürsten, die auf die Poliermaschine gespannt werden, geschehen. Je nach der Härte des Metalls verwendet man Bürsten mit verschieden harten und verschieden starken Drähten. Die rotierenden Bürsten machen etwa 2000 Umdrehungen in der Minute. Man darf die zu kratzenden Gegenstände nicht zu stark gegen die Bürsten andrücken, da beim Kratzen die Spitzen der Drähte wirksam sind und deshalb die Drähte nicht umgebogen werden dürfen. Mattschlagbürsten mit besonders langen, oft „freifliegenden“ Drahtbündeln, machen nur 300—1000 Umdr./min.

b) Sandeln. Für Waren, deren Oberfläche große Erhöhungen und Vertiefungen hat, ist die Reinigung mit der rotierenden Kratzbürste nicht durchführbar, hier wird mit Vorteil das Sandstrahlgebläse verwendet. Man erzielt mit diesem eine schön matte Oberfläche. Durch stark zusammengepreßte Luft, die aus einer Düse ausströmt, wird Sand mitgerissen und auf die Oberfläche der Ware geschleudert.

c) Scheuern in Trommeln. Kleinere Massenartikel reinigt man in den „Scheuertrommeln“, prismatischen Kästen oder runden Trommeln, in die die Waren mit Sand oder Schmirgel eingebracht werden. Offene Scheuerglocken, die sich um eine schrägstehende Achse drehen, haben den Vorteil, daß man das Fortschreiten des Scheuervorgangs verfolgen kann, ohne den Apparat öffnen zu müssen.

Durch die vorstehend beschriebenen Verfahren wird die Oberfläche gereinigt, evtl. mattiert. Will man eine glatte und glänzende Oberfläche erzielen, so muß man die Waren schleifen und polieren.

d) Schleifen. Zum Schleifen harter Metalle, namentlich des Stahls und Eisens, verwendet man Schmirgelscheiben, die aus Schmirgel (oder Korund, Karborundum u. dgl.) verschiedener Körnung bestehen, der mit einem Bindemittel zu kompakten Scheiben gepreßt ist. Man schleift auf diesen Scheiben trocken oder mit Wasser, nicht mit Öl, da Öl das Bindemittel der Scheiben aufweicht. Zur Erzielung eines feinen Schliffes hat man Lederscheiben, Scheiben aus Holz, die meist mit Leder belegt sind, oder auch Hartfilzscheiben, Korkscheiben oder sogar Scheiben aus Pappe. Der Umfang dieser Scheiben wird mit Schmirgel beleimt, oder der Schmirgel wird lose mit Öl aufgetragen wie bei den Filzscheiben. Man verwendet gewöhnlich 3 Sorten von Schmirgel. Das Vorschleifen geschieht auf den Feuerscheiben mit Schmirgel Nr. 60—80, das feinere Schleifen auf den Polierscheiben mit Schmirgel Nr. 00 und das Fertigschleifen auf den Glanzscheiben mit Schmirgel Nr. 000. Das Glänzen geschieht auch mit rotierenden Borstenbürsten oder Fiberbürsten mit Öl und Schmirgel Nr. 00—0000. Auch beim Feinschleifen und Glänzen auf Schleifscheiben wendet man Öl und Fett zum Befeuchten der Scheiben oder auch eine passende Schleifkomposition (Schleifpulver mit Talg, Wachs u. dgl. gemischt) an. Beim Schleifen mit einer feineren Sorte Schmirgel wechselt man, wo die Form der zu schleifenden Gegenstände dies gestattet, immer die Schleifrichtung, bis die Risse der gröberen

Schmirgelsorte entfernt sind. Die Umfangsgeschwindigkeit dieser Scheiben ist 20—30 m/sek.

e) Polieren. Auf das Schleifen folgt das Polieren auf Scheiben aus Holz, die mit Wildleder, Tuch oder Filz bespannt sind, oder Scheiben, die ganz aus Filz bestehen, oder der Schwabbel. Die Schwabbel besteht aus viereckigen Lappen aus Tuch, Flanell oder Nessel, die immer etwas gegeneinander versetzt aufeinandergelegt und durch seitliche Metallscheiben zusammengepreßt werden oder auch rund geschnitten und spiralig vernäht sind. Diese Schwabbeln machen 2000—2800 Umdr./min.

Auf den Polierscheiben werden die Waren unter Zuhilfenahme von Poliermaterialien, die meist mit Öl zusammen angewandt werden, glanzpoliert. Auch diese Poliermaterialien werden in verschiedener Feinheit verwandt und sind mit Fett gemischt als „Polierkomposition“ zu haben.

Die wichtigsten Poliermittel sind: Eisenoxyd (Schleifrot, Rouge, Pariser Rot, Englisch Rot), Kieselerde (Tripel) und gebrannter reiner Dolomit (Wiener Kalk), auch Chromoxyd (grün). Bei Verwendung von Wiener Kalk wird die Schleifscheibe gewöhnlich mit Stearinöl befeuchtet.

Beim Schleifen und Polieren ist für gute Abführung des erzeugten Staubes zu sorgen (Exhaustoren).

Wichtig ist auch, daß die einzelnen Schleif- und Polierpulver so aufbewahrt werden, daß beim Herausnehmen nicht ein gröberes Pulver in das Gefäß des feineren fällt.

Die mit Öl polierten Waren müssen nach dem Polieren durch Abschwabbeln oder Abwischen mit feinstem trockenem Wiener Kalk, Bürsten mit Seifenwasser, schwacher Lauge oder mit Benzin vom Polierschmutz befreit werden.

Massenartikel werden häufig, um Glanz zu erzielen, mit Lederabfällen, Sägemehl u. dgl. evtl. unter Zusatz eines Poliermittels in den obengenannten Scheuertrommeln poliert.

Das Kugelpolierverfahren. Die zu polierenden Gegenstände werden mit einer geeigneten Flüssigkeit und Stahlkugeln oder -stiften in geschlossene Trommeln oder offene Glocken (siehe Scheuerglocken) eingetragen und mit einer Umfangsgeschwindigkeit von etwa 25—60 m in der Sekunde (15—45 Umläufe in der Minute) 20 Minuten bis 10 Stunden in Umdrehung versetzt. Neuerdings bevorzugt man Trommeln mit großem Durchmesser bei geringerer Länge, bei denen die Polierwirkung infolge des größeren Drucks durch das Kugelgewicht besser ist. Die Flüssigkeit, Seifenwasser oder Wasser mit besonderen Polierpulvern, Zyankali, doppeltkohlensaurem Natron, Salmiakgeist usw. soll etwa den doppelten Raum einnehmen wie der Einsatz. Die Waren und Kugeln müssen frei von Öl oder Fett sein, die Waren sind, wenn nötig, auch zu beizen. Sand oder Teer dürfen nicht in die Poliertrommeln kommen.

Zur Erzielung von Hochglanzpolitur sind mehrere aufeinanderfolgende Arbeitsgänge erforderlich, zuletzt wird vielfach in einer Trommel mit Lederabfällen trocken poliert.

Vor dem Gebrauch müssen die Trommeln mit warmem Wasser gespült und dann mit kaltem Wasser nachgespült werden. Die Trommeln sollen mindestens zur Hälfte mit Poliermaterial gefüllt sein, das Wasser muß immer klar und der Schaum weiß sein. Die Polierkugeln müssen immer unter Polierlösung liegen, vor dem Polieren läßt man zweckmäßig die Kugeln oder Stifte 10—15 Minuten in einer Zyankali- oder Ätznatronlösung 1 : 10 rotieren, die man vor dem Eintragen der zu polierenden Gegenstände abschüttet.

Die Kugeln oder Stifte sollen möglichst verschiedenen Durchmesser haben. Der Einsatz beträgt bei schwereren Artikeln $^1/_5$, bei Blechartikeln nur $^1/_{10}$ des Kugelgewichts. Nach dem Polieren wird der Trommelinhalt in ein Sieb entleert, auf dem die Waren liegenbleiben, während Lösung und Kugeln in einen darunterbefindlichen Kasten fallen.

Die Polierkugeln haben 1—10 mm Durchmesser, die Stifte 0,8 bis 1,5 mm Durchmesser und 8—12 mm Länge. Der Kraftbedarf der Trommeln schwankt zwischen $^1/_{10}$ und 1,5 PS. Werden die Waren nach dem Abbrausen mit Wasser nicht direkt gefärbt oder galvanisiert, so werden sie in kochend heißes Wasser getaucht und in harzfreien Sägespänen getrocknet.

2. Abdecken.

Will man einzelne Teile eines Gegenstandes nacheinander verschieden färben, Bilder, Schriften od. dgl. auf der Oberfläche eines Metallgegenstandes auf dem Wege der Metallfärbung herstellen, so muß man die nicht zu färbenden Flächen abdecken. Oft kann man Wachs oder auch Zapon zum Abdecken verwenden. Einige bewährte Vorschriften zur Selbstherstellung von Decklacken sind:

Man schmilzt vorsichtig in einem eisernen, emaillierten Kessel

Asphalt 200 Gewichtsteile,
Kolophonium 200 Gewichtsteile und
Bienenwachs 200 Gewichtsteile

zusammen, nimmt dann die Masse vom Feuer, läßt sie etwas abkühlen und setzt hierauf 1000 Gewichtsteile Terpentinöl zu, worauf man den Kessel nochmals aufs Feuer bringt und vorsichtig erwärmt, bis die Masse vollkommen gelöst und gleichmäßig geworden ist.

Einen ausgezeichneten Decklack erhält man auch aus

400 Gewichtsteilen gelbem Wachs,
400 Gewichtsteilen Asphalt,
100 Gewichtsteilen schwarzem Pech und
100 Gewichtsteilen weißem Burgunderpech.

Diese Bestandteile werden zusammengeschmolzen und während des Schmelzens noch 400 Gewichtsteile gepulverter Asphalt zugesetzt. Hierauf erhält man die Masse so lange im Fluß, bis eine Probe, welche man zum Erkalten auf einen Stein tropfen läßt, beim Biegen zerbricht. Wenn dieser Zeitpunkt eingetreten ist, wird die Schmelze vom Feuer entfernt, etwas abkühlen gelassen und unter Umrühren mit 3000 Gewichtsteilen Terpentinöl versetzt.

Der Decklack muß nach dem Auftragen im Trockenschrank recht gut getrocknet und dann eine Stunde lang in recht kaltes Wasser gelegt werden, damit er erhärtet.

B. Die Nachbehandlung.

1. Spülen. Die gefärbten Metallgegenstände müssen zunächst gründlich mit viel reinem Wasser gespült werden, damit die in den Poren des Metalls, in den durch Verbindung einzelner Teile entstandenen Spalten und in sonstigen Hohlräumen des Gegenstandes verbliebenen Reste der zum Färben verwendeten Chemikalien restlos entfernt werden. Man spült zunächst in viel reinem, mehrfach erneuertem Wasser, unter Umständen unter Zuhilfenahme von Bürsten, mit denen man in Vertiefungen der Oberfläche und Hohlräume des Gegenstandes besser eindringen kann, und taucht zuletzt in reines heißes Wasser, damit die Gegenstände nach dem Herausziehen durch die aufgenommene Wärme rasch trocknen, denn auch die letzten Reste der Feuchtigkeit sind zu entfernen, um späteren Veränderungen der Färbung vorzubeugen. Das Nachtrocknen geschieht in harzfreien, am besten erwärmten Sägespänen. Wenn nötig, stellt man die Gegenstände noch mehrere Stunden in einen geheizten Trockenschrank.

2. Bürsten, Abtönen. Die Färbungen bedürfen in der Regel auch einer sorgfältigen weiteren Nachbehandlung. Die Oberflächenschichten, die sich bei der Färbung bilden, haften nur zum Teil fest an der Oberfläche, die oberste Schicht ist oft locker und läßt sich leicht abwischen oder abbürsten. Die Färbung ist meist auch rauh und hat ein mattes Aussehen, sie muß durch Reiben oder Bürsten überarbeitet werden, um Glätte und Glanz zu erhalten. Dieses Herausarbeiten der Färbung geschieht bei künstlerischen Metallfärbungen am besten mit der Hand. Man bearbeitet den Gegenstand mit einer Borstenbürste so lange, bis alles Nichthaftende entfernt ist. In manchen Fällen, z. B. bei der sog. Schweizerschwarzfärbung des Eisens, auch beim Brünieren muß man sogar mit schärferen Mitteln an die Färbung herangehen und statt der Borstenbürsten Drahtbürsten verwenden, Messingdrahtbürsten von verschiedener Drahtstärke, wenn es sich um eine weniger scharfe, Stahldrahtbürsten, wenn es sich um eine besonders scharfe Bearbeitung der färbenden Oberflächenschicht handelt.

Ist der nichthaftende staubförmige Überzug durch mehr oder weniger kräftiges Bürsten entfernt und handelt es sich noch darum, der Färbung Glätte und Glanz zu erteilen, insbesondere einzelne Flächen, meist die erhabenen Teile herauszuarbeiten, so daß sie durch hellere Farbe und größere Leuchtkraft in Kontrast zu den tieferen infolge geringerer Überarbeitung dunkler und stumpfer bleibenden Teilen des Gegenstandes treten, so bedient man sich je nach der zu erzielenden Wirkung härterer oder weicherer Lappen oder eines weichen Leders, mit dem man den höchsten Glanz, die stärkste Leuchtkraft der Färbung erzielt.

Die Handarbeit gestattet naturgemäß sowohl die feinste Abstufung im Ton einer gleichmäßigen Färbung der ganzen Oberfläche, wie das Herausarbeiten einzelner Teile mit künstlerischem Verständnis und

Feingefühl, erfordert aber viel Geduld und Zeit und ist deshalb nur bei Kunstgegenständen anwendbar. Zur Vorarbeit kann auch bei solchen die rotierende Bürste oder Lappenscheibe (Schwabbel) genommen werden, wodurch nur die letzte feinste Abtönung der Handarbeit vorbehalten bleibt und diese wesentlich erleichtert und abgekürzt wird.

Für alle Massenartikel wird natürlich die Handarbeit zu teuer und nur die Maschinenarbeit verwendbar. Die Durcharbeitung der Färbung erfolgt dann mit Borsten- oder Fiberbürsten bzw. Messing- oder Stahldrahtbürsten, die auf die Poliermaschine gespannt werden. Diesem „Kratzen" kann dann ein Polieren mit Leder- oder Lappenscheiben folgen.

Wenn eine stärkere Abtönung der Färbung erwünscht ist, etwa an einzelnen Stellen das blanke Metall durchgerieben werden soll, so nimmt man auch Polierrot, Schlämmkreide oder selbst Bimssteinpulver mit Wasser zu Hilfe, ersteres auf der Lappen- oder Filzscheibe, letzteres auf rotierenden Bürsten oder Scheiben oder auf Handbürsten bzw. Lappen. Hierbei können auch die im Handel befindlichen Polierpasten Verwendung finden. Vor zu stark wirkenden Mitteln ist aber zu warnen, da diese keine feine Abstufung und Abtönung der Färbung, sondern rohe Flecken geben.

3. Lackieren und Wachsen. In vielen Fällen ist nun noch ein schützender Überzug nötig, der die Färbung vor der Einwirkung der Luft, der Feuchtigkeit, der in der Luft enthaltenen Gase, wie Schwefelwasserstoff usw., vor der Berührung mit schweißigen Fingern u. dgl. schützt.

Am häufigsten wird gegenwärtig bei aller Massenware das Zaponieren angewandt. Siehe Abschnitt V. Der Zaponüberzug verändert die Farbe nicht, erhält auch matten Oberflächen ihr mattes Aussehen im Gegensatz zu Lackanstrichen, die sie glänzend machen, er ist biegsam und elastisch und blättert deshalb nicht leicht ab, und er läßt sich leicht gleichmäßig und ohne Schlieren zu bilden aufbringen, sowohl durch Bestreichen der Gegenstände wie durch Eintauchen derselben in Zapon oder Spritzen. Für die unter dem Namen Grauglanzoxyd bekannten Arsenfärbungen, die durch Zaponieren fleckig werden können, ist nicht jeder Zapon geeignet. Es ist dann ein Spirituslack zu verwenden, der natürlich auch in anderen Fällen anwendbar ist. Auch Firnisüberzüge dienen zum Schutze von Metallfärbungen.

Bei feineren Metallfärbungen, an die künstlerische Ansprüche gestellt werden, beschränkt man sich auf einen leichten, in die Poren innig verriebenen Überzug von Wachs bzw. Zeresin oder Öl, der zugleich die Färbung vertieft, ihre Wirkung steigert. Der Wachsüberzug macht die Färbung glänzender, leuchtender, der Ölüberzug matter, stumpfer. Das Öl kann mit einem weichen Lappen aufgerieben oder mit einer weichen Bürste aufgetragen und auf der Oberfläche verarbeitet werden. Das Öl muß natürlich säurefrei sein. Das Wachs kann man schwach anwärmen, mit einer Bürste darüber streichen und nun das an der Bürste haftende Wachs auf den gleichfalls schwach angewärmten Metallgegenstand auftragen und verreiben. Oder man erweicht das Wachs durch Anfeuchten mit Benzin oder Terpentinöl oder verwendet eine der nachstehend beschriebenen Wachsmischungen.

I. 1 Teil Bienenwachs in 15 Teilen Benzin gelöst. Die Lösung wird mit dem Pinsel aufgetragen oder mit einem Zerstäuber aufgespritzt und dann mit der Bürste verarbeitet.

II. 1 Teil Bienenwachs wird in 2 Teilen heißem Terpentinöl gelöst. Die zweite Mischung wird mit einer Bürste oder einem Lappen aufgetragen und trocken gebürstet.

Ein Haupterfordernis ist, wie schon oben gesagt wurde, eine gründliche Verarbeitung der Wachsschicht auf der Oberfläche mit der zuletzt trockenen Bürste oder einem weichen Leder, da dicke Wachsschichten beim Erwärmen oder Angreifen ihren Glanz verlieren.

Drittes Kapitel.

Galvanische (elektrolytische) Niederschläge und sonstige elektrochemische Metallfärbungen.

Galvanische Niederschläge können hier nur insoweit behandelt werden, als sie als Grundlage von Metallfärbungen dienen.

A. Metallniederschläge.

I. Metallniederschläge mit äußerer Stromquelle.

Wenn wir ein Metallsalz in Wasser auflösen, so zerfällt es mehr oder weniger in zwei Bestandteile, in Metall und Säure, und zwar nennen wir den im Salz enthaltenen Säurebestandteil den Säurerest. Die Säuren bestehen aus eben diesem Säurerest und Wasserstoff und sind in ihren Lösungen gleichfalls in diese zwei Bestandteile gespalten. Diese frei in der Lösung vorhandenen Teilchen nennt man Ionen, sie unterscheiden sich von gewöhnlichen Stoffteilchen durch eine elektrische Ladung, und zwar sind die Metall- und die Wasserstoffteilchen positiv, die Säurereste und der diesen entsprechende, in den Basen enthaltene Wasserrest (Hydroxyl) negativ elektrisch geladen. Tauchen wir nun zwei Platten in die Lösung, die mit den Polen einer Dynamomaschine oder anderen elektrischen Stromquelle verbunden sind (Elektroden), so werden nach dem bekannten Gesetz der elektrischen Anziehung und Abstoßung die positiven Ionen, die man Kationen nennt, von der positiven „Anode“, der Platte, durch die der Strom eintritt, abgestoßen, von der negativen „Kathode“, der Platte, durch die der Strom die Lösung verläßt, aber angezogen, umgekehrt bewegen sich die negativ elektrischen Anionen. Die positiven Metallionen werden durch die negativ elektrische Kathode entladen und gehen dabei aus dem Ionenzustand in den metallischen Zustand über, sie bilden einen metallischen Überzug auf der Kathode, die Säurereste lösen meist die Anode, die man gewöhnlich aus dem Niederschlagsmetall nimmt, auf und führen so dem Bade wieder Metallionen zu.

Nickelniederschläge verwendet man bei der Metallfärbung häufig als Grundlage der Lüstersudfärbungen, es genügen dazu schon sehr dünne Niederschläge, die man in jedem Nickelbad herstellen kann. Bei der Färbung von Eisen können Zink- und Kadmiumniederschläge, die rostschützend wirken, als Grundlage dienen, bei der Färbung verschiedener Metalle Kupfer-, Messing- und Silberniederschläge. Die Zusammensetzung und Arbeitsweise aller dieser Bäder zu besprechen, würde über den Rahmen dieses Buches hinausgehen, es muß deshalb auf des Verfassers „Galvanotechnik", 8. Auflage 1937, oder die umfangreicheren Bücher von Billiter, Pfanhauser und Elßner verwiesen werden. Nur die ohne Strom arbeitenden Verfahren, die mehr als Metallfärbungen anzusehen sind, und die eigentlichen elektrolytischen „Färbungen", also die kathodischen und anodischen schwarzen und farbigen Niederschläge von nichtmetallischem Aussehen, sollen hier näher besprochen werden.

II. Metallniederschläge ohne äußere Stromquelle.

(Eintauch-, Anreibe-, Ansiede- und Kontaktverfahren.)

Man kann aber auch manche Metallniederschläge ohne die Wirkung eines einer besonderen Stromquelle entnommenen Stromes herstellen. Taucht man ein leicht lösliches Metall in die Lösung eines schwerer löslichen, so geht das leicht lösliche an der Oberfläche in den Ionenzustand über und das schwerer lösliche wird in metallischem Zustand ausgeschieden. Unter geeigneten Verhältnissen kann man so einen gut haftenden Metallniederschlag erzielen. Man spricht in diesem Falle von Eintauchgalvanisieren, muß man die Lösung erhitzen, von Ansieden. In manchen Fällen streicht man die Lösung auch mit dem Pinsel auf oder verwendet statt der Lösung eine breiige Masse, die man aufstreicht oder aufreibt. Inwieweit dieses Verfahren anwendbar ist, ergibt sich aus der Stellung der Metalle in der sog. Spannungsreihe: Magnesium, Aluminium, Mangan, Zink, Kadmium, Eisen, Nickel, Kobalt, Blei, Zinn, Kupfer, Antimon, Arsen, Quecksilber, Silber, Platin, Gold. Das voranstehende Metall kann die nachfolgenden Metalle aus ihren Lösungen ausscheiden, und zwar mit um so größerer Intensität, je weiter die Metalle in der Reihe entfernt voneinander sind, wobei allerdings die Unterschiede zwischen den einzelnen aufeinanderfolgenden Metallen nicht gleich sind und auch die Ionenkonzentration der Lösung von Einfluß ist. Man kann also z. B. Zink oder Eisen durch Eintauchen in die Lösung eines Kupfersalzes verkupfern, aber nicht Kupfer auf gleiche Weise mit einem Zink- oder Eisenniederschlag bedecken.

Niederschläge dieser Art haben natürlich nur eine geringe Dicke und Haltbarkeit, denn sobald der eingetauchte Metallgegenstand mit einem Überzug des Niederschlagsmetalls bedeckt ist, kann die Flüssigkeit nicht mehr lösend wirken und damit hört auch die Metallausscheidung auf. Stärkere Niederschläge lassen sich schon mit Hilfe der sog. Kontaktverfahren erzielen, bei denen man den zu galvanisierenden Gegenstand in Berührung mit einem Metall von höherem Lösungsdruck, meist Zink, Aluminium, auch Eisen, seltener Kadmium oder Magnesium eintaucht. Taucht man z. B. Kupfer in Berührung mit Zink in eine Silberlösung, so löst sich, genau wie in einem galvanischen Element, Zink auf und dabei entsteht ein elektrischer Strom, der vom Zink durch die Lösung zum Kupfer fließt und dabei, ebenso wie ein einer besonderen Stromquelle entstammender Strom, Silber auf dem Kupfer niederschlägt.

Man kann sich dieser Verfahren in gewissen Fällen mit Vorteil bedienen, des Anreibeverfahrens z. B. bei Reparaturen, wenn man aber glaubt, damit billiger zu arbeiten, weil man keinen Betriebsstrom braucht, so täuscht man sich, denn der Strom muß einfach im Bade selbst erzeugt werden und das Äquivalent dafür ist mindestens so groß, als wenn man ihn mit besonderer Stromquelle hervorbringt, ganz abgesehen von der durch Auflösung des Waren- bzw. Kontaktmetalls eintretenden schnellen Verunreinigung des Bades.

Wenn aber auch die mit Hilfe dieser Vorgänge hergestellten Metallniederschläge mit den mit besonderer Stromquelle erzeugten in keiner Weise konkurrieren können, so sind die besprochenen Vorgänge doch außerordentlich wichtig und spielen auch bei der sog. chemischen Metallfärbung, also der Metallfärbung im engeren Sinne, bei der wir keine Metallniederschläge, sondern gefärbte Oberflächenschichten erhalten, eine oft ausschlaggebende Rolle, so daß wir es also, wie schon früher gesagt, auch hier oft mit elektrochemischen Wirkungen zu tun haben, z. B. beruhen viele dieser chemischen Färbungen darauf, daß sich Kupfer aus den Kupfersalze enthaltenden Bädern ausscheidet.

1. Vernickelung

auf diesem Wege führt selten zu brauchbaren Ergebnissen. Empfohlen wird ein kochendes Bad aus

200 g Nickelammonsulfat,
400 g Chlorammonium
und 600 g Wasser, mit Zitronensäure schwach angesäuert,

in das man Kupfer- und Messinggegenstände mit Eisenfeilspänen, Zink oder Aluminium in Berührung eintaucht.

In der Revue de Metallurgie sind neuerdings Lösungen von Chlornickel in Methylalkohol oder ähnlichen nichtwässerigen Lösungsmitteln empfohlen worden.

2. Verkupferung

wird als Grundlage für Metallfärbungen häufig auf diesem Wege hergestellt. Man kann folgendes Bad verwenden:

5—10 g Kupfervitriol,
5—10 g Schwefelsäure,
1 l Wasser.

Weil empfiehlt:

150 g Seignettesalz (weinsaures Kali-Natron),
50 g Ätznatron in 400 cm³ Wasser gelöst,
30 g Kupfervitriol in 400 cm³ Wasser gelöst,

beide Lösungen vermischt und auf 1 l verdünnt.

Kleine Eisenteile verkupfert man häufig, indem man das erste Bad auf das 2—3fache verdünnt, Sägespäne oder Kleie damit befeuchtet und die Waren damit in einer hölzernen Scheuertrommel trommelt.

Anreibeverkupferung für Eisen und Stahl: Gesättigte Zinkchloridlösung wird mit wenig Kupfersulfatlösung versetzt und mit Putzwolle oder weichem Lappen aufgerieben.

Streichverkupferung für Zinkdächer: Man löst 60 g Kupfervitriol in 1 l Wasser und gibt so viel Ammoniak zu, daß sich der anfangs gebildete Niederschlag eben wieder löst, wozu ungefähr 60 g 25proz. Ammoniak nötig sind.

Will man diese Lösung zur Verkupferung von Eisen verwenden, setzt man noch ungefähr 60 g Weinsäure zu, bis die Lösung blaues Lackmuspapier schwach rot färbt.

Die Lösungen werden mit Schwamm oder Bürste aufgetragen, schnell abgespült und getrocknet. Zu dem gleichen Zwecke kann man eine Lösung von Kupferkaliumtartrat verwenden, die man nach Lüdersdorf herstellt, indem man 100 g Weinstein und 30 g basisch-kohlensaures Kupfer (erhalten durch Fällen von Kupfervitriol mit Sodalösung) in 1 l Wasser löst und nach erfolgter Umsetzung die überschüssige Weinsäure mit Kreide abstumpft und filtriert. Diese Lösung hat den Vorzug geruchlos zu sein.

Eintauchverkupferung auf Aluminium: Man setzt einer Lösung von etwa 60 g/l Kupfervitriol so viel Ammoniak zu, daß sich der anfangs gebildete Niederschlag eben wieder löst, und dann Zyankalilösung bis zur Entfärbung der blauen Lösung.

3. Vermessingung mit Aluminiumkontakt (DRP. 128319 erloschen):

15 g Ätznatron,
12,5 g Zyankalium,
10 g Zinkvitriol } bzw. die äquivalenten Mengen
4 g Kupfervitriol } Zyanzink und Zyankupfer,
1 l Wasser.

4. Verzinkung.

Die Gegenstände sollen längere Zeit in eine konzentrierte Ätznatronlösung getaucht werden, die man mehrere Stunden mit Zinkgrau gekocht hat (kaum zu empfehlen).

5. Verzinnung (Weißsieden).

Dieses Verfahren wird sehr häufig für Eisen- und Messing- bzw. Kupfergegenstände angewendet. Es gibt dafür zahlreiche Vorschriften, von denen wir nur einige anführen können:

10 g Weinstein, pulverisiert,
1 g Zinnchlorür,
1 l Wasser.

Die Gegenstände werden in Berührung mit Zink in die kochende Lösung eingetaucht.

15 g Ammoniakalaun,
2,5 g Zinnchlorür, geschmolzen,
1 l Wasser,

gleichfalls kochend anzuwenden.

Man kann das Verzinnen auch in der Weise ausführen, daß man 1 Teil Zinnsalz in 10 Teilen Wasser löst, eine Lösung von 2 Teilen Ätzkali in 20 Teilen Wasser zufügt und umrührt, bis die Flüssigkeit wieder klar wird. Die zu verzinnenden Gegenstände werden mit Zinn in Berührung in das heiß gemachte Bad eingetaucht.

Anreibeverzinnung: Man erhitzt 2 Teile gepulverten Weinstein und 1 Teil Zinnchlorid mit 4 Teilen Wasser und fügt so viel sehr feinen Wellsand hinzu, daß ein dünner Brei entsteht, welcher mittels eines Schwammes oder einer Bürste auf die Zinkgegenstände, die man vorher auf 40—50° erhitzt hat, aufgerieben wird.

6. Versilberung.

1. Versilberung mit Zinkkontakt oder Aluminiumkontakt:

15 g salpetersaures Silber,
25 g Zyankalium,
1 l Wasser,

kalt oder etwas erwärmt zu verwenden.

Eisen wird möglichst vorher schwach verkupfert oder vermessingt und in das mit 8—10 g Ätzkali versetzte, auf 40—90° erwärmte Bad mit Aluminiumkontakt eingetaucht.

Sudversilberung (80—90°):

10 g Silbernitrat,
30—35 g Zyankalium,
1 l Wasser.

Kupfer und Messing werden direkt versilbert, andere Metalle vorher verkupfert oder vermessingt. Erhöht man den Zyankaliumgehalt auf etwa 50 g, so kann das Erwärmen unterbleiben. Arbeitet der Sud träge, so gibt man 5—10 g Zyankalium pro Liter zu.

Glanzversilberung auf kaltem Wege: Eine gesättigte Lösung von neutralem, schwefligsaurem Natron wird mit einer bei etwa 50° hergestellten Lösung von doppelt schwefligsaurem Natron bis zur schwachen Rötung von Lackmuspapier versetzt. Hierzu gibt man eine konzentrierte Lösung von salpetersaurem Silber, bis der anfangs entstehende flockige Niederschlag sich nur noch langsam auflöst. Stockmeier empfiehlt, die Lösung der Sulfite mit Bariumsulfit durchzuschütteln, um sie von beigemengten Sulfaten zu reinigen, die das schwer lösliche Silbersulfat bilden würden. Das Bad muß jedesmal frisch bereitet werden und ist vor Licht zu schützen, auch ist es beträchtlich teurer als der zyankalische Silbersud.

Durch DRP. sind Lösungen von Silbernitrat oder Chlorsilber in Natriumthiosulfat geschützt worden.

Anreibeversilberung:

15 g Silbernitrat

löst man in $^1/_4$ l Wasser, versetzt mit der Lösung von

7 g Kochsalz

und rührt, bis sich das ausgeschiedene Chlorsilber zusammenballt. Man filtriert ab und verreibt das nasse Chlorsilber mit

20 g feinem Weinsteinpulver (Cremor tartari)

und 20—40 g Kochsalz.

Wird die Paste zu trocken, feuchtet man sie mit Wasser an.

Die Paste wird mit einem weichen Leder, Leinwandläppchen oder dem Finger aufgerieben. Zu starkes Reiben ist, da die Silberhaut sehr dünn ist, zu vermeiden. Entsprechend verdünnt kann die Paste auch mit dem Pinsel aufgetragen werden.

Zyankaliumhaltige Silberpasten sind zu verwerfen, da man zum Anreiben häufig die Finger nimmt.

7. Vergoldung.

Zur Kontaktvergoldung kann man die meisten Goldbäder verwenden, wenn man den Zyankaliumzusatz vergrößert. Das Bad wird nahe bis zum Kochen erwärmt. Auf öfteren Wechsel des Zinkkontakts ist zu achten, da die sonst entstehenden Flecken stark hervortreten.

Goldsud nach Pfanhauser (kochend zu verwenden):

6 g phosphorsaures Natron,
1 g Ätznatron,
3 g neutrales schwefligsaures Natron,
10 g Zyankalium,
0,6 g Goldchlorid,
1 l Wasser.

Anreibevergoldung (hauptsächlich zum Ausbessern schadhafter Vergoldungen) nach Langbein:

2—3 g Goldchlorid

werden in möglichst wenig Wasser, dem man

1 g Salpeter

zusetzt, gelöst. Mit der Lösung tränkt man Leinwandläppchen, läßt sie an einem dunkeln Orte trocknen und verbrennt sie. Der Goldchlorür und fein verteiltes metallisches Gold enthaltende Zunder wird zu einem feinen Pulver zerrieben und dieses mit einem angekohlten, mit wenig Essig oder Salzwasser benetzten Kork oder mit dem Finger aufgerieben. Man kann dann mit dem Polierstahl vorsichtig polieren.

8. Verplatinierung.

Ganz leichte Platinüberzüge kann man nach Fehling mit Zinkkontakt in folgender, auf Siedehitze erwärmten Lösung herstellen:

10 g Platinchlorid,
200 g Kochsalz,
1 l Wasser,

Natronlauge bis zur alkalischen Reaktion.

9. Antimon- und Arsenniederschläge.

Durch Eintauchen von Messingwaren in die heißen Lösungen der Chlorverbindungen von Antimon und Arsen erhält man graue Überzüge.

Die erwärmte Lösung von Chlorantimon in Salzsäure (Liquor stibii chlorati) gibt eine bläulichgraue, die heiße Lösung von Chlorarsen in Wasser eine stahlgraue Farbe. Meist löst man in 1 l starker, roher Salzsäure 80 g weißen Arsenik und 90 g Eisenchlorid und taucht die trockenen Gegenstände in die Beize ein. Vor wiederholtem Eintauchen müssen die Gegenstände wieder getrocknet werden.

G. Groß unterzog die Arsenbeize einer systematischen Untersuchung (Oberflächentechn. 1933 Heft 23) und ermittelte als günstigste Zusammensetzung folgende:

103 g weißen Arsenik (arsenige Säure),
56 g wasserfreies Eisen(III)sulfat (Ferrisulfat)
und 1000 g roher Salzsäure.

Mit dieser Beize erzielt man die stahlgraue Färbung auf Messingblech schon in 10 Sekunden, durch einmalige Tauchung bei Zimmertemperatur.

Arsenniederschläge auf Aluminium (graue oder Altsilberfärbung) erhält man in einer zweckmäßig auf 50—60° erwärmten Lösung von 75 g arseniger Säure und 100 g wasserfreiem Natriumkarbonat (Soda) je Liter.

10. Wismutniederschläge.

15 g Wismutsubnitrat gibt man in 100 g Wasser, fügt so viel Salpetersäure hinzu, bis eben Lösung erfolgt, dann noch 30 g Weinstein und verdünnt auf 1 l.

Nach Buchner gibt man, da dieser Sud träge arbeitet, noch 100 bis 200 g gesättigte Kochsalzlösung hinzu.

Nach dem DRP. 302816 behandelt man Eisen, Kupfer und Messing mittels Tauch-, Anreibe- oder Spritzprozessen mit einer Lösung von Wismutjodid oder -bromid in Jod- oder Bromalkalien und Säuren. Beispielsweise mischt man 2 Gewichtsteile Jodwismut mit 70 Gewichtsteilen Jodkalium und 3,5 Gewichtsteilen Glykolsäure und löst diese Mischung in 250 Gewichtsteilen Wasser. Oder es werden 5 Gewichtsteile Wismutbromid bei Gegenwart von 20 Gewichtsteilen Jodkalium und 4 Gewichtsteilen Glykolsäure in 50 ccm Wasser gelöst.

B. Elektrolytische Metallfärbungen.

I. Kathodische Niederschläge.

1. Arsenniederschläge.

Für Graufärbungen (Grauglanzoxyd) sind die Arsenniederschläge seit langer Zeit in Anwendung. Der Giftigkeit des Arsens wegen ist die Anwendung dieser Niederschläge jedenfalls in vielen Fällen nicht unbedenklich. Die Bezeichnung Grauglanzoxyd ist natürlich unrichtig, da es sich nicht um ein Oxyd, sondern um einen Niederschlag der grauen Modifikation des Arsens handelt.

Der auf matter Oberfläche graue Niederschlag wird auf hochglanzpolierten Waren dunkelgrau bis schwarz, besonders wenn man dem

Bad etwas zyankalisches Kupferbad zusetzt. Lackiert man mit blauem Spirituslack (jeder Zapon darf zum Überziehen von Arsen- und Antimonniederschlägen nicht verwendet werden, da die Gegenstände oft fleckig werden), so erhält man auch mit grauen Arsenniederschlägen ein tiefes Schwarz.

Arsenniederschläge erzielt man in folgendem Bade:

100 g arsenige Säure,
30 g kohlensaures Natron, kalziniert,
10 g Zyankalium (98—100%),
1 l Wasser.

Badspannung 2,5—3 Volt, Stromdichte 0,5 Amp/dm².

Langbein empfiehlt folgendes Bad:

50 g arsenige Säure, pulverisiert,
20 g Natriumpyrophosphat, kristallisiert,
50 g Zyankalium,
1 l Wasser.

Badspannung 4 Volt, Stromdichte wie oben.

Das pyrophosphorsaure Natrium und das Zyankalium werden in 1 l Wasser gelöst, die arsenige Säure unter Umrühren zugefügt und erhitzt, bis sie sich gelöst hat. Hierbei entweicht Blausäure. Nach Schlötter empfiehlt es sich, das Zyankalium durch die äquivalente Menge Ätzkali zu ersetzen, man kann dann statt Pyrophosphat normales Phosphat nehmen.

Man verwendet bei den Arsenbädern Kohle- oder Eisenanoden.

Beim Einhängen werden die Waren blauschwarz, dann dunkler, irisierend und schließlich, je nach der Oberflächenbeschaffenheit, grau oder schwarz.

2. Antimonniederschläge.

Auch Antimonniederschläge können als matter, grauer Überzug abgeschieden werden, ihre Verwendung ist aber weit seltener als die des Arsenniederschlags; manche Antimonniederschläge explodieren beim Ritzen oder Schlag.

Das explosive Antimon erhält man aus Chlorür- und Bromürlösungen, seine Entstehung ist von der Halogenidkonzentration und der Temperatur abhängig, nicht aber von der Konzentration der Wasserstoffionen. Bei niederen Temperaturen erhält man einen glänzenden explosiven, bei höheren Temperaturen (bei 10% $SbCl_3$ 23°, bei 15,6% 30°, bei 21,2% 50°) einen nicht glänzenden, nicht explosiven Niederschlag.

Zur Herstellung haltbarer Überzüge aus Antimon empfiehlt Gore das folgende Bad:

85 g Brechweinstein,
85 g Weinsäure,
120 g Salzsäure,
1 l Wasser.

Um einen glänzenden, nicht explosiven Niederschlag zu erhalten, kann man eine Lösung von

125 g kohlensaurem Kali,
60 g Antimontrisulfid,
1 l Wasser

verwenden, die man durch längeres Kochen des Schwefelantimonpulvers mit der Pottaschelösung unter Ersatz des verdampfenden Wassers bereitet und heiß verwendet. Als Anoden benutzt man gegossene Antimonstücke.

Einfacher herzustellen ist das folgende Bad:

50 g Schlippesches Salz (Natriumsulfantimoniat),
1 l Wasser.

Das Bad entwickelt während der Elektrolyse Schwefelwasserstoff. Badspannung 4 Volt.

Mathers empfiehlt neuerdings ein fluoridhaltiges Bad, das mit Antimonanoden, 0,8 Amp/dm^2 Stromdichte und praktisch 100% Stromausbeute arbeiten soll:

60 g Antimontrioxyd werden unter Erwärmen und Umrühren in 114 g Fluorwasserstoffsäure (48proz.) und 1 l Wasser gelöst (Hartgummi- oder Bleiwanne), dann 0,25 g Aloesaft und 0,012 g Nelkenöl zugesetzt; diese Zusätze müssen von Zeit zu Zeit erneuert werden. An Stelle von Aloesaft kann auch Alpha- oder Betanaphthol oder Resorzin zugesetzt werden.

3. Schwarznickelniederschläge.

In vielen Fällen können die Schwarznickelniederschläge (Nigrosinbäder) verwendet werden.

Die gegenwärtig in Anwendung befindlichen Schwarznickelbäder beruhen auf der bekannten Tatsache, daß zinkhaltige Nickelbäder einen schwarzen Niederschlag liefern. Classen hat sich zur Erzielung tiefblauschwarzer Überzüge auch einen Zusatz von 50 g/l Süßholzwurzel, Süßholzwurzelabkochung oder glyzyrrhizinsaurem Ammonium patentieren lassen (DRP. 183972 und 201663).

Ein brauchbares Schwarznickelbad kann man sich wie folgt herstellen: 500 g schwefelsaures Nickeloxydulammon werden in 10 l Wasser gelöst; der Lösung setzt man die Lösung von 125 g Ammoniumrhodanid in warmem Wasser und die Lösung von 65 g Zinkvitriol zu. Nach einer anderen Vorschrift löst man in 100 l Wasser 8 kg Nickelsulfat, 2 kg Natriumsulfat, 2,8 kg Zinksulfat, 1,5 kg Rhodanammonium, 0,2 kg Zitronensäure. Die Waren werden zuerst in einem gewöhnlichen Nickelbad schwach vernickelt oder auch verzinkt und dann bei niedriger Spannung (höchstens 1 Volt) in das Schwarznickelbad gehängt. Man verwendet Gußanoden. Die Ware bedeckt sich erst mit einem irisierenden Überzug, der nach etwa 2 Minuten schwarz wird. Zur Erzielung eines solchen Niederschlags ist etwa 1 Stunde erforderlich. Um ein tiefes Schwarz zu erzielen, wird empfohlen, die Waren in einer Lösung von 800 g Eisenchlorid in 10 l Wasser, die mit 62 g Salzsäure angesäuert ist, abzuspülen. Der Schwarznickelniederschlag läßt sich polieren.

Maxwell empfiehlt folgendes Schwarznickelbad:

50 g Chlornickel,
6,3 g Chlorzink,
12,5 g Rhodannatrium im Liter.

Badspannung 0,7 Volt.

Downes erzielte besonders verschleißfeste Niederschläge in folgendem Bade:

75 g Nickelsulfat,
45 g Nickelammonsulfat,
38 g Zinksulfat,
15 g Rhodanammonium,
1 l Wasser.

Badspannung 1,5—2 Volt, Stromdichte 0,15 Amp/dm², $p_H = 6,6$ bis 6,8. Er verwendete Achesongraphitanoden und bewegte die Waren mit 0,5—0,6 m/min Geschwindigkeit.

Ein Schwarznickelbad, das arsenige Säure enthält, ist folgendes:

80 g Nickelammonsulfat,
20 g Rhodanammonium,
15 g arsenige Säure,
10 g Zinksulfat,
1 l Wasser.

Diese Schwarzfärbebäder eignen sich für alle Metalle, selbst Aluminium; bei Eisen und Stahl, Messing und Kupfer empfiehlt sich eine vorhergehende leichte Verzinkung. Die Temperatur soll nicht unter 18° betragen, die Spannung bei verzinktem Eisen 1,8—2 Volt, bei Messing und Kupfer etwas niedriger. Bei zu niedriger Spannung werden die Waren nur grau, bei zu hoher Spannung leicht streifig. Die Fläche der Kohleanoden soll etwa halb so groß wie die Warenfläche sein; die Kohleanoden müssen von Zeit zu Zeit abgebürstet und in Wasser ausgekocht werden. Da Waren aus verschiedenen Metallen etwas verschiedene Spannung erfordern, soll man nur Waren aus demselben Metall gleichzeitig einhängen.

Die Niederschläge werden zweckmäßig durch Zaponieren, Lackieren oder Wachsen geschützt, da sie etwas empfindlich sind.

4. Schwarzchromniederschläge.

Auch Chrom läßt sich in schwarzer Modifikation niederschlagen, der Niederschlag findet in besonderen Fällen, wo es auf Härte und Widerstandsfähigkeit gegen hohe Temperaturen und chemische Einwirkungen ankommt, Anwendung. Man muß ein schwefelsäurearmes Bad und sehr hohe Stromstärken anwenden (auch Bäder mit Essigsäure oder Propionsäure), nach einem Patent von Siemens & Halske z. B. 350 g Chromsäure und 0,5 g Schwefelsäure im Liter mit einer Stromdichte von 100 Amp/dm², wozu 8—10 Volt Spannung nötig sind. Die Temperatur des Bades darf 25° nicht übersteigen, man muß also das Bad, im Gegensatz zum Glanzchrombad, kühlen, da es sich sonst durch die hohe Stromstärke unzulässig erwärmt. Der Niederschlag wird matt, er kann auf Hochglanz poliert, aber auch mit dem Sandstrahlgebläse aufgerauht werden; er haftet auch auf glänzendem Chrom.

5. Alteisenfärbung, Kupfer fumé usw.

Alteisenähnlich hat man mattvernickelte Gegenstände durch Arsenfärbung in den Tiefen gefärbt, die von den Höhen wieder abgebimst wurde.

Kupfer fumé färbt man gewöhnlich mit Schwefelleber, man kann aber auch einem Zyanidkupferbad eine Lösung von arseniger Säure in Zyankalilösung bis zur Erzielung des gewünschten Tones zusetzen.

6. Patinaähnliche Färbungen.

Patinaähnliche Färbung an der Kathode nach Rieder:

23 g Kupfervitriol,
89 g Kaliumbichromat,
1 l Wasser.

Badspannung 6 Volt.
Die Färbung ist unschön und gleicht einem Ölfarbenanstrich.

7. Molybdänsesquioxydniederschläge.

Nach einem erloschenen Patent von Haswell erzeugt man einen festhaftenden, samtschwarzen, rostschützenden kathodischen Niederschlag von Molybdänsesquioxyd in folgendem Bade:

10 g Ammoniummolybdat,
10—20 g Ammoniumnitrat,
1 l Wasser.

Badspannung 2 Volt (bei 1,5 cm Elektrodenentfernung), Stromdichte 0,2—0,3 Amp/dm².

Das DRP. 510380 (Pacz) schützt ein Verfahren zur Färbung von Metallen durch kathodische Behandlung in einer Lösung von Ammoniummolybdat unter Zusatz von Ammonsalzen, gekennzeichnet durch Verwendung einer löslichen Anode, insbesondere aus Zink, unter Ausschluß von Sulfomolybdaten als Elektrolytzusatz, und nennt als Beispiel des Elektrolyten eine Lösung, die $^1/_8$% Ammoniummolybdat und $^1/_2$% Ammoniumnitrat oder ein anderes Ammoniumsalz enthält. Ein weiterer Patentanspruch stellt unter Schutz ein Verfahren nach vorstehendem Anspruch, dadurch gekennzeichnet, daß bei Verwendung von Kathodenmetallen, welche in dem angewendeten Bade edler sind als Zink, die Erzeugung des benötigten Stromes unter Vermeidung einer äußeren Stromquelle dadurch erfolgt, daß die Kathode (also der zu färbende Gegenstand) mit der löslichen z. B. aus Zink bestehenden Anode innerhalb oder außerhalb des Bades z. B. durch unmittelbare Berührung oder in sonstiger Weise stromleitend verbunden wird. Das Zusatzpatent 541659 schützt den Zusatz von Zinksalz, z. B. $^1/_4$% Zinksulfat an Stelle oder neben anodisch entstandenem Zinksalz. Verfasser erzielte nach den Angaben dieser Patentschriften keine besseren, meist weniger gute Erfolge als mit dem Haswellschen Bade.

Brünieren von Aluminium nach Grotthuß. Nach diesem Verfahren wird technisches Aluminiumblech in bekannter Weise gereinigt und als Kathode in ein Bad, bestehend aus einer Sulfoverbindung des Molybdäns bei 60—65° eingehängt. Als Anode dient ein Zinkblech. Man erhält in kurzer Zeit einen tief dunkelbraunen bis schwarzen, festhaftenden Niederschlag, der sogar Bearbeitung durch Walzen, Biegen usw. verträgt und nach Versuchen das Aluminium vor Korrosion in gewöhnlichem und Seewasser gut schützen soll.

8. Platin- und Palladiumschwarz, dunkle Rhodiumniederschläge.

Platinschwarz (auf Platin) erzeugt man nach Lummer und Kurlbaum in einer sauren Lösung von 10 g Platinchlorid und 0,08 g Bleiazetat in 300 g Wasser mit einem Strom, der so reguliert wird, daß an der Kathode kräftige Gasentwicklung eintritt, indem man alle 2—3 Minuten die Pole wechselt.

Palladiumschwarz (auf Platin): 2 g Palladium werden in heißer konzentrierter Salpetersäure gelöst, die freie Säure verdampft und der Rückstand in 100 cm³ Wasser aufgenommen.

Dunkle Rhodiumniederschläge erhält man nach DRP. 627264, wenn man dem üblichen Rhodiumbad Kolloide oder kolloidbildende Stoffe zusetzt und bei über 50° arbeitet.

9. Kupferoxydulniederschläge.

Nach dem englischen Patent 452464 von Stareck und Taft erhält man in alkalischen Lösungen von Kupferlaktat auf verschiedenen Metallen kathodische Niederschläge von Kupferoxydul in den Farben violett, blau, grün, gelb, orange und rot. Als Badzusammensetzung wird angegeben auf 1 l Wasser 0,125—0,15 l Milchsäure, 0,1—0,1125 l Natronlauge. Temperatur 22—25°, Stromdichte 0,15 Amp/dm², Spannung 0,25 Volt. Kupferanode.

II. Anodische Metallfärbungen und Schutzüberzüge.

Anodische Metallfärbungen können sich dadurch bilden, daß die Oberfläche der als Anode eingehängten Ware selbst chemisch verändert wird, oder dadurch, daß sich farbige chemische Verbindungen auf der Anode festhaftend niederschlagen. Bei den Färbungen der ersten Gruppe wird die Oberfläche meist ungleichmäßig angegriffen, vorspringende Teile zerfressen, ehe die zurückliegenden genügend gefärbt werden; bei den Färbungen der zweiten Gruppe läßt oft die Haftfestigkeit des Niederschlags zu wünschen übrig. Dem erstgenannten Übelstand hat Rudholzner durch sein Abblendeverfahren zu begegnen gesucht, bei dem eine Schirmelektrode verwendet wird, die aus einem beiderseits offenen Glasrohr besteht, in welchem die Draht- oder Blechkathode verschiebbar, z. B. im Kork so befestigt wird, daß der Elektrolyt ungehindert ein- und austreten kann. Durch Zurückziehen bzw. Vorschieben der Kathode im Glasrohr läßt sich der Stromlinienkegel verändern und so, wenn man die Kathode mit der Hand in entsprechendem Abstand über die Ware führt, erreichen, daß Höhen und Tiefen der Oberfläche gleichmäßig gefärbt werden.

1. Grüne Patina.

Lismann (München) (DRP. 93543 erloschen) hat die natürliche Patina von Kupfer und Kupferlegierungen dadurch nachgeahmt, daß er die zu patinierenden Gegenstände als Anode bei einer Stromdichte von ungefähr 1 Amp/dm² in gewöhnliches Wasserleitungswasser einhängte, das durch Zu- und Abfluß fortwährend erneuert wurde. Quellwasser enthält immer kohlensaure Salze, das von Lismann verwendete Münchener Quellwasserleitungswasser z. B. 0,017% an Kalk und Magnesia gebundene Kohlensäure. Die durch Zersetzung des Wassers und dieser kohlensauren Salze entstehenden Anionen wirken oxydierend und karbonatbildend, so daß eine der natürlichen Patina ähnliche Oberflächenschicht entsteht, deren Bildung allerdings sehr lange dauert und die bei weitem nicht dieselbe Haltbarkeit besitzt wie die natürliche Patina.

Während Lismann nur mit dem geringen Salzgehalt natürlichen Quellwassers arbeitete, soll nach einem neueren amerikanischen Verfahren (Craig u. Irion: Met. & Alloys, Febr. 1935) zum Patinieren von Kupferdächern eine Walze mit Stoff bespannt werden, der mit konzentrierter Alkali- oder Ammoniumkarbonat- oder -bikarbonatlösung getränkt wird. Die Walze wird kathodisch (—), das Kupferdach anodisch (+) verbunden. Die Patina soll sich sofort bilden, dürfte aber bei so schneller Bildung weder gut haften noch von dichtem Gefüge sein, das von einer guten Patina verlangt werden muß, wenn sie nicht durch Festhalten von Ruß und Schmutz bald schwarz werden soll. Verwendet wurde Natriumkarbonat oder -bikarbonat, auch Ammoniumkarbonat oder -bikarbonat ist verwendbar, es gibt eine blaugrüne Patina. Bikarbonat scheint vorzuziehen zu sein. Man kann auch verdünnte Lösungen bei niedriger Stromdichte verwenden, besser ist es aber, höhere Konzentration und Stromdichte anzuwenden, da zu geringe Konzentration und Stromdichte eine schlecht haftende Patina geben soll (! wahrscheinlicher ist das Gegenteil). Als geeignet wird eine 10proz. Bikarbonatlösung oder eine $^1/_5$—$^1/_1$ gesättigte Lösung und eine Stromdichte von 1—20 Amp/dm² angegeben. Mit einer 8proz. Lösung und einer Stromdichte von 15 Amp/dm² bildet sich die Patina in weniger als 1 Minute. Lösung und Anode dürfen sich durch den Strom nicht zu stark erhitzen.

Es sind noch verschiedene Elektrolyten zur Erzeugung grüner Patina angegeben worden, die Wirkung ist aber bei keinem durchweg befriedigend, sie sollen deshalb nur kurz zusammengestellt werden:

1. 20 g Natriumsulfat, wasserfrei, 4 g Ätznatron, 1 g Natriumzyanid, 1 l Wasser. Temperatur 85°, Stromdichte 0,03 Amp/dm². Nach der elektrolytischen Behandlung sollen die Gegenstände $^1/_2$ Stunde in 5proz. Kupfervitriollösung auf 95° erhitzt werden.

2. 100 g Magnesiumsulfat, 20 g Magnesiumhydroxyd, 20 g Kaliumbromat, 1 l Wasser. Temperatur 95°. Dauer $^1/_4$ Stunde.

In beiden Fällen soll nach Vernon basisches Kupfersulfat gebildet werden, durch Einreiben mit Leinöl oder Lanolin soll die Witterungsbeständigkeit erhöht, nachträgliche Verfärbung aber nicht verhindert werden.

Das DRP. 500951 der Württ. Metallwarenfabrik in Geislingen schützt anodische Grünfärbungen, bei denen dem Elektrolyten Nitrite beigefügt werden. Dabei soll der Färbevorgang besonders rasch und gleichmäßig vor sich gehen, wenn die Oberfläche durch Vorbehandlung mit Quecksilbersalzlösungen aktiviert wird. Man kann einer Lösung von Alkali- oder Ammoniumkarbonat Kalium-, Natrium- oder Ammoniumnitrit zusetzen (etwa 50 g/l Karbonat und 25 g/l Nitrit) und mit niedriger Stromdichte elektrolysieren.

Nach L. W. Haase (Z. Metallkde. 1934 S. 185 und Metallwirtsch. 1932 S. 556) ist die Schutzschichtbildung vom Kation abhängig in steigender Reihenfolge: Ammonium, Kalium, Natrium, Anionen spielen mit Ausnahme von Nitrat und Nitrit keine Rolle.

Die Kupferoxydulschicht der Trockengleichrichter wird durch elektrolytische Oxydation der Kupferbleche in einer schwach alkalischen Kochsalzlösung hergestellt oder es wird durch Erhitzen oxydiert und die schwarze Oxydschicht mit verdünnter Schwefelsäure gelöst.

2. Verschiedene anodische Färbungen.

Andere Elektrolyten zur Erzeugung einer Patina an der Anode sind folgende:

Nach B. Setlik: I. Verdünnte Lösung von Natronlauge und Soda; der an der Anode freiwerdende Sauerstoff oxydiert das Metall und gibt auf Kupfer, Bronze und Messing eine braunrote Färbung.

II. In 4proz. Chlorammoniumlösung entsteht schon bei 2 Volt Badspannung auf der als Anode eingehängten Ware sehr rasch auf Kupfer, Messing und Bronze eine schöne erst rote, dann grüne Patina.

Buchner führt nachfolgende Elektrolyten an, die durch anodische Abscheidung von Brom- und Chlorionen auf Kupfer und nachträgliche Belichtung verschiedene Färbungen geben:

Graues Violettbraun:

20 g Bromkalium,
20 g Schwefelsäure, 66° Bé, chemisch rein,
1 l destilliertes Wasser.

Dunkles Graubraun:

20 g Chlorkalium,
20 g Schwefelsäure, 66° Bé, chemisch rein,
1 l destilliertes Wasser.

Grünlich-schwarz:

20 g Bromkalium,
10 g Chlorkalium,
20 g Schwefelsäure, 66° Bé, chemisch rein,
1 l destilliertes Wasser.

Das erste Bad dient auch zur Färbung von Silber und liefert schon im Bade einen dunkelbräunlichen Ton, der durch Belichtung noch vertieft wird. Durch Zusatz von 10 g Chlorkalium erhält man eine violettschwärzliche Färbung. Die Badspannung ist etwa 2 Volt, die Stromdichte 0,5—1,5 Amp/dm². Ist das Bad erschöpft, kann man es durch Zusatz von etwas Bromkalium auffrischen.

Lila bis rötlichbraun auf Silber erhält man nach Buchner, wenn man die Gegenstände als Anode in eine Lösung von 1 Teil Kupferchlorid und 1 Teil Eisenchlorid in 3—4 Teilen Wasser bei 3—4 Volt Spannung einhängt und als Kathode ein Platinblech benutzt. Trocknet man unter 100°, so erhält man kirschrote Färbung.

Rotfärbung von Silber erzielt man anodisch in einer 2proz. Lösung von Kaliumchromat (Monochromat). Zusatz von 1% Kaliumsulfat bewirkt ein etwas helleres Rot, einige Tropfen Kochsalzlösung (1 : 10) pro Liter Bad geben eine blutrote Tönung, Zusatz von 0,1% Ammoniumfluorid gibt eine grün irisierende rotbraune Färbung. Zu konzentrierte Lösungen und zu starker Strom sind zu vermeiden, da der Niederschlag, wenn er sich zu rasch bildet, schlecht haftet. Als Kathode genügt eine Drahtspitze. Beim Betupfen mit Kochsalzlösung verschwindet die Chromatfärbung.

Zu den anodischen Färbungen gehört auch die unter Altsilberfärbung (Abschn. IV C I 2c) beschriebene Färbung mit der Wanderkathode.

Zinn- und Weißblechfärbungen: Erwähnt sei hier auch das Verfahren zur Erzielung von Färbungen auf Zinn, DRP. 260304 von Dr.-Ing. Ernst Näf in Tägerwilen, Schweiz, dadurch gekennzeichnet, daß man angeätztes Zinn in einer verdünnten alkalischen Zinnlösung zur Anode macht und eine anodische Stromdichte, welche dauernde Passivierung des Zinns bewirkt, bis zur Entstehung der Farben einwirken läßt. Man kann hierbei zur Erzielung bestimmter Wirkungen die Stromdichte ungleichmäßig verteilen.

Nach einem Verfahren von Macnaughtan wurden in alkalischen Lösungen mit Zusatz oxydierender Stoffe auf Zinn und verzinnten Waren durch anodische Behandlung durchscheinende Schichten erzeugt, die sich mit Farbstoffen färben ließen. Nach einem neueren Verfahren erhält man in Lösungen, die drei- und vierwertige Anionen, z. B. Phosphate oder Ferrizyanide enthalten, tiefblauschwarze Schichten, die nicht erst durch Farbstoffe gefärbt werden müssen. Verwendet wurde eine Lösung von 100 g Dinatriumphosphat und 20 cm³ Phosphorsäure von 1,75 Dichte auf 90° erhitzt mit Kupferkathoden. Meist genügt eine anodische Behandlung von 6 Minuten Dauer. Verzinnte Waren müssen stark verzinnt sein. Stromdichte mindestens 1 Amp/dm², besser 3—4 Amp/dm³.

3. Superoxydniederschläge.

Zahlreich sind die Vorschläge zur Erzielung von Superoxydfärbungen, die in den Lösungen gewisser Metallsalze an der Anode entstehen, indem die Anionen mit dem Elektrolyten und dem Lösungswasser reagieren. Sie sind schon seit langer Zeit namentlich als Nobilische

Farbenringe bekannt. Diese Anwendung ist durch die gegenwärtig im Handel befindlichen irisierenden Lacke ganz verdrängt worden, doch sollen Superoxydfärbungen hier etwas ausführlicher besprochen werden, da sie neuerdings als Schutzüberzüge verwendet werden.

Die Grundlage muß eine nicht oxydierende Metallfläche sein, die möglichst auf Hochglanz poliert werden muß. Auf Gold erzielt man eine grüne, auf Platin eine prächtig blaue Färbung, Silber wird dagegen durch Oxydation matt. Billigere Waren wurden vorher vernickelt. Nach der Färbung müssen die Waren gut gespült werden, dürfen aber meist nicht mehr mit den Händen berührt oder mit Tüchern od. dgl. gerieben werden, sondern müssen mit einem schützenden Überzug von farblosem Lack bedeckt werden. In einigen Fällen gibt allerdings das Reiben mit Leder gute Erfolge. Als Kathode dient ein Platin- oder auch Nickeldraht, den man so in ein Glasrohr einschmilzt, daß nur die Spitze vorragt, um deren Verlängerung sich die Farbenringe bilden. Badspannung 2—3 Volt.

Nach Nobili, Böttcher, Bergeat und Walter verwendet man als Elektrolyten eine Lösung von etwa 100 g Ätzkali und 100 g Bleiglätte in 1 l Wasser, durch längeres Kochen hergestellt. Statt Bleiglätte kann auch essigsaures Blei verwendet werden. Auch Lösungen von Grünspan, Manganoxydulsalzen, Kupfervitriol-Milchzuckerlösungen (je 69 g in 1 l Wasser gelöst und mit Kalilauge bis zur Auflösung des anfangs entstehenden Niederschlags versetzt) u. a. sind verwendbar. Nach Bequerel soll die Bleioxydlösung ein spez. Gewicht von 1,8 besitzen, sie eignet sich am besten zum Färben von Messing und Neusilber, während Lösungen von Manganchlorür oder Mangansulfat auch Bleiazetat besonders zum Färben von Gold und Platin geeignet sind.

Fischer hat das Verfahren dahin abgeändert, daß die Gegenstände zuerst verbleit werden, worauf man sie als Anode in eine erwärmte Lösung von phosphorsaurem Natrium, Kalium oder Ammonium bei etwa 2 Volt Spannung einhängt. Man erhält dabei haltbarere gelbbraune bis dunkelbraune Färbungen.

Zur Herstellung von Bleisuperoxydschichten als Rostschutz ist Siemens & Halske durch DRP. 514621 der Zusatz von Aldehyden, Ketonen, Alkoholen und deren Derivaten, ausgenommen Säuren, zu alkalischen Bleibädern geschützt worden.

Isgarishew verwendete ein Bad, das im Liter 40 g Natriumhydroxyd, 10,5 g Blei als Oxyd und 0,01 g Resorzin enthielt. Clarke erzielte die besten Erfolge mit einer Lösung von 120 g Natriumhydroxyd und 40 g gelbem Bleioxyd in 1 l Wasser bei 40—50° und bis zu 0,3 Amp/dm^2 Stromdichte. Kupfer muß mit hoher Stromdichte, etwa 2 Amp/dm^2 gedeckt werden. Niederschlagsdauer 1—$1^1/_2$ Stunde. Zusatzstoffe zeigten keine Vorteile.

Nach dem DRP. 128067 wird der Bleilösung eine zyankalische Kupferlösung beigemischt.

Nach Peissakowitsch liefert der aus einer ammoniakalischen Manganhydroxydlösung anodisch erhaltene Niederschlag von Manganoxyd einen rostschützenden Überzug auf Eisen und Stahl. Er verwendet: 150 cm³ 20proz. Mangansulfatlösung, 5 cm³ konzentrierte Schwefelsäure, sodann 100 cm³ 20proz. Ammoniak. Badspannung 1,75 bis 2 Volt. Der braunschwarze Niederschlag erhöht durch sein hohes Oxydationspotential die bei anodischer Behandlung in ammoniakalischer Lösung an sich schon eintretende Passivierung.

Haswell färbt Eisen und Stahl anodisch blauschwarz in einer mit Ammoniumnitrat versetzten Lösung von Bleinitrat, einen dunkelbraunen bis blauschwarzen Überzug erzielt er in folgender Lösung:

8 Gewichtsteile Bleinitrat werden in 50 Teilen Wasser gelöst und diese Lösung mit dem gleichen Volum Ätznatronlösung von 1,26 spez. Gewicht (31° Bé) unter Umrühren versetzt. In diese Lösung werden vor Beginn des Färbens pro Liter noch etwa 10 g Mangankarbonat eingerührt, die wahrscheinlich durch an der Anode sich abspaltende Salpetersäure gelöst werden.

4. Anodische Oxydierung von Eisen.

Eisen und Stahl kann man braun bis schwarz färben, indem man sie bei 6—10 Volt Spannung in nahezu zum Sieden erhitztes Brunnenwasser als Anode einhängt, mit einer Borstenbürste kratzt, wieder ins Bad bringt und dies so oft wiederholt, bis die gewünschte Färbung erzielt ist. Zur Erzielung eines glänzenden Schwarz ist etwa sechsmaliges Einhängen von je $^1/_4$stündlicher Dauer erforderlich.

Von Sestini und Rondelli wurde ein Verfahren der Dekapierung und galvanischen Oxydierung der Metalle in einer Lösung von Eisen- bzw. Kupferoxyd in konzentriertem Alkali (Natriumferrit bzw. Natriumkuprit) angegeben, das auch durch DRP. geschützt wurde. Bei geeigneter Temperatur und Stromdichte unter Verwendung von Eisenanoden und -kathoden elektrolysiert, liefert das Bad unter der Wirkung naszierenden Wasserstoffs am negativen Pol eine reine Eisenoberfläche, die infolge ihres besonderen Zustandes sich zur Aufnahme einer späteren Oxydation besonders eignet, während am positiven Pol das Eisen in Lösung geht und so das Bad konstant hält. Beim Wenden des Stromes oxydiert sich das vorher reduzierte Eisen zu dem bekannten schwarzen Oxyduloxyd (wie wir es im Glühspan haben). Durch Veränderung der Badkonzentration, Temperatur und Stromdichte kann man auch andere Oxyde und dadurch Färbungen von veilchenblau bis rotbraun und gelb erzielen. Man benötigt eine Stromquelle von 0,5 bis 2 Volt Spannung und 5 Amp/dm² Warenfläche Stromstärke.

Das Bad wird durch die Stromwirkung selbst hergestellt unter Verwendung einer Ätznatronlösung. Während des Betriebes regeneriert es sich von selbst. Statt den Badbehälter (aus 4—5 mm Stahlblech vernietet und autogen geschweißt) selbst als Elektrode zu benutzen, kann man zweckmäßig auch Gegenelektroden aus weichem, manganarmem Stahlblech einhängen, die man perforiert, um bessere Badzirkulation zu ermöglichen. Bei kompliziert geformten Gegenständen ist gleichmäßige Stromverteilung durch Anwendung mehrerer Einzelelektroden von Wichtigkeit. Eine Vorbereitung der Waren ist, selbst wenn diese stark fettig oder gerostet sind, nicht notwendig.

Die Dekapierung der Oberfläche erfordert etwa 2 Minuten, die Oxydierung durch Umkehr des Stromes etwa 3 Minuten. Die Beendigung der Oxydierung macht sich durch Ansteigen der Badspannung kenntlich. Es empfiehlt sich dann, die erhöhte Spannung noch 2 Minuten aufrechtzuerhalten, worauf die Spannung vermindert und die Ware herausgenommen und gespült wird. Das Spülwasser kann, um Salzverluste zu vermeiden, zum Nachfüllen des Bades verwendet werden. Nach dem Eintauchen in heißes Wasser taucht man noch in auf 180° erhitztes Öl und bürstet das überflüssige Öl ab.

Bei Herstellung anderer Eisenfärbungen verwendet man ein konzentriertes Bad, das sich, ohne zum Sieden zu kommen, höher erhitzen läßt, und setzt noch verschiedene Oxydationsmittel zu.

Die Färbung blättert nach Angabe des Erfinders nicht ab, läßt sich polieren, widersteht Temperaturen bis 300° und besitzt die Eigentümlichkeit, beim Belichten eine größere Dichte zu erlangen. Die Färbung bildet einen sehr guten Rostschutz und widersteht schwachen und verdünnten Säuren.

Verwendet man den Prozeß zum Dekapieren, so muß man, da die Oberfläche dabei mit Wasserstoff beladen wird, den Strom kurze Zeit wenden, bis leichte Oxydation eintritt, dann wieder in der ursprünglichen Richtung fließen lassen, bis das Oxyd eben wieder entfernt ist. Dieser Vorgang eignet sich zur Rostentfernung wie auch zur Vorbereitung für das Walzen und Ziehen, Emaillieren usw.

Bei der Kupferfärbung ist die negative Periode erheblich kürzer, sonst ist das Verfahren dasselbe. Kupferarme Kupferlegierungen werden vorher verkupfert. Das von Sestini und Rondelli in Bergamo während des Krieges ausgearbeitete Verfahren soll in Italien, England und Frankreich viel in Anwendung gekommen sein.

Dr.-Ing. Eyrainer (Metall 1920 Heft 11) stellte fest, daß die Herstellung der Ferrite und Kuprite nicht neu ist, daß erhöhte Temperatur, die Sestini und Rondelli vorschlagen, ihrer Bildung entgegenwirkt, daß das Kuprit schlecht haftet und das Bad sich auch, wenn es abgedeckt wird, zersetzt. Bei uns scheint das Verfahren keine Anwendung gefunden zu haben.

5. Anodische Oxydierung des Aluminiums.

a) Herstellung der Oxydschichten. Das Aluminium verdankt seine gute Haltbarkeit der schützenden Oxydhaut, mit der es sich an der Luft überzieht. Diese natürliche Oxydhaut ist aber dünn und leicht zu verletzen, behandelt man das Aluminium in geeigneten Elektrolyten anodisch, so kann man eine wesentlich stärkere und infolgedessen auch besser schützende Oxydhaut auf der Oberfläche herstellen und durch geeignete Wahl des Elektrolyten und der Arbeitsbedingungen auch die Eigenschaften der Oxydhaut weitgehend verändern.

Hervorgegangen ist die anodische Oxydierung des Aluminiums aus Untersuchungen über die schon 1857 beschriebene sog. Ventilwirkung, die einseitig stromsperrende Wirkung des Aluminiums, wenn es zur Anode gemacht wird. Aber erst in den letzten Jahren ist das

Verfahren zur Herstellung von Schutzüberzügen und Färbungen in größerem Umfange technisch angewendet worden. Anwendbar sind eine große Zahl von Elektrolyten, in der Praxis sind aber vorwiegend drei Verfahren zur Ausführung gekommen, das Schwefelsäureverfahren, das zur nachfolgenden Färbung besonders geeignete Schichten liefert, das Chromsäureverfahren und das Oxalsäureverfahren. Die größeren Firmen, in deren Händen die meisten der schon sehr zahlreichen Patente sind, haben sich zusammengeschlossen und vertreiben das Verfahren unter gemeinsamer Ausnutzung ihrer Patente und Erfahrungen unter dem Namen Eloxalverfahren (elektrisch oxydiertes Aluminium), im Ausland unter dem Namen Alumiliteverfahren; es gibt aber auch außerhalb dieses Patentschutzes stehende Verfahren, da viele Elektrolyte brauchbar sind.

Das Aluminiumoxyd ist im reinen Zustande weiß. Durch Verunreinigungen des Aluminiums und Legierungsbestandteile der technischen Aluminiumlegierungen, Eisen, Silizium, Kupfer usw. kann es eine graue, bläuliche, gelb bis braune und fast schwarze Farbe bekommen, auch die Wahl des Elektrolyten ist von wesentlichem Einfluß auf die Farbe des Oxyds. Je nach dem gewählten Elektrolyten und den Arbeitsbedingungen besteht die Schicht mehr aus dem glasharten und dichten Gamma-Aluminiumoxyd oder mehr einem weicheren und poröseren wasserarmen Aluminiumhydroxyd, wie es als Böhmit bekannt ist. Die Eigenschaften der Schicht lassen sich auch durch Nachbehandlung mit Dampf, kochendem Wasser, Salzlösungen usw. verändern oder durch Einlagerung von Anionen des Elektrolyten, Kolloiden usw. beeinflussen. Dabei ist auch die Möglichkeit gegeben, die unterste Schicht hart und dicht, die obere poröser und aufsaugfähiger für Farbstoffe und Imprägnierungen herzustellen oder die untere Schicht weicher und biegsamer und die obere hart und widerstandsfähig.

Von der möglichen Änderung der Naturfarbe der Schicht abgesehen ist die Aluminiumoxydschicht aber nicht nur ein guter Haftgrund für Lack- u. dgl. Anstriche oder durch Farbstoffe imprägnierbar, sondern sie verbindet sich auch chemisch mit zahlreichen organischen Farbstoffen zu sog. Farblacken, wodurch sich eine praktisch unbegrenzte Färbemöglichkeit ergibt.

Über Einzelheiten bei der Ausführung des Verfahrens ist vor allem zu sagen, daß, wenn man stärkere Schichten erzielen will, der Elektrolyt das Aluminium angreifen muß, in neutralen Elektrolyten erzielt man nur sehr dünne Schichten. Der saure Elektrolyt wirkt also immer lösend auf das Metall wie das gebildete Oxyd und Hydroxyd, und man hat darauf zu achten, daß der dadurch erfolgende Abbau nicht größer als der Aufbau wird, man hat es aber dabei in der Hand zu erreichen, daß sich trotz Bildung einer starken Schutzschicht die Maße der eloxierten Gegenstände nur wenig ändern. Im allgemeinen stellt sich nach einiger Zeit ein Gleichgewicht zwischen Aufbau und Abbau ein, während bei zu lang andauernder Einwirkung der Abbau überwiegt, die Schichtdicke also wieder abnimmt. Je niedriger der p_H-Wert ist, um so mehr überwiegt die Auflösung. Von großem Einfluß ist die Temperatur auf die Beschaffenheit der Schutzschicht, steigende Temperatur begünstigt auch die Auflösung der Schicht. Im Schwefelsäureelektrolyten ist die Auflösung stärker als im Oxalsäureelektrolyten. Wechselstrom wirkt weniger auflösend als Gleichstrom. Mit Steigerung der Badspannung wächst die Schichtdicke, zu hohe Spannung, über 15 Volt beim Schwefelsäure-, über 80 Volt beim Oxalsäureelektrolyten, führt leicht zur Zerstörung der Schicht. Bei schwermetallhaltigen oder siliziumhaltigen Legierungen ist die Auflösung auch etwas größer als bei Reinaluminium. Während die natürliche Oxydschicht, mit der sich das Aluminium bedeckt, eine Dicke von 0,2 Tausendstel Millimeter hat, kann man durch Eloxieren ohne weiteres eine Dicke von 20—40 Tausendstel Millimeter erzielen; man hat Bleche bis 0,8 mm durchoxydiert, solche Stärken sind natürlich nicht nötig. Die Haftbarkeit der Oxydschicht ist eine ausgezeichnete, da die Schicht ja nicht von außen aufgetragen ist, sondern aus dem Metall herauswächst; natürlich wird man für Gegenstände, die nachträglich noch verformt werden sollen, eine weichere Eloxierung wählen.

Die Tiefenwirkung des Bades ist sehr gut, denn da die Oxydschicht ja ein Nichtleiter des elektrischen Stromes ist, wird dem Stromdurchgang auf den zuerst von den Stromlinien getroffenen Stellen ein Widerstand geboten, und in dem Maße wird der Vorgang nach den tieferliegenden Stellen verlegt, wenn auch die Oxydschicht, da sie porös ist, den Stromdurchgang nicht vollständig sperrt.

Die zu eloxierenden Gegenstände müssen, gleichgültig ob sie aus Reinaluminium oder einer Legierung bestehen, möglichst gleichmäßiges und feines Gefüge haben, Ungleichmäßigkeiten, Fremdmetalleinschlüsse u. dgl. können sogar zu Lochfraß führen. Das ist besonders bei Gußstücken zu beachten. Teile, die aus Aluminium und anderen Metallen zusammengesetzt sind, können natürlich auch nicht eloxiert werden.

Zur Erzielung einer glänzenden Oberfläche auf Aluminium wird anodische Behandlung in 55—75 Vol.-% Schwefelsäure bzw. 45—70% Schwefelsäure und 15—5% Phosphorsäure sowie 0,5—2% Salpetersäure empfohlen. Temperatur 35—75°, Stromdichte 3—14 Amp/dm^2, Spannung 10—15 Volt.

b) Färbung der Aluminiumoxydschichten. Die Färbung kann durch wässerige Lösungen des Farbstoffes, in die man die frisch oxydierten Gegenstände eintaucht, in manchen Fällen auch durch Zusatz der Farbstoffe zum Oxydationsbad oder, wenn gleichzeitig eine Imprägnierung stattfinden soll, durch Zusatz von Farbstoff zum Imprägnierungsmittel ausgeführt werden, seltener werden die Farbstoffe aufgestrichen. Die Färbung ist durch DRP. 413876 vom Jahre 1924 zur Zeit noch geschützt.

Bei Verwendung organischer Farbstoffe taucht man in eine etwa 0,1proz. Farbstofflösung, z. B. Anthrazen- oder Anthrachinonblau, Alizarinrot S oder ähnlicher Farbstoffe. Bei Verwendung von basischen Farbstoffen muß die Oxydschicht zuerst mit einer Beize, einer organischen Säure oder deren Salzen, Natriumborat, Kaliumdichromat oder

-ferrozyanid, saurem Ammonium- oder Natriumphosphat, Ammoniummolybdat od. dgl. vorbehandelt werden, man kann dann mit Safranin T, Rhodamin B, Auramin, Viktoriagrün, Viktoriablau B, Chrysoidin R, Brillantgrün B und anderen in kalter oder warmer, möglichst konzentrierter Lösung färben. Es können natürlich auch viele andere organische Farbstoffe Verwendung finden, und bei der großen Zahl solcher ist die Färbemöglichkeit praktisch unbegrenzt.

Die Färbung mit anorganischen Farbstoffen bietet nicht so unbegrenzte Möglichkeiten und ist nicht so einfach auszuführen, gibt aber beständigere Färbungen, die oft auch noch die Korrosionsbeständigkeit der Oxydschicht erhöhen. Man behandelt die Oxydschicht nacheinander mit zwei Lösungen, die in den Poren unter Bildung einer gefärbten unlöslichen Verbindung reagieren. Man arbeitet am besten mit konzentrierten Lösungen. Bei Verwendung einer Bleiazetatlösung als erster Lösung erhält man mit Kaliumchromat oder -dichromat gelbe, mit Natriumsulfat oder -arsenat weiße, mit Ammoniumsulfid dunkelbraune Färbungen; zur Erzeugung gelber Färbungen kann man auch Zink- oder Bariumazetat an Stelle der Bleiazetatlösung verwenden. Bei Verwendung von Kaliumferrozyanid als zweiter Lösung erhält man mit Uranylazetat oder -nitrat als erster Rot, mit Kupfersulfat Rotbraun. Braun erhält man auch mit Kaliumdichromat als erster und Silbernitrat als zweiter Lösung, Gelb mit einem Kadmiumsalz als erster und Schwefelammonium oder Schwefelwasserstoff als zweiter Lösung, Orange mit Kaliumantimonyltartrat und Schwefelwasserstoff, Grün mit Kupfersulfat und Dinatriumarsenit, Blau mit Ferrozyankalium als erster und Ferrisulfat oder -chlorid als zweiter oder aber mit Ferrosulfat (Eisenvitriol) oder Eisenchlorür als erster und Ferrizyankalium als zweiter Lösung, Schwarz mit Kobalt- oder Nickelazetat, -chlorid oder -nitrat als erster und Schwefelammonium als zweiter Lösung. Weitere Färbemöglichkeiten und Möglichkeiten der Erhöhung der Korrosionsbeständigkeit der Oxydschicht ergeben sich aus der chemischen oder elektrochemischen Abscheidung von Oxyden auf der Oberfläche.

Zur Imprägnierung können Öle, Fette, Natur- und Kunstharze, Lacke usw. verwendet werden.

c) Seofoto-Verfahren. Die Imprägnierbarkeit der Aluminiumoxydschichten hat zur Ausarbeitung des Seofoto-Verfahrens geführt (Seo = Siemens-elektr. Oxydierung), bei dem man die poröse Oxydschicht mit lichtempfindlichen Stoffen imprägniert, worauf man sie wie eine photographische Platte oder einen Film belichten und dadurch ein Bild herstellen kann, das nach den von der Photographie her bekannten Verfahren weiterbehandelt werden kann. Die Aluminiumoxydschicht selbst ist hier der Träger der lichtempfindlichen Schicht, man braucht also nicht wie bei den Platten und Filmen der Photographie Kollodium, Albumin, Gelatine u. dgl. So erzielt man z. B. durch Imprägnieren mit Chlorsilber oder Bromsilber sehr gute Bilder, die aber nicht so empfindlich wie ein gewöhnliches photographisches Bild sind, sondern hart, korrosions- und sogar feuerbeständig, auch beständig gegen die Lösungsmittel, die den photographischen Film lösen.

Nicht jedes Aluminium ist für die Ausführung des Verfahrens gleich gut geeignet, am besten eignet sich Reinaluminium mit mindestens 99,5% Reingehalt. Bei höherem Siliziumgehalt tritt eine Braunfärbung auf, die am stärksten nach einer Glühbehandlung von 300—350° war und beim Abschrecken von 500° verschwindet, woraus zu schließen ist, daß nicht das gelöste, sondern nur das ähnlich dem Graphit des Roheisens ausgeschiedene Silizium schädlich ist, vielleicht wirkt dabei auch Eisen mit. Streifenbildung entsteht bei entsprechendem Kristallgefüge, es ist deshalb schon bei der Herstellung der Bleche ein Arbeitsgang zu wählen, der zu einem feinkörnigen Gefüge führt. Hartgewalzte Bleche von reiner, sowohl von Fremdeinschlüssen wie Kratzern freier Oberfläche sind am geeignetsten, kupferhaltige Legierungen wegen des bläulichen oder grünlichen Grundtons der Oxydschicht wenig geeignet. Des dunklen Grundtons der Oxydschicht wegen sind auch die nach dem MBV- oder Jirotkaverfahren oxydierten Bleche weniger geeignet, abgesehen davon, daß die Oxydschicht weniger porös und aufsaugfähig ist. Von den elektrolytischen Oxydationsverfahren haben sich die Gleichstromverfahren besser bewährt als die Wechselstromverfahren. Arbeitet man nach dem Oxalsäureverfahren, so ist die weichere helle Oxydierung der härteren gelblichen vorzuziehen, wenn nicht gerade auf mechanische Widerstandsfähigkeit besonderes Gewicht gelegt wird. Auch mit dem Chromsäureelektrolyten, besonders bei Anwendung geeigneter Zusätze, läßt sich eine sehr hellgraue, weiche, biegsame und gut imprägnierbare Oxydschicht erzeugen. Eine gleich gut imprägnierbare, fast weiße, aber härtere und besonders glänzende Oxydschicht erhält man, wenn man zuerst in Chromsäure oxydiert und dann evtl. auch das fertige Bild noch einmal in Oxalsäure elektrolytisch nachbehandelt. Diese Nachbehandlung kann dann auch unter Umständen nach einer mechanischen Behandlung des mit dem Bilde versehenen Bleches durch Biegen, Prägen usw. erfolgen, man kann diese Verformung dann im weichen Zustande ausführen und den fertigen Gegenstand durch die Nachbehandlung härten, auch Schnittkanten mit einer schützenden Oxydschicht versehen.

Die Oxydierung in Schwefelsäureelektrolyten liefert weniger gut imprägnierbare Schichten, ebenso die in Phosphorsäureelektrolyten, dagegen kann eine im Chromsäureelektrolyten hergestellte Oxydschicht nach Aufbringung des Bildes statt wie oben angegeben in Oxalsäure im Schwefelsäureelektrolyten nachoxydiert werden.

Zum Entwickeln sind saure Entwickler zu verwenden, da die alkalischen das Aluminium angreifen. Durch Anwendung organischer Entwickler ist die Belichtungszeit auf Bruchteile einer Sekunde herabgesetzt worden. Im übrigen entsprechen alle diese Arbeiten den von der Photographie her bekannten Verfahren, soweit dabei nicht Quecksilbersalze angewendet werden, da diese das Aluminium stark angreifen und zur schnell fortschreitenden Zerstörung durch Oxydation führen. Auf die einzelnen Verfahren einzugehen ist im Rahmen dieses Buches nicht möglich.

Um die Oxydschicht mit den lichtempfindlichen Stoffen füllen zu können, ist nötig, daß sie porös ist; diese Porosität macht aber das fertige Bild ebenso empfindlich gegen Fleckenbildung, wie es die Platte vor der Belichtung schon ist. Hiervor muß das fertige Bild geschützt werden, was durch Füllung der Poren leicht möglich ist. Man reibt entweder mit Paraffin, Öl, Wachslösungen, Firnis od. dgl. ein oder lackiert die Gegenstände. Das schwarze Bild kann auch verschiedenfarbig durchscheinend überdruckt werden. Verstärkt man das Bild so weit, daß auf den belichteten Stellen eine zusammenhängende Silberschicht erscheint, so kann man auf dieser andere Metalle galvanisch niederschlagen, unter Umständen so stark, daß ein Relief entsteht. Die weißen nichtbelichteten Stellen können mit Farbstoffen, wie eingangs beschrieben, gefärbt werden. Man kann auch den Farbton des Bildes nachträglich verändern, z. B. werden goldgetonte Bilder durch Erhitzen braun bis ziegelrot und purpurrot, andere Farbtöne lassen sich durch Behandlung des ungetonten Silberbildes mit Metallsalzen und Erwärmen erzielen, mit Uranylazetat erhält man rostbraune, mit Bleiazetat tiefschwarze Bilder. Nach dem Blaupausverfahren hergestellte Bilder werden durch Behandlung mit Bleiazetat- und darauffolgend mit Kaliumbichromatlösung grün, mit Kupfersulfat violett usw. So bietet sich die Möglichkeit zahlreicher Abänderungen und Sondergestaltungen des Verfahrens.

6. Anodische Oxydierung und Färbung von Zink.

Man hat auch versucht, auf Zink durch anodische Oxydation Schutzschichten, die sich wie die Aluminiumoxydschichten färben lassen, herzustellen; leider bilden aber die Zinkoxyde weder einen so dichten, feinkristallinen Film, der mit dem darunterliegenden Metall so fest verwachsen ist wie beim Aluminium, noch haben sie eine so hohe Fähigkeit, Farbstoffe zu absorbieren oder zu binden. Man kann aber in geeigneten Elektrolyten Überzüge von organischen Zinksalzen, z. B. oxalsauren, herstellen, die sich mit steigender Spannung verstärken und eine leichtgraue Farbe haben, auch die Möglichkeit weiterer Färbung bieten. Die Schutzwirkung solcher Schichten ist aber nur gering und die Aussichten auf weitere Verbesserung solcher Verfahren nicht groß; Erfolge wie bei der anodischen Oxydierung des Aluminiums sind kaum zu erwarten. Nach dem DRP. 626502 (New Jersey Zinc Comp.) soll es möglich sein, dichte und fest anhaftende Überzüge, die sowohl zu Schutz- und Färbzwecken als auch als Grundlage für den Auftrag von Farben, Lacken u. dgl. dienen können, auch auf Zink und Zinklegierungen dadurch zu erzeugen, daß man die betreffenden Metallgegenstände als Anoden der Einwirkung des elektrischen Stromes in einer alkalisch reagierenden Lösung unterwirft, deren p_H-Wert den p_H-Wert einer 1-normalen Lösung von Natriumhydroxyd nicht übersteigt. Hierbei soll die Hydroxylionenkonzentration im allgemeinen nicht so hoch sein, daß die sämtlichen an der Anodenoberfläche gebildeten Zinkverbindungen als Zinkate in Lösung gehen. Auch soll der Elektrolyt zweckmäßig Anionen, die mit Zink wasserlösliche Verbindungen bilden, wie z. B. die Anionen der Essigsäure oder starken Säuren, wie Schwefelsäure oder Salzsäure, nicht enthalten. Als ausgezeichnet geeignet erwiesen haben sich z. B. wässerige Lösungen der Hydroxyde von Alkalimetallen, einschließlich des Ammoniums, wie z. B. eine 0,5normale Lösung von Natriumhydroxyd, oder von Erdalkalimetallen oder von zwei oder mehreren der genannten oder anderen alkalisch reagierenden Stoffen. Die Behandlung kann in solchen Lösungen z. B. bei gewöhnlicher Temperatur erfolgen unter Verwendung einer Stromdichte von z. B. etwa 1—6,5 Amp/dm² Anodenfläche, wobei die Behandlungsdauer im allgemeinen etwa 1—15 Minuten beträgt.

Blauschwarze Überzüge soll man z. B. in einer den p_H-Wert einer 0,2n-NaOH-Lösung nicht oder nicht wesentlich unterschreitenden Lösung, grau bis weiße in Lösungen, deren p_H-Wert geringer ist, z. B. einer 0,001—0,1n Lösung entspricht, erhalten.

Phosphathaltige Überzüge auf Zink, Kadmium, auch Eisen, Nickel und deren Legierungen, erhält man nach einem von James Harvey Gravell (V. St. A.) angemeldeten Verfahren mit Wechselstrom in Phosphatlösungen, die Metallkationen enthalten und denen noch Depolarisatoren, z. B. Nitrate oder Nitrite, zugesetzt werden können, z. B. mit 2,5—5,5 Amp/dm² in einer Lösung von 0,9—1,8 kg Zinkoxyd, 4—8 kg Phosphorsäure (75%), 0,1—0,5 kg Natriumnitrit und 95 bis 89,7 kg Wasser.

Über das unter dem Namen Granodisieren in Amerika eingeführte, zur Herstellung einer Zinkphosphatschicht auf Eisen auch mit Wechselstrom arbeitende Verfahren siehe unter Zink im Abschnitt IV.

Unter dem Namen Schulein-Verfahren wird in Amerika Zink mit Wechselstrom in einem schwefelsäurehaltigen Chromsäurebad bis tiefschwarz gefärbt. Man arbeitet mit Wechselstrom niedriger Spannung und erhält bei einer Behandlungsdauer von wenigen Sekunden bis zu einigen Minuten hellere oder dunklere Färbungen.

Nach einer Patentanmeldung der New Jersey Zinc Comp. färbt man anodisch rosa bis grün in einer Lösung von etwa 50 g/l Ferrozyankalium in etwa 3 Minuten bei Zimmertemperatur mit 2,6 Amp/dm² Anfangsstromdichte, die nach einer Minute auf 0,05 Amp/dm² und weniger infolge Polarisation abfällt. Braun bis schwarz färbt man in Lösungen von z. B. 10—20 g/l Kaliumpermanganat bei 50° und 0,5 bis 2,6 Amp/dm² in 5—20 Minuten. Man kann auch konzentrierte Lösungen verwenden.

Viertes Kapitel.

Chemische Metallfärbungen.

Allgemeines.

Die chemischen Metallfärbungen sind die Metallfärbungen im engeren Sinne, mit denen sich dieses Buch in erster Linie zu befassen hat. Sie beruhen, wie schon einleitend gesagt wurde, teils in einer Bildung chemischer Verbindungen des zu färbenden Metalls, teils in der Bildung anderer gefärbter Verbindungen, die sich aus der Lösung festhaftend auf der Oberfläche niederschlagen.

Färbeverfahren, bei denen es sich um die Bildung einer chemischen Verbindung des zu färbenden Metalls handelt, bleiben natürlich auf das betreffende Metall beschränkt, doch können auch hier manchmal die Färbebäder zur Färbung noch anderer Metalle Verwendung finden, z. B. die Chloratbeize zur Braunfärbung von Kupfer- und Kupferlegierungen, aber auch zur Schwarzfärbung von Zink und Kadmium. Färbeverfahren, bei denen nur eine chemische Verbindung auf der Oberfläche des zu färbenden Gegenstandes aus der Lösung niedergeschlagen wird, können meist zur Färbung einer größeren Anzahl verschiedener Metalle dienen, so z. B. die Lüstersude oder die Molybdänsesquioxydfärbungen.

Wir werden solche Färbeverfahren bei dem Metall besprechen, bei dem sie am häufigsten Anwendung finden, und dort auch die Anwendbarkeit auf andere Metalle mit besprechen, um die geschlossene Darstellung solcher Verfahren nicht auseinanderzureißen, bei den anderen Metallen aber auf diese Darstellung verweisen.

Das Metall, das sich am vielseitigsten färben läßt, ist das Kupfer. Auch bei der Färbung der Kupferlegierungen liefert es die eigentlich farbigen Bestandteile der färbenden Schicht, wenn auch der Farbton durch Verbindungen von Legierungsbestandteilen beeinflußt wird. Auch Färbungen anderer Metalle, wie Eisen, Zink usw., beruhen vielfach darauf, daß durch Auflösung dieser Metalle Kupfer aus der Lösung ausgefällt, festhaftend auf der Oberfläche niedergeschlagen und gleichzeitig in eine farbige Verbindung überführt wird. Es ist deshalb auch heute am Platze, nicht mit der Besprechung der Färbungen des technisch wichtigsten Metalls Eisen oder dem heute für den notwendigen Austausch des Kupfers und seiner Legierungen immer mehr Verbreitung findenden Aluminium zu beginnen, sondern wie in der ersten Auflage dieses Buches mit dem Kupfer und den Kupferlegierungen.

A. Färbung des Kupfers und der Kupferlegierungen.

Der Werkstoff. Das Kupfer ist ein rosenrotes Metall. Da sich Kupfer in größeren Mengen in metallischem Zustande auf der Erdoberfläche findet, gehört es neben Gold und Silber zu den am längsten bekannten Metallen.

Schon durch seine Farbe zeichnet sich das Kupfer vor den meisten anderen Metallen aus. Die rosenrote Farbe frischer Schnittflächen verwandelt sich allerdings durch Bildung von Sauerstoff- und Schwefelverbindungen sehr schnell in eine braunrote und schließlich braune bis schwarze, soweit nicht durch die später zu erörternden Einwirkungen grüne Oberflächenschichten entstehen.

Die Kupferverbindungen zeichnen sich durch schöne Färbungen aus, weshalb nicht nur Gegenstände aus Kupfer und Kupferlegierungen häufig künstlich gefärbt werden, sondern auch andere Metalle zum Zwecke der Färbung mit Kupfer- oder Messing-, seltener Bronzeniederschlägen überzogen werden. Zu beachten ist dabei, daß gewöhnliches Werkkupfer sich beim Färben oft anders verhält als elektrolytisch niedergeschlagenes Kupfer und aus dem sauren Bad niedergeschlagenes anders als aus dem Zyanidbad niedergeschlagenes. Der Niederschlag aus dem Zyanidbad wird, wo es sich um nachträgliche Färbung handelt, meist bevorzugt.

Wie bereits oben erwähnt, handelt es sich bei der chemischen Färbung der Kupferlegierungen auch um Erzeugung farbiger Verbindungen des Kupfers, denn die Verbindungen der anderen Legierungsbestandteile sind meist farblos. Die meisten Färbeverfahren für Kupfer lassen sich deshalb auch für die wichtigsten Kupferlegierungen Messing und Bronzen anwenden. Die anderen Legierungsbestandteile beeinflussen aber das Verhalten bei der Färbung in hohem Grade schon dadurch, daß sie die Widerstandsfähigkeit gegen chemische Einwirkungen erhöhen oder vermindern, dann aber auch dadurch, daß ihre der färbenden Schicht beigemengten Verbindungen den Farbton beeinflussen. So lassen sich Zinnbronzen im allgemeinen schwerer färben als Kupferzinklegierungen, noch schwerer nickelhaltige Legierungen und manche Sonderbronzen. Zinkhaltige Legierungen färben sich, solange der Zinkgehalt nicht zu hoch ist, oft leichter und satter als reines Kupfer, bei steigendem Zinkgehalt wird aber die Farbe weniger lebhaft, zunehmend grau, dagegen wieder lebhafter, wenn bei Überschreitung des Zinkgehalts des sog. α-Messings ein zweiter Gefügebestandteil, der β-Kristall, auftritt, wodurch galvanische Ströme zwischen den Gefügebestandteilen entstehen. Hat so nicht nur der chemische Legierungsbestandteil, sondern auch schon das mikroskopisch kleine Gefüge Einfluß auf den Verlauf des Färbevorganges, so kann auf der anderen Seite makroskopisch sichtbares Gefüge oft bei der Färbung entwickelt werden, manchmal durch Fleckenbildung störend, oft aber auch in erwünschter Weise größere Flächen schmückend und belebend.

Färbevorschriften. Entsprechend den auf natürlichem Wege entstehenden Färbungen haben wir auch drei Gruppen von künstlichen Färbungen: Erzeugung von Sauerstoffverbindungen (Oxyden und Oxydulen), von Schwefelverbindungen (Sulfiden und Sulfüren) und von verschiedenen Salzen, besonders basischen Karbonaten, Chloriden, Sulfaten, Nitraten, auch Azetaten und anderen Salzen organischer Säuren.

Da zwischen der ersten und der dritten Gruppe Übergänge und Zusammenhänge bestehen, beginnen wir in Abweichung von der ersten Auflage dieses Buches mit den Schwefelverbindungen, zumal diese Färbungen am häufigsten angewendet werden, weil sie am einfachsten auszuführen und am billigsten sind.

I. Färbungen durch Bildung von Schwefelkupfer.

Mit Schwefel selbst verbindet sich das Kupfer bei höheren Temperaturen zu einem bleigrauen Sulfür, mit trockenem Schwefelwasserstoff bei Luftabschluß zwar nicht, bei Luftzutritt jedoch nach der Formel

$$Cu_2 + H_2S + O = Cu_2S + H_2O\,.$$

Lösungen der Schwefelalkalien wirken schon bei gewöhnlicher Temperatur, stärker beim Erwärmen auf Kupfer, wobei Wasserstoff entwickelt wird. Gelbes Schwefelammonium wird dabei entfärbt, weil die

Polysulfide unter Bildung von Schwefelkupfer zersetzt werden. Auch Tetrathionate werden unter Bildung von Schwefelkupfer zersetzt; Natriumthiosulfat wirkt dagegen nicht unmittelbar auf Kupfer ein, sondern erst beim Ansäuern der Lösung, wohl aber Natriumthioantimoniat (Schlippsches Salz). Die Polysulfide wirken viel stärker als die reinen Sulfide, die Wirkung reiner Sulfidlösungen wird deshalb verstärkt, wenn man sie mit Schwefelblumen kocht.

1. Färbungen mit Schwefelleber (Schwefellauge).

Am meisten verwendet werden Lösungen von Schwefelleber (Hepar sulfuris), d. i. Schwefelkalium oder Kaliumsulfid, im Handel in gelbbraunen, mit Polysulfiden und Salzen der Sauerstoffsäuren des Schwefels, hauptsächlich Thiosulfat verunreinigten Stücken. Da sich diese Verunreinigungen durch die Einwirkung der Luft bilden, Thiosulfat aber, wie oben gesagt wurde, unwirksam ist, muß man darauf achten, ein möglichst frisches Produkt zu verwenden und dieses gut verschlossen aufzubewahren. Wenn die Stücke im Bruch grau statt leberbraun aussehen, ist die Schwefelleber zu alt und verdorben.

Anwendbar ist die Färbung durch Schwefelleberlösung für Kupfer, Kupferzinn- und Kupferzinklegierungen, sowie verkupferte oder vermessingte Metalle auch für Silber. Auf Kupfer, Tombak und Bronze wird die Färbung mehr rötlich, auf Messing mehr grünlichbraun, je nach Färbedauer und Nachbehandlung von hellen Tönungen bis zu tiefdunkelbraun und schließlich blauschwarz. Durch Abschattieren mit Bimsmehl erhält man Altfärbungen.

Ansetzen des Bades und Ausführung der Färbung: Man kann als Färbebad eine Lösung von 10 g Schwefelleber in 1 l Wasser (Schwefellauge nach Beutel) verwenden und kleinere Gegenstände an Drähten in die auf ungefähr 80° erwärmte Lösung eintauchen, größere mit der Lösung übergießen oder abbürsten. Nach etwa 1—2 Minuten erhält man eine braune, nach 4 Minuten eine blauschwarze Färbung. Nach dem Spülen und Trocknen mit warmen Sägespänen kann man die Höhen mit feinem Bimssteinpulver abreiben, man erhält dann das sog. Altkupfer oder Cuivre fumé.

Auf Messing und Tombak erhält man grünlichbraune, gelbbraune und rötlichbraune Färbungen, wenn man sie abwechselnd in die Lauge und in mit etwas Schwefelsäure und Kupfervitriol versetztes oder mit alter Gelbbrenne angesäuertes Wasser taucht mit kurzer Spülung zwischen den Tauchungen bzw. abwechselnd mit der Lauge und der Säure abbürstet. Die Säure entwickelt Schwefelwasserstoff und beschleunigt dadurch die Färbung.

Häufig nimmt man die Schwefellauge etwas konzentrierter, z. B. 20 g Schwefelkalium pro Liter Wasser, oder man setzt Ammoniumsalze oder einige Tropfen Ammoniak zu, manchmal auch verdünnter mit 5 g/l.

So wird z. B. empfohlen: 6 g Schwefelkalium und 20 g Chlorammonium (Salmiaksalz) auf 1 l Wasser oder 15—25 g Schwefelleber und 2,5 bis 3 g Ammoniak (Salmiakgeist) auf 1 l Wasser oder 2 g Schwefelkalium, 2 g Chlornatrium (Kochsalz), 1 l Wasser; auch kohlensaures

Ammonium wird von manchen statt Chlorammonium oder Ammoniak der Schwefellauge zugesetzt.

Das Wasser zum Auflösen der Schwefelleber macht man am besten vorher mit etwas Natronlauge, Soda oder Ammoniak schwach alkalisch.

Abänderungen: Statt Schwefelkalium werden auch Schwefelnatrium, Schwefelkalzium, Schwefelbarium und Schwefelammonium verwendet. So empfiehlt z. B. Buchner eine Lösung, die man durch Kochen von 30 g kristallisiertem Schwefelnatrium mit 4 g Schwefelblumen und 50 g Wasser und nachheriges Verdünnen auf 1 l herstellt.

Eine bronzeartige bis dunkelbraune Färbung auf Kupfer oder galvanischen Kupferniederschlägen erhält man, wenn man eine Lösung von 1,2 g Schwefelkalzium und 4 g Chlorammonium in 1 l Wasser mittels eines Schwammes gleichmäßig aufträgt, $^1/_2$—1 Stunde einwirken läßt, mit einer weichen Messingdrahtbürste kratzt und dieses Verfahren mehrmals wiederholt. In Fachzeitschriften wurde auch ein Verfahren zum Braunfärben von Messing durch mehrfach wiederholtes abwechselndes Eintauchen in eine Lösung von Bariumsulfid (20 g/l in einem Leinwandbeutel eingetaucht zur Lösung gebracht, um Unlösliches zurückzuhalten) und eine Lösung von neutralem Kupferazetat (6 g/l) empfohlen.

Bei der Verwendung von Schwefelammonium werden die Gegenstände meist nur den Dämpfen, die diese Flüssigkeit ausstößt, ausgesetzt; will man eintauchen oder aufstreichen, darf man nur eine sehr schwache Lösung verwenden. Auch mit Schwefelwasserstoffgas, das man durch Übergießen von Schwefeleisen mit verdünnter Salzsäure herstellt, kann die Schwefelung vorgenommen werden. Man muß dann die Gegenstände mit einem Schälchen, in dem das Gas entwickelt wird, in einen gut schließenden Kasten bringen, darf das Gas aber nicht zu lange einwirken lassen, da sich sonst das gebildete Kupfersulfür in Schuppen ablöst. Namentlich zum Grundieren nachträglich grün zu patinierender Bronzen ist dieses Verfahren empfohlen worden; eine Grundierung durch eine oxydische Färbung ist aber vorzuziehen, da sie besser haftende Patina liefert.

Häufig verwendet man Lösungen von Schwefelleber und Schlippschem Salz (siehe nachstehendes Verfahren).

Tiefer schwarz werden die Schwefelfärbungen, wenn man die Gegenstände vorher schwach verquickt. Dies geschieht durch Eintauchen in eine ganz schwache, mit einigen Tropfen Salpetersäure versetzte Lösung von Quecksilbernitrat (höchstens 10 g/l) oder eine mit etwas Zyankalium versetzte Lösung von Zyanquecksilberkalium.

Je kupferärmer eine Legierung ist, um so schwerer läßt sie sich färben. Zu konzentrierte Lösungen geben meist schlecht haftende Färbungen.

Durch einfaches Tauchen erzielt man meist keine gleichmäßigen Färbungen, man muß die Färbung mit weichen Zirkularbürsten kratzen und unter Umständen das Tauchen und Kratzen mehrmals wiederholen. Altfärbungen werden, wie schon gesagt wurde, mit Bimsmehl, meist naß, oder wenn man weichere Übergänge erzielen will, mit Schlämmkreide oder Wiener Kalk, naß oder trocken, abschattiert, so daß die Färbung nur in den Tiefen sitzenbleibt.

2. Färbungen mit Schlippschem Salz (Natriumthioantimoniat).

Zu den Schwefelfärbungen gehört auch diese von Beutel „Schlippen" genannte Färbung. Das Natriumthioantimoniat zerfällt schon durch die Einwirkung der Kohlensäure der Luft unter Bildung von Antimonpentasulfid. Seine alkalisch reagierende Lösung bildet auf Kupfer braungefärbtes Kuprosulfid oder Kupfersulfür. Verdünnte Säuren zersetzen das Salz unter Bildung von Schwefelwasserstoff und verstärken so die Wirkung der Beize.

Das Schlippen gibt sowohl auf Kupfer wie auf Messing ein warmes Braun von hohem Glanz. Es eignet sich besonders zum Färben größerer Gegenstände, die man nicht eintauchen kann, durch Aufbürsten, und bietet den Vorteil, daß die Beize nahezu geruchlos ist und keine Ränder oder Abblätterungen gibt, auch kalt verwendet werden kann.

Ansetzen des Bades und Ausführung der Färbung: Man löst 50 g Schlippsches Salz in 1 l Wasser.

Die Färbung kann bei kleineren Gegenständen wie die Färbung mit Schwefelleber durch Eintauchen ausgeführt werden, bei größeren Gegenständen aber durch Anbürsten mit weichen Messingdrahtbürsten. Hierzu eignet sich die Lösung besser als die Schwefelleberlösung. Die Lösung wirkt langsamer und gleichmäßiger als diese. Zur Verstärkung der Wirkung kann man wie bei der Schwefelleberlösung abwechselnd mit kurzer Zwischenspülung in die Lösung und in angesäuertes Wasser tauchen bzw. beim Anbürsten die Bürste abwechselnd in die Lösung des Schlippschen Salzes und angesäuertes Wasser tauchen. Beim Anbürsten wird die Färbung glänzender und ausgeglichener, so daß die Nachbehandlung (wie bei der Färbung mit Schwefellauge) sich erübrigt. Zur Verstärkung der Wirkung beim Tauchverfahren kann man (siehe oben) der Lösung noch etwas Schwefelleber zusetzen oder je 10—20 g von beiden Salzen je Liter verwenden.

3. Sonstige Färbungen mit Sulfiden.

Die sog. Bronze Barbédienne wird nach Langbein wie folgt hergestellt:

Frisch gefälltes Arsentrisulfid oder auch Auripigment wird in einer Flasche mit Salmiakgeist durch häufiges kräftiges Schütteln gelöst, dann so viel Schwefelammonium zugesetzt, daß eine leichte Trübung entsteht und die Flüssigkeit hochgelb wird. Die Lösung wird auf 35° erwärmt und die Messingwaren eingehängt. Da sie schmutziggrün aus dem Bade kommen, müssen sie gekratzt werden. Die Beize hält sich nicht lange, sie muß immer frisch bereitet werden; durch Zusatz von etwas Schwefelammonium läßt sich die erschöpfte Beize auffrischen.

Ein anderes von Langbein für diese Färbung angegebenes Verfahren ist folgendes:

3 Teile Goldschwefel (Antimonpentasulfid) und 1 Teil Eisenoxyd (Polierrot, Rötel) werden mit Schwefelammonium oder Ammoniak zu einer streichbaren Masse verrieben. Mit dieser werden die Waren bestrichen, man läßt im Trockenschrank über Nacht eintrocknen und bürstet dann mit einer weichen Bürste ab. Wenn nötig, ist das Verfahren zu wiederholen.

Das Barbédienne-Braun erzielt man nur auf Messing, vermessingtes Zink oder Eisen wird schwarzbraun.

Man kann auch Antimonpentasulfid (Goldschwefel) in Kalilauge gelöst, oder mit Kali- oder Natronlauge oder Ammoniak zu einem dünnen Brei verrieben, auftragen, antrocknen lassen, im Trockenschrank einige Zeit erwärmen und dann abbürsten.

Die Färbung durch Auftragen eines Breies von Goldschwefel und Eisenoxyd mit Ammoniak oder Schwefelammonium wird viel für größere Bronzegußstücke, Kronleuchter u. dgl. verwendet, sie ist etwas teurer als die Färbung mit Schwefelleber oder Schlippschem Salz.

Nach dem DRP. 625 298 soll die Oberfläche zuerst durch eine Lösung von 20 cm³ konzentrierter Salzsäure und 20 g Kupfervitriol in 1 l Wasser korrodiert, nach dem Spülen mit trockenen Lappen abgewischt werden, worauf schwefelammoniumhaltige Dämpfe aufgeblasen werden; diese werden dadurch erzeugt, daß Luft oder andere Gase, die Schwefelammonium nicht zersetzen, durch 10—25proz. Schwefelammoniumlösungen geblasen werden. Der Düsenabstand soll dabei 5—10 cm sein. Wenn nötig ist das Verfahren mit verdünnterer Salzsäurelösung zu wiederholen. Kratzen, wie bei anderen Schwefelungsfärbungen, soll bei diesem Verfahren nicht nötig sein. Versuche ergaben, daß die Färbungen fleckig wurden und die Schwefelammoniumdämpfe die Arbeiter sehr belästigten. Vor der Färbung durch Anbürsten von Schlippschem Salz bietet das Verfahren auch bei größeren Bauteilen keinen Vorteil.

Schwarzfärbung von Messing erzielt man sehr gut in einer Lösung von Natriumthiosulfat (etwa 250 g/l, heiß) und Kupfersulfat 75—100 g/l.

II. Färbungen durch Lüstersude.

Allgemeines.

Schwefelverbindungen werden auf der Oberfläche der zu färbenden Gegenstände auch aus den meisten der sog. Lüstersude niedergeschlagen, nur daß hier nicht das Grundmetall in seine Schwefelverbindung übergeführt wird, sondern aus der Lösung sich Schwefelblei, Schwefelzinn, Schwefelantimon, Schwefelkupfer (aus einigen, z. B. den alkalischen Tartratlösungen, auch Kupferoxydul) als auf der Metalloberfläche festhaftende Schicht niederschlägt.

Beutel hat (Das Metall 1914 S. 70) diese Färbungen, die auf den Farbenerscheinungen dünner Blättchen (Interferenzfarben, siehe auch unter „Anlauffarben") beruhen, kritisch gesichtet.

Nach Ausschaltung der nahezu gleichlautenden Rezepte und Umrechnung der Mengen der Chemikalien in Gramm pro Liter Lösungswasser kann man die in Verwendung befindlichen Lüstersude in folgende Tabelle zusammenfassen:

Lfd. Nr.	Bleiazetat	Kupfersulfat	Kupferazetat	Kupfertartrat	Zinnchlorür	Antimontrichlorid	Natriumarseniat	Natriumthiosulfat	Kaliumtartrat	Kaliumhydroxyd	Milchzucker	Rohrzucker
1	18	—	—	—	—	—	—	65	—	—	—	—
2	—	18	—	—	—	—	—	65	—	—	—	—
3	—	—	—	—	15	—	—	90	30	—	—	—
4	—	12	10	—	—	—	0,25	65	—	—	—	—
5	—	—	—	—	—	bis zur Trübung	—	65	—	—	—	—
6	—	—	—	—	0,9	—	—	68	22	—	—	—
7	—	60	—	—	—	—	—	42	22	—	—	—
8	—	—	—	60	—	—	—	—	—	100	—	—
9	—	30	—	—	—	—	—	—	30	180	—	—
10	—	60	—	—	—	—	—	—	—	60	—	90
11	—	20	—	—	—	—	—	—	—	50	40	—

Nach dieser Tabelle sind in der Hauptsache vier Gruppen zu unterscheiden: Sude, die komplexe Thiosulfate, solche, die komplexe Tartrate in alkalischer Lösung, solche, die Mischungen von Thiosulfaten und Tartraten, und solche, die alkalische Kupfersalzlösungen, mit Milchzucker oder Rohrzucker versetzt, enthalten. In der ersten Gruppe spielt das Blei und das Kupfer die Hauptrolle, in der zweiten und vierten das Kupfer, in der dritten finden wir neben Kupfer und Blei auch Zinn, Antimon und Arsen.

Nach Puscher (1869) besteht der erste Sud aus einer wasserklaren Lösung eines in überschüssigem unterschwefligsaurem Natron gelösten Doppelsalzes von unterschwefligsaurem Natron und unterschwefligsaurem Blei, das sich bei 90—100° langsam zersetzt und Schwefelblei in braunen Flocken ausscheidet, das sich auf dem eingetauchten Metall zum Teil in der Dichte des Bleiglanzes niederschlägt und je nach der Schichtendicke die prachtvollen Lüsterfarben hervorbringt.

Taucht man an Kupferdrähte befestigte Messingbleche unter beständigem Bewegen in den bis zum beginnenden Sieden erhitzten Sud, so färben sie sich schon nach wenigen Sekunden tief goldgelb, nach ungefähr $^1/_4$ Minute hellrotviolett, 10 Sekunden darauf dunkelblau, $^1/_2$ Minute nach dem Eintauchen hellstahlgrau, nach einer vollen Minute rotstichig oder blaustichig grau. Neben der Färbung entsteht ein Niederschlag von Schwefelblei und starker Geruch nach Essigsäure.

Da sich nach Beutel auf Platinblech nur bei Bereicherung mit Kupfer oder unter der Einwirkung eines ganz schwachen Stromes (etwa 0,1 Amp/dm^2) die Färbung bildet, auch in der gebrauchten Lösung Kupfer nachzuweisen ist, muß der Vorgang elektrochemisch gedeutet werden, und zwar so, daß Kupferionen in Lösung gehen, die ihre Ladung dem komplexen Ion PbS entziehen und hierdurch Schwefelblei als dichtes Häutchen niederschlagen.

Die anderen in der Tabelle angegebenen Sude liefern teilweise etwas andere Farbtöne, auch das dem obigen Sude fehlende Grün. Der Lüstersud ist jahrelang haltbar und sehr ergiebig.

Die Färbung mit dem Lüstersud ist anwendbar auf Kupfer und Kupferlegierungen, auf Messing wird die goldgelbe Farbe, als sog. „falsche Vergoldung", aber auch die blaue Farbe (die am leichtesten gleichmäßig zu erzielen ist) angewendet. Nickel, Nickellegierungen, vernickelte Gegenstände und Eisen werden im Lüstersud blau gefärbt, für Edelmetalle wird der Sud zur Altfärbung verwendet. Zink und Aluminium werden meist regelmäßig grau. Graue Färbung tritt auch bei anderen Metallen auf, wenn der Sud zu lange wirkt. Leuchtende Farben erhält man nur auf gut polierter Oberfläche, das schönste Hellblau auf leicht vernickeltem Grund, auf Messing wird die Farbe dunkelblau, auf Kupfer rotviolett.

Die anderen Farben außer Blau werden wenig angewendet, sie verändern sich leicht beim Reiben, auch schon beim Zaponieren. Das Färbeverfahren ist nicht teuer.

1. Ansetzen des gebräuchlichen Blausuds und Ausführung der Färbung.

Der bekannteste und meist verwendete Lüstersud enthält nach Beutel im Liter 124 g Natriumthiosulfat (unterschwefligsaures Natron, Fixiersalz) und 38 g Bleiazetat (essigsaures Blei, Bleizucker), am besten jedes für sich in der Hälfte des Wassers gelöst und erst vor dem Gebrauch gemischt. (Verbesserung nach Groß DRP. siehe weiter unten.)

Die Gegenstände werden in der erwärmten Lösung hin und her bewegt, bis der gewünschte Farbton erscheint, dann gut gespült, getrocknet und zaponiert. Man verwendet die Lösung, wie der Name sagt, oft siedend und erzielt goldgelbe Färbung in wenigen Sekunden, blaue in etwa $^1/_2$ Minute; besser trifft man die einzelnen Töne, wenn man nur bei Blau auf etwa 60°, bei Gelb auf 35—40° erwärmt, nach Groß schon bei Zimmertemperatur. Der Sud hält sich auch länger, wenn er nicht zu stark erwärmt wird.

Die Gegenstände müssen gut entfettet und von Oxydschichten befreit werden, da vorhandene auch nur hauchdünne Oxydschichten den Farbton beeinflussen. Das Bad muß ausreichend groß sein, damit die Färbung nicht durch Temperatur- und Konzentrationsunterschiede ungleichmäßig wird, deshalb ist auch Bewegen der Gegenstände im Bade notwendig.

2. Abänderung des Lüstersuds nach Dr. G. Groß (DRP. 612728 und 623043).

Bei den Untersuchungen von Groß (Metallwar.-Ind. Galvano-Techn. 1932 Nr. 21 und Z. Metallkde. 1935 Nr. 10) zeigte sich, daß bei Steigerung des Natriumthiosulfat- und Senkung des Bleiazetatgehalts die Beizgeschwindigkeit verbessert wurde. Durch vierstündige Alterung der vorher auf 80° erhitzten Beize wurde eine weitere Verbesserung der Beizgeschwindigkeit erzielt. Die Blaufärbung ist bei den verschiedensten Zusammensetzungen der Beize zu erzielen, sie wird aber nicht erreicht, wenn der Natriumthiosulfatgehalt gegenüber dem Bleiazetatgehalt zu klein gewählt wird; in diesem Falle stellt sich an Stelle der dunklen Bleisulfidabscheidung eine milchige Trübung der Bäder ein, die als weißes Bleithiosulfat erkannt wurde, das durch Bleiazetat aus Natriumthiosulfatlösung gefällt und im Überschuß des Natriumthiosulfats zum größten Teil wieder gelöst wird. Die Erhöhung der Beizgeschwindigkeit gestattet nun eine Senkung der Arbeitstemperatur und eine bessere Beherrschung der einzelnen Farbtöne, während mit dem Lüstersud älterer Zusammensetzung nur der blaue Farbton sicher und gleichmäßig zu erreichen war. Es gelingt bei 50° und darunter auf Ms 63 kräftige leuchtende Töne in Goldgelb, Kupferfarben, Violett, Dunkelblau, Hellblau, Chromfarben, Nickelfarben und Rotgrau zu erzeugen. Bei der niedrigeren Arbeitstemperatur zersetzen sich die Bäder nicht so schnell, auch tritt keine so starke Verdampfung und Belästigung der Arbeiter durch die Dämpfe ein. Besonders wird die Färbung größerer Gegenstände erleichtert, auch ein Gleichgewichtszustand der Lösung begünstigt.

Eine weitere Verbesserung der Beizgeschwindigkeit gelang Groß durch eine geringe Erhöhung der Wasserstoffionenkonzentration durch Zusatz von Essigsäure, Weinsäure und deren Salzen, vornehmlich aber durch Weinstein. Die Beizdauer bis zur Erzielung des dunkelblauen Farbtones, die bei der alten Beize bei 80° Ausgangstemperatur 50 Sekunden, bei der wie oben abgeänderten 27 Sekunden betrug, wurde dadurch auf 5 Sekunden erniedrigt und das Arbeiten bei Zimmertemperatur ermöglicht.

Mit der durch die genannten Patente geschützten Zusammensetzung:

240 g Natriumthiosulfat (nach dem Zusatzpatent bis 280 g/l),
25 g Bleiazetat
und 30 g Weinstein
in 1 l Wasser gelöst

kann Messing leicht in jeder der obengenannten Farben gefärbt werden, ebenso Kupfer und andere Kupferlegierungen, Nickel und Edelmetalle in verschiedenen Farben bei niedriger Temperatur.

Es zeigte sich aber auch, daß bei niedrigen Temperaturen das Bleisulfid feinkörniger und dicht ausfällt, sich mit dem Grundmetall fester verankert und in größerer Schichtdicke ausfällt, wie Schliffbilder von gefärbten Kupfer- und Messingblechen zeigten; z. B. wiesen Kupferbleche eine Schichtdicke von 1,5 μ auf, andere, die den blauen Farbton zum zweiten Male erreicht hatten, 2 μ, Bleche von Ms 63 entsprechend 2 μ und 3,5 μ. Damit kommt den Färbungen, von denen man bisher annahm, daß sie nur der Verschönerung, nicht dem Schutze von Metallgegenständen dienen könnten, auch eine bemerkenswerte Schutzwirkung zu.

3. Lüstersud mit Brechweinstein.

Groß untersuchte auch einen Lüstersud aus 20 g Natriumthiosulfat und 10 g Brechweinstein im Liter. Der Sud lieferte Goldgelb bei 60° in 7 Minuten, Rot bei 72° in 3 Minuten (Goldgelb in 2 Minuten), Blau erst bei 82° in 1 Minute und Grau in 1,5 Minuten (Goldgelb bei dieser Temperatur in 0,3 Minuten, Rot in 0,5 Minuten), bei fortwährender

Bewegung der Gegenstände im Bad. Ruhend in das 82° warme Bad gehängt, trat Goldgelb erst in 1,5 Minuten auf, ging nach 8 Minuten ins Rötliche über und war nach 25 Minuten noch nicht dunkelrot. Blaufärbung konnte selbst nach 45 Minuten nicht festgestellt werden.

Bei 70, 50 und 35° auf Goldgelb vorgefärbte polierte Messingbleche einige Tage in der auf Zimmertemperatur sich abkühlenden Lösung belassen, zeigten nach etwa 1 Tage einen metallglänzenden, dichten, grauschwarzen Niederschlag, der nach 7 Tagen so fest geworden war, daß er mit der Schwabbelscheibe poliert werden konnte. Die Erklärung dürfte darin liegen, daß sich das im Bade gebildete orangerote Antimontrisulfid Sb_2S_3 in das beständige grauschwarze Pentasulfid Sb_2S_5 umsetzt. Versuche zur Ermittlung der günstigsten Konzentration ergaben, daß die Beizdauer mit steigender Konzentration kürzer wird, ein höherer Brechweinsteingehalt als 15 g/l aber keinen beachtenswerten Vorteil bietet. Andere Kupferlegierungen verhielten sich ähnlich wie Ms 63, die Farbenfolge wurde um so schneller durchlaufen, je kupferreicher die Legierung war. Poliertes Kupferblech färbte sich bei 80° schon beim Eintauchen golden und darauf sofort dunkelrot, in 45 Sekunden blau und in 60 Sekunden hellgrau. Poliertes weiches Eisenblech zeigte bei 80° nach 5 Minuten noch keine Veränderung, bei 90° nach 3 Minuten schwaches Braun, nach 8 Minuten Rotfärbung. Bei 100° konnte nach 2 Minuten braune, nach 7 Minuten rote und nach 11 Minuten blaue Anfärbung beobachtet werden. Der Niederschlag war aber sehr dünn, unzusammenhängend und wenig haltbar. Aluminium verhielt sich noch ungünstiger. Ein Dauerversuch bei Zimmertemperatur lieferte folgendes Ergebnis:

Kupfer: Dichter, grauschwarzer Niederschlag, ähnlich aber nicht so fest wie auf Messing.

Eisen: Ultramarinblau auf der dem Licht abgewendeten Fläche, hellblau auf der Lichtseite.

Aluminium: graugelb; Zinn: graubraun; Zink: löste sich langsam auf.

Die Niederschläge waren aber wenig dicht und von geringer Festigkeit.

Ansetzen der Beize: Man löse etwa 300 g Natriumthiosulfat in 1 l Wasser von 40—50°, gebe 15 g Brechweinstein hinzu und versetze unter Umrühren mit 10—12 cm³ 25proz. Ammoniak, bis der Sud klar wird. Er wird auf 35—75° erhitzt angewendet. Um 40° tritt statt des goldgelben ein ins Ockergelb spielender Farbton auf. Die violetten Töne dunkeln leicht nach. Am widerstandsfähigsten und brauchbarsten sind sowohl nach dem Trocknen wie nach dem Zaponieren die goldgelben und silbergrauen Farbtöne.

4. Sonstiges über Lüsterfarben.

Lüsterfarben erhält man auch durch Niederschläge von Molybdänsesquioxyd, da diese vorwiegend zur Zinkfärbung verwendet werden, sollen sie dort besprochen werden.

Über die Adsorbierung von Sulfidhäuten veröffentlichten Beutel und Kutzelnigg, Wien, eine Arbeit in der Z. Elektrochem. 1930 Nr. 8.

III. Färbungen durch Bildung von Kupferoxydul und Kupferoxyd.

Es handelt sich bei diesen Verfahren um die Bildung eines Überzugs von Kupferoxydul Cu_2O (gelb bis braun oder rot) oder Kupferoxyd CuO (schwarz), unter Umständen einer Färbung, in der beide Verbindungen enthalten sind.

1. Färbungen durch Erhitzen, Glühen und Abschrecken.

a) Anlauffarben. Zu den oxydischen Färbungen gehören auch die Anlauffarben. Beim Kupfer bilden sich je nach der Höhe der Anlaßtemperatur und der Zeitdauer der Erhitzung in der Hauptsache die Farben Orange, Rosenrot, Violett, Stahlweiß, Messinggelb, Fleischrot, Grün usw. Die zu färbenden Gegenstände müssen vollständig fettfrei sein, da die Färbung sonst fleckig wird, doch benutzt man diese Wirkung eines stellenweise vorhandenen dünnen Fettüberzugs gelegentlich zu Zierzwecken. Obwohl die Anlauffarben beim Kupfer ziemlich festsitzen und sich nicht mit verdünnten Säuren, sondern nur unter Anwendung von Schmirgel entfernen lassen, werden sie in der Praxis zur Färbung von Metallgegenständen kaum angewandt. Verwendung finden sie jedoch zur Färbung von Bronzepulvern.

Ausführlicher ist die Herstellung von Anlauffarben, auch ihre Verbindung mit dem Ätzen unter „Färbung des Eisens" beschrieben. Die Phys.-Techn. Reichsanstalt hat 1893 ausgedehntere Versuche gemacht, aus denen sich ergibt, daß die fünf aufeinanderfolgenden Farbenreihen beim Kupfer die folgenden sind:

1. Reihe: Hellbraunorange, Rotbraunorange, Rosenrot, Violett, Stahlweiß, Messinggelb, Dunkelgelb.
2. Reihe: Orange, Rosenrot, Blaugrün.
3. Reihe: Fleischrot, Blaßgraugrün.
4. Reihe: Graurot, Graulila.
5. Reihe: Stumpfes Grau.

Das Blaugrün der 2. Reihe verschwindet sofort, wenn der angelassene Gegenstand an der Luft erkaltet, es läßt sich nur durch rasches Abkühlen in reinem Wasser erhalten.

Die Anlauffarben zeigen sich beim Kupfer bei etwa 150—200° und durchlaufen bei langsamer Temperatursteigerung bis 300° die ganze Skala. Lüsterfarben erhält man nur auf hochpolierten Flächen, während matte Oberflächen nur stumpfe Anlaßfarben geben. Die Haltbarkeit der Anlaßfarben nimmt mit der Höhe der Temperatur zu, die ersten Farben der 1. Reihe sind also am wenigsten haltbar. Ist das Metall stellenweise, z. B. in den Tiefen eines profilierten Gegenstandes, die beim Abreiben mit einem Putzleder nicht zugänglich sind, schon leicht oxydiert, so eilen diese Stellen beim Anlassen immer um ein oder zwei Farbentöne voraus, was bei figürlichen Objekten zur Belebung der Färbung beiträgt.

Entsprechende Färbungen erhält man auch in den Lüstersuden.

b) Braun- und Rotfärbungen durch Erhitzen. Auch die auf der Bildung von dickeren Kupferoxydulschichten beruhenden Braunfärbungen des Kupfers werden teilweise nur durch Erhitzen an der

Luft erzeugt, wobei man nur gewisse Mittel anwendet, um gleichmäßige Farbtöne zu erzielen. Man erhitzt z. B. im Sandbad oder reibt die Gegenstände vor dem Erhitzen leicht mit Öl oder Wachs ein, reibt nach dem Erhitzen mit einem wollenen Lappen und wiederholt das Verfahren mehrmals.

Kupferne Teekannen u. dgl. färbt man häufig durch Erhitzen über Kohlenfeuer und Verarbeiten der Färbung mit geölten Lappen.

Weiter sind hier folgende Patente anzuführen: DRP. 153308 (erloschen), Walter Elkan, Berlin. Die Gegenstände werden bis zur Rotglut erhitzt, wobei sich schwarzes Kupferoxyd bildet, dann wird die schwarze Schicht abpoliert, so daß die darunterliegende rote Kupferoxydulschicht zum Vorschein kommt. Durch Aufstreuen von Borax kann man Flecken erzeugen, die dann z. B. durch Einwirkung einer warmen Kupfervitriollösung eine andere Färbung erhalten können.

Beim einfachen Glühen und Abpolieren bzw. Absprengen durch Ablöschen in Wasser ist es schwer, eine gleichmäßige Färbung zu erzielen. M. Mayer, Mainz, ließ sich deshalb folgendes Verfahren durch DRP. 163067 (1904) schützen: Ein in bekannter Weise hochglanzpolierter Kupfergegenstand wird in einem galvanischen Bade mit einem dünnen Niederschlage von Arsen oder Antimon überzogen. Die so behandelten Gegenstände werden dann bis auf Kirschrotglut erhitzt und schließlich nochmals poliert. Der galvanische Überzug soll dabei als Sauerstoffüberträger eine gleichmäßige Oxydation des darunter befindlichen Kupfers bewirken, gleichzeitig aber dessen zu starke Oxydation verhindern, so daß beim Glühen hauptsächlich eine Oxydulschicht gebildet wird, die Farbschattierungen von rot bis violett aufweist.

Sehr schöne Färbungen hat die Firma J. Winhart & Co. in München in den Handel gebracht. Sie hat ihr auf Glühen und Abschrecken des Kupfers beruhendes Verfahren, das im Jahre 1906 durch DRP. 183653 geschützt wurde, zur Kennzeichnung des Farbtones „Eosinverfahren“ genannt.

Es ist dadurch gekennzeichnet, daß der zu verzierende Gegenstand wiederholt am Feuer mehr oder weniger ganz oder stellenweise auf verschiedene Temperaturen erhitzt und darauf in Flüssigkeiten von gleicher oder verschiedener Temperatur abgekühlt wird.

Das Verfahren wird hauptsächlich auf getriebene bzw. gestanzte Gegenstände angewandt, die, nachdem sie in bekannter Weise eine metallisch reine Oberfläche erhalten haben, ganz oder teilweise mehr oder weniger am Feuer erhitzt und nach jeder Erhitzung ganz oder teilweise in einer Flüssigkeit abgekühlt werden. Hierauf werden die Gegenstände getrocknet und das Verfahren so lange wiederholt, bis die gewünschten Effekte neben gleichmäßiger Rotfärbung auch fleckige oder marmorierte und perlmutterähnliche Färbungen erzielt sind. Durch nachträgliches Polieren läßt sich der Glanz der Färbung, die in einer sehr dichten und gegen die Einwirkung der Luft widerstandsfähigen Schicht besteht, noch erhöhen.

Als Flüssigkeit zum Abkühlen der erhitzten Gegenstände können Wasser, Essig, Öle oder verschiedene Salzlösungen Verwendung finden, und zwar für sich allein oder gemischt mit verschiedenen Zusätzen und in verschiedenen Temperaturen. Um beim Abkühlen die Flüssigkeit gleichzeitig mit verschiedenen Temperaturen auf die heißen Gegenstände wirken zu lassen, kann z. B. auf Wasser eine Schicht Eis oder Öl gegeben werden, welche infolge eines anderen Wärmeleitvermögens auf die betreffenden Gegenstände anders wirkt und dadurch andere Farbeneffekte herbeiführt wie die darunter befindliche Flüssigkeitsschicht. Zweckmäßig wird die betreffende Kühlflüssigkeit je nach der gewünschten Wirkung entsprechend mehr oder weniger warm in Anwendung gebracht. Ebenso wird die Erzeugung der betreffenden Farbeneffekte beim Abkühlen in jenen Flüssigkeiten eine verschiedene sein, je nachdem der betreffende Gegenstand kirschrot, heiß, schwachrot, gut erhitzt oder schwach erhitzt wurde. Ein sehr schönes Hochrot und sattes Schwarz kann z. B. bei Kirschrothitze der Gegenstände und Abkühlung in heißem Wasser erzielt werden, Gelb, Grün, Braun beispielsweise durch schwaches Erhitzen und Abkühlen in kaltem Wasser usw. Die Wirkung der kühlenden Flüssigkeit kann auch durch Beimischung bestimmter Chemikalien, wie z. B. einer Blutlaugensalzlösung u. dgl., geregelt werden.

Nach Martin Mayer, Mainz, sollen rote bis violette Färbungen auf Kupfergegenständen dadurch erzeugt werden, daß man diese zunächst bis Kirschrotglut erhitzt, dann auf Schwarzglut abkühlt, hierauf in eine 10—15proz. Lösung von Eisenchlorid je nach der gewünschten Färbung sekunden- bis minutenlang taucht.

2. Färbungen in Salzschmelzen.

Zur Färbung von Kupfer wird zur Erzielung der bekannten früher viel für Weckergehäuse verwendeten „Königsrot" genannten Färbung nach dem erloschenen DRP. 149566 der Firma C. A. F. Kahlbaum, Berlin, eine überhitzte Schmelze von Kaliumnitrit (salpetrigsaures Kalium) oder auch Natriumnitrit verwendet. Beide Salze entwickeln bei ungefähr 350° Sauerstoff, der die Oberfläche der Kupfergegenstände in Kupferoxydul verwandelt. Man erhält hierbei einen leuchtend roten emailartigen Überzug, eine Färbung, die besonders für kleinere getriebene Gegenstände, Tabatieren, Aschenschalen usw. verwendet werden kann.

Ausführung. Über die Ausführung derartiger Färbungen ist allgemein vorauszuschicken, daß das Einschmelzen in Eisenschalen oder -kesseln geschieht, daß man, um Umherspritzen der Schmelze zu verhüten, die zu färbenden Gegenstände trocken eintauchen muß und mit Schutzbrille und möglichst Asbestkleidung arbeiten muß, da organische Stoffe, Holz, Kohle usw. durch die Salzschmelzen entzündet werden und infolge der Sauerstoffabgabe durch diese viel intensiver brennen als an der Luft. Man legt deshalb, wenn man die Färbung im kleinen Maßstabe auf dem Werktisch ausführt, zum Schutze desselben ein Eisenblech unter, auf dieses kann man nach der Färbung den Inhalt der Schale ausgießen, nach dem Erkalten in Stücke zerschlagen und diese in einer weithalsigen verschlossenen Flasche aufbewahren. In der zum Färben verwendeten Schale darf man das Salz nicht stehenlassen, da es aus der Luft Wasser anzieht. Die Eisenschalen sind nicht zu dünn zu nehmen, da sie sonst, besonders wenn durch Stichflammen eine starke örtliche Erhitzung stattfindet, leicht durchbrennen.

Die Oberfläche der Ware soll wie bei jeder anderen Färbung vorher von Schmutz, Fett, Oxyd und Hartlotresten gereinigt werden, wenn man auf eine gleichmäßige Färbung Wert legt; leichte Fettschichten verbrennen zwar in der Schmelze, die Färbung wird aber auf einer unreinen Oberfläche fleckig; größere Mengen Fett können zum Umherspritzen der Schmelze führen wie schlecht getrocknete Gegenstände. Weich gelötete Gegenstände können natürlich nicht gefärbt werden. Auf einer z. B. mit dem Sandstrahlgebläse mattierten Oberfläche vollzieht sich die Färbung etwas schneller als auf einer polierten, wird aber gleichfalls matt. Die Färbungen sind aber meist so widerstandsfähig, daß sie auch nachträglich eine starke mechanische Bearbeitung durch Kratzen, Polieren und selbst leichtes Sandstrahlmattieren vertragen. Nach dem Färben werden die Gegenstände in kaltem Wasser abgelöscht, zum schnelleren Trocknen kann man dann noch in heißes Wasser tauchen, in dem sich auch noch anhaftende Salzreste schneller ablösen.

Dem Färben in Lösungen gegenüber hat das Färben in Salzschmelzen den Nachteil, daß der Verlust an anhaftendem Salz größer ist, besonders bei kleinen Massenartikeln, die in Sieben eingetaucht werden. Größere Gegenstände, die man nicht eintauchen kann, kann man auch anwärmen und mit dem Salz bestreuen oder bestreichen, hierbei ist es allerdings schwieriger, gleichmäßige Färbungen zu erhalten, man erhält aber dabei oft auch recht brauchbare marmorierte Färbungen. Zur Erzielung solcher kann ganz leichtes Einfetten einzelner Stellen nützlich sein. Bei galvanisch verkupferten Gegenständen muß die Verkupferung ausreichend sein, die Gegenstände müssen zur Entfernung von Badresten aus den Poren gut in heißem Wasser gespült werden und auch besonders sorgfältig getrocknet werden; zu starke Überhitzung der Salzschmelzen führt leicht zur Ablösung des Niederschlags.

Der Farbton kann durch nachträgliche Behandlung in Lösungen, z. B. Schwefelleberlösung oder Natriumbichromatlösung, verändert oder vertieft werden.

Art der Salzschmelze. Eine Überprüfung dieses Färbeverfahrens, die Verfasser vor einigen Jahren vornahm (siehe auch unter Eisen), führte zu folgenden Ergebnissen:

Zur Erzielung einer satten Färbung ist durchweg eine gewisse, meist sogar starke Überhitzung über den Schmelzpunkt bis zu beginnender Rotglut oder sogar starker Rotglut notwendig, die nicht durch längere Eintauchdauer bei niedrigerer Temperatur ersetzt werden kann.

Bei Parallelversuchen mit Natrium- und Kaliumsalzen waren keine bemerkenswerten Unterschiede feststellbar, man wird deshalb im allgemeinen die billigeren Natriumsalze verwenden, kann aber durchweg auch Kaliumsalze oder Mischungen von Kaliumsalzen und Natriumsalzen benutzen.

Bei genügender Überhitzung der Schmelzen genügt meist eine Eintauchdauer von $^1/_2$ bis höchstens 1 Minute. Bei zu langer Eintauchdauer ist häufig die Haltbarkeit der Färbung geringer.

Zu beachten ist natürlich auch die durch die Erhitzung, besonders unnötig lange Erhitzung, eintretende Gefügeänderung und damit zusammenhängende Änderung der mechanischen Eigenschaften, Festigkeit, Härte usw.

Die gewöhnlich verwendete Nitritschmelze zur Rotfärbung von Kupfer war durch eine andere gleichwertige nicht zu ersetzen.

Nitrat (Salpeter) gibt bei mäßiger Überhitzung nur Anlauffarben, nur bei sehr starker Überhitzung und längerer Eintauchdauer gelblich- bis rotbraune oder dunkelbraune Färbungen, meist fleckig, auch oft schlecht haftend. Der Nitritfärbung gleichwertige Rotfärbungen wurden zwar vereinzelt erzielt, aber nicht mit der Sicherheit und Gleichmäßigkeit wie mit der Nitritschmelze.

Nitrat-Nitrit-Mischungen mit genügend hohem Nitritgehalt (mindestens etwa $^1/_3$) sind zur Färbung von Kupfer brauchbar, ihre Wirksamkeit nimmt aber mit zunehmendem Nitratgehalt ab, so daß höchstens der nicht sehr erhebliche Preisunterschied zur Wahl einer derartigen Mischung Veranlassung geben könnte, evtl. die Absicht, mehr rotgelbe als tiefrote Färbungen zu erzielen.

Hydroxyd- (Ätznatron-) Zusatz von 5 bis höchstens 10% gibt eine leicht matte und etwas dunklere und sattere Färbung als Nitrit allein, ein größerer Zusatz gibt eine mattgraue bis mattschwarze, aber nicht gut haltbare Färbung. Da solche Färbungen mit Lösungen einfacher und besser haltbar herzustellen sind, haben diese Färbungen in Salzschmelzen keinen praktischen Wert.

Braunstein gepulvert (Mangansuperoxyd), in Mengen von etwa 5% oder auch Kaliumpermanganat zur Nitritschmelze zugegeben, verändert die durch Nitrit allein erzielte Rotfärbung in der Richtung nach Violett, ein größerer Zusatz nach Braunviolett. Kaliumpermanganat wirkt, wahrscheinlich durch die bei der Zersetzung eintretende Sauerstoffentwicklung und feinere Verteilung, kräftiger als der billigere Braunstein, so daß schon ein Zusatz von etwa 1% zur Erzielung der gleichen Wirkung genügt, wodurch der Preisunterschied ausgeglichen wird.

Auch ein Zusatz von Chromoxyd (5—10%) oder Chromat wirkte ähnlich, aber nicht so gut. Zusätze von Bichromat, Polychromaten oder Chromsäure sind wegen starker Entwicklung nitroser Gase unbrauchbar.

Perboratzusatz (5—10%) wirkt gleichfalls im Sinne der Erzielung einer tiefroten Farbe, bei 10% braunrot; weniger gut, aber ähnlich, auch ein Zusatz von Perchlorat.

Auch ein kleiner Zusatz von Natriumsuperoxyd (nicht über 5%) vertiefte die Färbung etwas; bei größerem Zusatz wurde die Färbung dunkelbraun, fleckig und abblätternd.

Die durch diese Zusätze zur Nitritschmelze erzielten Vertiefungen der Rotfärbung waren aber nicht sehr erheblich und sind auch durch stärkere Überhitzung zu erzielen; soweit dunkelbraune und mattschwarze

Färbungen erzielt wurden, ist darin kein Vorteil zu erblicken, da diese, wie schon gesagt wurde, besser in Lösungen hergestellt wurden als in Schmelzen.

Nitrat mit Hydroxyd (Ätznatron) gibt auch mattschwarze, aber nur bei kurzer Eintauchdauer haltbare und aus dem obengenannten Grunde nicht zu empfehlende Färbungen.

Natriumsuperoxydzusatz (etwa 5%) zur Nitratschmelze gab dunkelrotviolette, bei 10% Zusatz mattschwarze Färbungen, ähnlich den mit Hydroxydzusatz erzielten, von denen die ersteren vielleicht in besonderen Fällen angewendet werden können.

Mit Perboratzusatz (5—10%) zur Nitratschmelze wurden einige leuchtendrote bis braunviolette Färbungen erzielt, die aber nicht besser waren als die mit Nitritschmelzen erzielten.

Verwendbarkeit. Am schönsten wurden die Kupferfärbungen bei den im sauren Kupferbade verkupferten Blechen, bei den im Zyanidkupferbade verkupferten wurden sie durchweg dunkler, mehr braun und weniger leuchtend, bei Werkkupfer scheint die Schönheit des erzielten Farbtons sehr von der Reinheit abzuhängen; die Ergebnisse mit Blechen verschiedener Herkunft waren nicht gleichmäßig.

Kupferlegierungen lassen sich, wie zu erwarten, nur bei sehr hohem Kupfergehalt in Salzschmelzen färben. Wir konnten in Nitritschmelzen ohne Zusatz und solchen mit Hydroxyd-, Perborat-, Braunstein- oder Kaliumpermanganatzusatz auf Emailtombak haltbare Färbungen erzielen, sie waren aber ähnlich den auf im Zyanidbad verkupferten Blechen dunkler und weniger schön als auf im sauren Bad verkupferten und Werkkupferblechen, auch vielfach streifig, fleckig und schlecht haftend. Beim Färben von Tombak darf die Schmelze jedenfalls nur mäßig überhitzt werden und der Gegenstand darf nicht zu lange eingetaucht werden; zu empfehlen ist aber das Färben von Tombak in Salzschmelzen kaum.

Auch auf Zinnbronzen konnten wir einige heller bis dunkler braune Färbungen erzielen, die aber mit Hilfe von Lösungen einfacher und besser herstellbar sind als in Salzschmelzen.

Das Verfahren ist auch zur Schwarzfärbung von Eisen (siehe dort) verwendbar.

Leider ist diese schöne, sehr haftfeste, chemischen und mechanischen Einwirkungen gegenüber sehr widerstandsfähige Kupferfärbung in neuerer Zeit weitgehend durch Emaillacke verdrängt worden.

Abänderungen. Natürlich erfordert die Ausführung dieses Verfahrens eine gewisse Geschicklichkeit, wenn man gleichmäßige Färbungen erzielen will: schnelles Einbringen in den Salzfluß oder schnelles Ausbreiten des aufgestreuten oder aufgestrichenen Salzes über die ganze Oberfläche. Um leichter gleichmäßige Rotfärbungen durch Eintauchen in geschmolzene Nitrite oder Gemische solcher mit Nitraten zu erzielen, ließ sich Dr. Dittrich, Leipzig, ein Verfahren patentieren, nach welchem die zu färbenden Gegenstände vorher mit einem galvanischen Bleiniederschlag oder Bleisuperoxydniederschlag überzogen werden

(DRP. 260902). Je nach der Stärke dieses Niederschlags erzielt man hellere oder dunklere Töne.

3. Färbungen durch Lösungen oxydierender Stoffe.

Die nachstehend beschriebenen Verfahren sind zum Teil sowohl zur Schwarzfärbung wie zur Braunfärbung, zum Teil nur zur Erzielung von verschiedenen braunen Farbtönen, meist (aber mit Ausnahmen) zum Färben von Kupfer wie auch von Kupferlegierungen brauchbar.

a) Schwarzbrenne. Ansatz und Ausführung: Man taucht, nach einer älteren Vorschrift, die Gegenstände in konzentrierte Salpetersäure oder bestreicht sie damit mit Hilfe eines Glaswolle- oder Filtrierpapierbausches und erhitzt gleichmäßig, bis der sich zuerst bildende grüne Überzug von salpetersaurem Kupfer schwarz wird. Besser verwendet man eine Lösung von salpetersaurem Kupfer, die etwas freie Salpetersäure enthalten kann. Bei Verwendung verdünnter Lösungen (1 Teil in 10 Teilen Wasser und einigen Tropfen Salpetersäure) ist mehrmaliges Eintauchen und Abbrennen erforderlich, während bei konzentrierten Lösungen (Kupfernitrat in der gleichen Gewichtsmenge Wasser gelöst) meist ein- bis zweimaliges Abbrennen genügt. Vorteilhaft ist der Zusatz von etwas salpetersaurem Silber.

Die Phys.-Techn. Reichsanstalt hat folgenden Ansatz der Schwarzbeize als den besten ermittelt (Z. Instrumentenkde. 1890): 600 g Kupfernitrat werden in 200 cm³ destilliertem Wasser gelöst und dieser Lösung die Lösung von 2,5 g Silbernitrat in 10 cm³ destilliertem Wasser zugesetzt. Um besseres Benetzen zu erzielen, setzt man etwas Alkohol oder auch ein Netzmittel wie Nekal oder Leonil zu. Über den Gebrauch werden noch folgende Mitteilungen gemacht: Die schwarz zu brennenden Gegenstände brauchen nicht bearbeitet zu sein, doch sind sie zu entfetten und wenn möglich 5—10 Minuten in ein Gemisch von 1 Teil roher Salzsäure und 1 Teil Wasser oder 1 Teil konzentrierter roher Schwefelsäure und 3,5 Teile Wasser zu tauchen, dann in Wasser zu spülen, worauf man sie 1 Minute lang in die auf 40—50° erwärmte Schwarzbeize bringt. Stücke, die man nicht eintauchen kann, werden mit einer Feder oder einem Pinsel reichlich überstrichen, bei zu leichtem Bestreichen wird die Färbung leicht fleckig. Nach dem Eintauchen muß man gut abtropfen lassen, so daß jede Ansammlung von Flüssigkeit an einer Stelle vermieden wird. Der Gegenstand wird nun im Trockenofen langsam getrocknet. Steht ein solcher nicht zur Verfügung, so darf man nur in der Nähe einer Flamme trocknen, nicht in die Flamme halten, da sonst, ebenso bei zu schnellem Trocknen, die Färbung fleckig wird. Bei richtigem Trocknen entsteht ein hellgrüner, gleichmäßig stumpfer Überzug. Nunmehr wird der Gegenstand tiefer in die Flamme gebracht, bis der grüne Überzug sich in tiefes Schwarz verwandelt hat. Da die Temperatur hierbei über den Schmelzpunkt des Lötzinns steigt, können weich gelötete Gegenstände auf diesem Wege nicht oder nur mit großer Vorsicht schwarz gebrannt werden. Nach dem Erkalten wird der Gegenstand mit einer nicht zu harten Bürste abgebürstet. Die Beize wird in geschlossenen Gefäßen aufbewahrt, wenn Salz auskristallisiert, die zur Lösung eben notwendige Menge destilliertes Wasser zugesetzt.

Anwendbarkeit: Die Schwarzbrenne eignet sich für Kupfer, Tombak, Messing und ähnliche Legierungen, Rotguß, Phosphorbronze, Siliziumbronze, Arsenbronze, Neusilber und ähnliche Legierungen, nicht aber für Kanonenmetall, Glockenmetall (also reine Zinnbronzen), Aluminiumbronze und Nickel, die teils gar nicht, teils nur schwach gefärbt werden, sie kann jedoch bei Zinnbronzen zur Braunfärbung Verwendung finden.

Abänderungen: Bollert empfiehlt für Messing eine alkoholische Kupfernitratlösung, die natürlich auch für andere Kupferlegierungen und reines Kupfer angewandt werden kann. Man schmilzt 500 g Kupfernitrat über schwachem Feuer, entfernt von der Flamme, setzt 150 g 90proz. Alkohol zu und läßt abkühlen. Die Gegenstände kommen kalt in diese Lösung, da beim Erwärmen der Alkohol zu schnell verdampft und bei wiederholtem Eintauchen der Überzug stellenweise abspringt. Der Zusatz von Alkohol bewirkt ein besseres Benetzen und schnelleres Antrocknen, ist also sehr zu empfehlen. Diese Beize gibt auch auf Zinn- und Aluminiumbronzen gute Erfolge, weniger gute auf Zink.

Bei mäßigerem Erhitzen, z. B. in geschlossenen Öfen statt über offenem Feuer, geben die vorstehenden Beizen statt tiefschwarze dunkelbraune oder dunkelgraue Färbungen, letztere namentlich bei Legierungen mit hohem Zinngehalt.

Statt Kupfernitrat sind Mangannitrat, Wismutnitrat und Kobaltnitrat vorgeschlagen worden, um auf gleiche Weise schwarze Färbungen herzustellen. Wismutnitrat liefert mehr schwarzbraune Färbungen. Weiter ist vorgeschlagen worden, so hergestellte Färbungen durch Eintauchen in die später beschriebenen Schwefelleberlösungen noch zu vertiefen, was aber meist nicht nötig ist. Nur bei Verwendung der Wismutlösung (10 Teile Wismutnitrat in 30 Teilen Salpetersäure von 25%, der man nach der Lösung noch 60 Teile Wasser zusetzt) erhält man durch nachträgliches Eintauchen in die Schwefelleberlösung einen schönen, tiefbraunschwarzen Überzug.

Weniger angegriffen werden die Gegenstände, wenn man sie mit einer Lösung von kohlensaurem Kupfer in Ammoniak (siehe unter Schwarzbeize für Messing) bestreicht und, ohne sie mit der Flamme selbst in Berührung zu bringen, erhitzt. Dieses Verfahren liefert jedoch seltener gute Erfolge.

b) Persulfatbeize. Ein von Groschuff in der Phys.-Techn. Reichsanstalt ausgearbeitetes Schwarzfärbeverfahren ist das Persulfatverfahren (Dtsch. Mechaniker-Ztg. 1910/11), bei dem der Schmelzpunkt des Weichlots nicht überschritten wird. Da saure Lösungen Kupferoxyd lösen, untersuchte Groschuff die Wirkung alkalischer Lösungen verschiedener Oxydationsmittel. Er erzielte Erfolge mit Lösungen von Kaliumpersulfat, Kaliumpermanganat und Kaliumchromat in Natronlauge. Wasserstoffsuperoxyd, Natriumsuperoxyd, Kaliumperkarbonat, Kaliumperborat zersetzten sich schon bei der Herstellung der Lösungen rasch. Alkalische Lösungen von Kaliumperchlorat, Kaliumchlorat, Kaliummanganat übten auf Kupfer und Messing keine nennenswerte Oxydationswirkung aus. Die oben genannten Stoffe wirken um so besser, je weniger beständig sie sind, deshalb ist Kaliumpersulfat der geeignetste, die anderen sind praktisch unbrauchbar wegen der erforderlichen hohen Konzentration und langen Dauer. Alkalische Ferrizyankaliumlösung gab auf Messing gleichfalls schwarze, auf Kupfer aber rotbraune Färbung von Ferrizyankupfer.

Ansatz und Ausführung: Man erhitzt eine passende Menge 5proz. Natronlauge in einem geeigneten Gefäß aus Glas, Porzellan, Steingut oder emailliertem Eisen auf 100°, fügt 1% gepulvertes Kaliumpersulfat hinzu und taucht das an einem Draht befindliche Metallstück ein, wobei Sauerstoffgasentwicklung sichtbar wird. Der zu beizende Gegenstand ist in dem heißen Bade so lange hin und her zu bewegen, bis die gewünschte schwarze Farbe erreicht ist, was bei kleineren Stücken gewöhnlich innerhalb 5 Minuten geschieht. Sollte die Sauerstoffentwicklung vorher aufhören, so ist von neuem 1% Kaliumpersulfat zuzusetzen.

Der zunächst samtartig aussehende Gegenstand wird in kaltem Wasser gespült, darauf mit einem weichen Handtuch oder Sägemehl getrocknet und abgerieben, er erscheint dann tiefschwarz mit mattem Glanz.

Bei Nichtgebrauch ist die Lauge gut verschlossen aufzubewahren, um sie nach Möglichkeit vor Anziehung von Kohlensäure aus der Luft zu schützen.

Die Wirkung der Beize beruht darauf, daß das Kaliumpersulfat Sauerstoff abgibt, wobei es sich in Kaliumsulfat und das anwesende Alkali gleichfalls in Sulfat verwandelt.

$$K_2S_2O_8 + 2\,NaOH = K_2SO_4 + Na_2SO_4 + H_2O + O\,.$$

Während die wässerige Lösung bei gewöhnlicher Temperatur sich erst im Laufe von Monaten unter Abgabe von ozonhaltigem Sauerstoff zersetzt, wobei sie sauer wird, $K_2S_2O_8 + H_2O = 2\,KHSO_4 + O$, also schließlich Oxyde löst, erfolgt die Zersetzung in alkalischer Lösung um so schneller, je höher der Alkaligehalt und je höher die Temperatur ist. Durch den abgespaltenen sehr reaktionsfähigen Sauerstoff (in statu nascendi) wird das Kupfer im Gegensatz zu dem gewöhnlichen Sauerstoff schon bei Zimmertemperatur, schneller bei 100° an der Oberfläche oxydiert. Es entstehen zunächst bunte Anlauffarben, welche unter geeigneten Umständen zuerst in eine braune und dann in eine schwarze Färbung übergehen, indem sich zunächst Kupferoxydul, später Kupferoxyd bildet. Außerdem geht auch etwas Kupfer mit lebhaft blauer Färbung in Lösung. Die Farbe und die Dicke der Oxydschicht hängt sehr von der Zusammensetzung der Beize, der Temperatur und der Dauer der Einwirkung ab. Beläßt man das Kupferstück längere Zeit in der Beize, so setzt sich auf dem festhaftenden schwarzen Überzug ein lockerer brauner oder schwarzer Beschlag von Kupferoxyden ab, der sich leicht von dem festen Überzug abwischen läßt. Bei niedrigeren Temperaturen (unterhalb etwa 70°) haftet dieser Beschlag etwas fester, während andererseits der darunter befindliche Überzug weniger dauerhaft erscheint, und es mischen sich diesem Beschlag, zum Teil auch dem Überzuge, die Hydroxyde des Kupfers bei, welche den Überzug unansehnlich machen und ihm eine mehr gelbe bzw. blaue oder grüne Nuance geben.

Die Beizgeschwindigkeit erreichte bei 5—10% Natriumhydroxydgehalt einen Höchstwert und nahm bei weiterer Steigerung des Natriumhydroxydgehaltes wieder ab. Dies gilt für Temperaturen von 50—100°, bei 18° ist die Beizgeschwindigkeit bei Verwendung 10proz. Natronlauge auffallend geringer als bei niedrigeren und höheren Konzentrationen, da in 10proz. Lauge erheblich größere Kupfermengen in Lösung gehen, die sich beim Erhitzen der Lauge als schwarzer Niederschlag wieder abscheiden. Durch derartige sekundäre Abscheidung entsteht auch der oben erwähnte lockere Teil der Oxydschicht. Beizen mit 0,1% Kaliumpersulfat (bei 5% Natriumhydroxyd) sind praktisch nicht brauchbar, die Beizgeschwindigkeit steigt bis zu 1% Kaliumpersulfatgehalt rasch, bei höherem Gehalt nur noch wenig.

Da sich das Kaliumpersulfat zersetzt, muß es, wenn die Beize nicht mehr wirkt, wieder in Mengen von 1% zugesetzt werden; größere Mengen auf einmal zuzusetzen, ist nicht vorteilhaft, auch ist es nicht vorteilhaft, die Menge der Beizflüssigkeit im Verhältnis zur Warenfläche zu groß zu nehmen, da sonst die Beize schlecht ausgenutzt wird, d. h. ein großer Teil des freiwerdenden Sauerstoffs ungenützt entweicht. Rohes Natriumhydroxyd enthält Verunreinigungen, die die Zersetzung der alkalischen Persulfatlösung befördern, und ist deshalb möglichst nicht zu verwenden, doch genügt das sog. geschmolzene Natriumhydroxyd. Durch Verwandlung in schwefelsaures Salz und kohlensaures Salz (durch die Kohlensäure der Luft) wird endlich auch der Alkaligehalt geringer, die Beize muß dann neu angesetzt werden, doch kann man die Färbung eines Gegenstandes, der in der alten Beize nicht mehr gefärbt wurde, in der neuen fortsetzen, ohne den unvollkommenen Überzug vorher zu entfernen.

Störungen können aber auch ihre Ursache in der Beschaffenheit der Metalloberfläche haben, passives Kupfer, durch Erwärmen angelaufenes und oft auch in der Gelbbrenne gebeiztes Kupfer färben sich schlecht oder gar nicht, dagegen ist der beim Entfetten in verdünnten Laugen entstehende Überzug unschädlich. Auf nassem Wege hergestellte Brünierungen fördern das Schwarzfärbeverfahren, doch werden die so gefärbten Gegenstände meist matter als die direkt gefärbten. In 20proz. Natronlauge mit 1% Kaliumpersulfat werden die Kupfergegenstände nur braun, auch bei langer Einwirkung der Beize nur etwas dunkler.

Verwendbarkeit: Über das Verhalten anderer Metalle gegen alkalische Persulfatlösungen werden folgende Angaben gemacht: Tombak, Zinkrotguß, Zinnrotguß, Kanonenmetall, Glockenguß, gewöhnliche Bronze, Phosphorbronze, Arsenbronze, Arsenkupfer, Manganbronze, Manganin werden durch die oben für Kupfer angegebene Beize schwarz gefärbt, die Beizdauer ist bei diesen Legierungen etwas länger, in der

Regel genügen 5—10 Minuten. Zink, Zinn, Aluminium, Eisen, Nickel, Neusilber, Konstantan, Hart- und Weichlot lassen sich nicht färben. Um Messing und Aluminiumbronze schwarz zu beizen, muß man statt 5proz. 10proz. Natronlauge verwenden, doch gibt die schwächere Beize eine schöne Altmessingfärbung. Im allgemeinen läßt sich über die Färbung der Legierungen noch sagen, daß Hartlot gar nicht, Messing schwerer als Tombak, ebenso gelbe Aluminiumbronze schwerer als rote geschwärzt wird. Zinkrotguß (85% Kupfer, 15% Zink) wird ungefähr ebensogut wie Kupfer, dagegen Zinnrotguß (90% Kupfer, 9,5% Zinn, 0,5% Blei) sehr viel langsamer geschwärzt, noch schlechter die Aluminiumbronzen.

Bei den Legierungen wird durch die Teilnahme der fremden Legierungsbestandteile die Zersetzlichkeit der Beize etwas erhöht, die Bildung dünner und undurchlässiger Oxydschichten etwas erschwert. Schließlich wird durch die fremden Legierungsbestandteile die Beizgeschwindigkeit vermindert, bis gar keine Schwärzung mehr eintritt. Durch ätzend wirkende Laugen und Beizen wird der Einfluß der fremden Metalle vergrößert, so wird mit der Gelbbrenne behandeltes Messing auch durch die Beize von 10% Natriumhydroxydgehalt nicht mehr schwarz gefärbt, bei anderen Legierungen zeigt sich wenigstens eine erhebliche Verminderung der Beizgeschwindigkeit. Im Gegensatz zum Kupfer läßt sich die Störung durch Behandlung mit verdünnter Schwefelsäure nicht beseitigen, vielmehr muß man die Gegenstände mit Schmirgelpapier abreiben. Kupferreiches Messing ließ sich auch in der 5proz. Beize färben, wenn die Beize zuvor mit Kupfer gesättigt wurde, doch versagt auch diese Beize, wenn das Messing erst mit heißer Natronlauge oder kupferfreier Beize behandelt wurde, es kann dann durch die 10proz. Beize noch Schwärzung erzielt werden. Bei Vorbehandlung mit Ammoniak zeigten sich keine Störungen.

Galvanische Verkupferungen, auch von Zinkguß, aus saurem wie zyankalischem Bad färben sich gleich gut, wenn sie nicht zu schwach sind.

Die schwarze Färbung ist an der Luft gut haltbar, Säuren, wässerige Lösungen von Ammoniak und Alkalien lösen dieselbe. Die mechanische Haltbarkeit ist bei Kupfer und kupferreichen Legierungen (Tombak, Zink- und Zinnrotguß) am größten, bei Messing und Aluminiumbronze geringer.

c) Permanganatbeize (Universalbeize). Von den zur Metallfärbung verwendbaren Oxydationsmitteln ist das Kaliumpermanganat schon seit langer Zeit in der Metallfärbung in Anwendung. Die reine wässerige Lösung oxydiert Kupfer nur sehr langsam, die saure wässerige Lösung greift es ohne Bildung farbiger Überzüge an. Alkalische und ammoniakalische Lösungen sind namentlich bei höherer Konzentration und Temperatur unbeständig, sie gehen unter Sauerstoffabgabe in Lösungen des grünen Manganats über, diese färben das Kupfer braun und schließlich schwarz.

Mit einer etwa 20proz., auf 100° erhitzten Lösung von Natriumhydroxyd, der man nach Bedarf kleine Mengen von Kaliumpermanganat zusetzt, erhält man braune bis schwarze Überzüge, die so dünn sind, daß das Metall durchscheint und die Färbung beeinflußt. Zur Erzielung einer mattschwarzglänzenden Färbung ist nach Groschuff etwa 1 Stunde erforderlich: schöne braune Töne, namentlich für kunstgewerbliche Gegenstände geeignet, erzielt man in wesentlich kürzerer Zeit, noch schneller als bei Kupfer, bei Tombak und Messing, bei denen die Natronlauge nur 15proz. zu sein braucht. Die Färbung hat vor anderen den Vorzug, im Licht nicht nachzudunkeln. Etwa 10proz. Kaliumpermanganatlösungen mit 10% Ammoniumnitrat oder Ammoniumsulfat geben in etwa 10 Minuten blauschwarze bis schiefergraue, aber meist fleckige Färbungen. Zusatz von Ammoniumchlorid gibt höchstens Anlauffarben.

In der Metallindustrie werden zum Färben von Kupfer und Kupferlegierungen Lösungen verwendet, deren wesentliche Bestandteile Kaliumpermanganat und Kupfersulfat sind. Manchmal wird ein Teil des Kupfersulfats durch Nickelsulfat ersetzt, auch werden noch andere Zusätze, z. B. Kaliumchlorat, gemacht. Je nach Temperatur, Eintauchdauer, Vor- und Nachbehandlung lassen sich mit diesen Permanganatbeizen sehr verschiedenartige Wirkungen erzielen, weshalb sie auch oft Universalbeizen genannt werden.

Ansätze und Ausführung: Im Fachschrifttum finden sich folgende Vorschriften:

1. Reine Kaliumpermanganat-Kupfersulfat-Lösungen:

Buchner (Metallfärbung, 6. Aufl. 1920): 5 g Kaliumpermanganat, 20 g Kupfersulfat, 1 l Wasser, 100°.

Taucher: 13,4 g Kaliumpermanganat, 10 g Kupfersulfat, 1 l Wasser.

Groschuff: 15 g Kaliumpermanganat, 120 g Kupfersulfat, 1 l Wasser, Temperatur 100°.

2. Lösungen mit weiteren Zusätzen:

Buchner: 10 g Kaliumpermanganat, 50 g Eisensulfat (Ferrosulfat), 5 g Salzsäure, 1 l Wasser; Nachbehandlung in: 10 g Kaliumpermanganat, 10 g Kaliumbichromat, 10 g Kaliumchlorat, 50 g Kupfersulfat, 1 l Wasser bei 60°.

Beutel (Bewährte Arbeitsweisen der Metallfärbung, 2. Aufl. 1925): 25 g Kupfersulfat, 25 g Nickelsulfat, 12 g Kaliumchlorat, 7 g Kaliumpermanganat; es wird aber gesagt, daß sowohl das Nickelsulfat wie das Kaliumchlorat weggelassen werden können, nur erhält man dann andere Farbtöne.

Durch Zusatz mehr oder weniger großer Mengen von Kaliumchlorat nähert man sich der Chloratbeize in der Beutelschen Zusammensetzung: 125 g Kupfersulfat, 60 g Kaliumchlorat, 1 l Wasser (siehe dort).

Eine eingehende Untersuchung über Kaliumpermanganat-Kupfersulfatbeizen wurde von Groschuff in der Phys.-Techn. Reichsanstalt ausgeführt und in der Dtsch. Mechaniker-Ztg. 1913 Heft 22 S. 233—239 unter dem Titel „Grauschwarzfärben von Kupfer mit Permanganatlösung“ veröffentlicht. Wie schon der Titel zeigt, hatte Groschuff die Verwendung der Permanganatlösungen zur Schwarzfärbung im Auge, wozu sie sich weniger eignen, da die damit erzielten Färbungen um so leichter abblättern, je dunkler sie werden, man hat auch für die Schwarzfärbung bessere Verfahren. In der Metallindustrie wird die Permanganatbeize wohl ausschließlich zur Braunfärbung in verschiedenen Tönungen angewendet. Dieses Färbeverfahren unterzog Verfasser (Mitt. Forsch.-Inst. Gmünd 1931) einer Nachprüfung, die sich auf folgende Angaben der obengenannten Groschuffschen Arbeit stützte:

Wässerige Lösungen von Kupfersulfat scheiden beim Kochen allmählich basisches Kupfersalz aus und liefern auf Kupfer violettgraue Mischfarben aus einer Schicht von braunem Kupferoxydul und einem darübergelagerten Beschlag von grünem basischen Kupfersalz bestehend, der durch Lack, Zapon, Fett, Wachs unsichtbar gemacht werden kann, so daß eine schöne braune Farbe entsteht. Den Reaktionsverlauf in der Kaliumpermanganat-Kupfersulfatbeize denkt sich Groschuff etwa wie folgt:

Kupfersulfat wirkt auf das metallische Kupfer nach der Gleichung:

$$CuSO_4 + Cu + H_2O = Cu_2O + H_2SO_4$$

(Kupfersulfat + Kupfer + Wasser = Kupferoxydul + Schwefelsäure)

Die hierbei freiwerdende Schwefelsäure reagiert mit dem Kaliumpermanganat nach der Gleichung:

$$2\,KMnO_4 + H_2SO_4 = K_2SO_4 + 2\,MnO_2 + 3\,O + H_2O$$

(Kaliumpermanganat + Schwefelsäure = Kaliumsulfat + Mangandioxyd + Sauerstoff + Wasser)

Das sich hierbei bildende Mangandioxyd setzt sich größtenteils als loser Beschlag auf der Oberfläche der zu färbenden Gegenstände ab und kann abgebürstet werden, wächst aber zum Teil auch in den festhaftenden Überzug ein und beeinflußt den Farbton. Der freiwerdende Sauerstoff oxydiert dann das braune Kupferoxydul zu schwarzem Kupferoxyd:

$$Cu_2O + O = 2\,CuO$$

(Kupferoxydul + Sauerstoff = Kupferoxyd)

Da sich in den Lösungen auch Kupferpermanganat bilden muß, könnte man vermuten, daß die Färbung auf dessen Wirkung zurückzuführen ist. Reine Kupferpermanganatlösungen geben aber nur Anlauffarben, auch ist in den brauchbaren Zusammensetzungen der Beize das Verhältnis von Kupfersulfat und Kaliumpermanganat kein äquivalentes.

Die Beize erwies sich als sehr ergiebig, Groschuff konnte mit 100 cm^3 Lösung 2000 cm^2 Oberfläche grauschwarz färben, ohne daß sich Erschöpfung bemerkbar machte, nur die Beizdauer wurde allmählich länger. Stoffe, die die Beizwirkung ungünstig beeinflussen, entstehen auch bei längerem Gebrauch nicht; außer einem aus braunem Mangandioxyd und grünen basischen Kupfersalzen bestehenden Schlamm, den man zweckmäßig nicht aufrührt, entsteht nur Kaliumsulfat. Dieses hat auf die Färbung keinen Einfluß, verursacht allerdings durch Bildung komplexer Salze eine schnellere Verarmung an Kupfersulfat. Es ist deshalb vorteilhafter, eine erschöpfte Beize, statt durch Zusätze von Kupfersulfat und Kaliumpermanganat, durch Einkochen wieder gebrauchsfähig zu machen und wenn schließlich Kaliumsulfat auskristallisiert, durch eine neue zu ersetzen.

Groschuff gibt in seiner Veröffentlichung auch Tabellen und Schaubilder, aus denen der Einfluß steigender Kaliumpermanganatkonzentration bei gleicher Kupfersulfatkonzentration und steigender Kupfersulfatkonzentration bei gleichem Permanganatgehalt auf die Beizgeschwindigkeit zu ersehen ist, wobei er diese durch die Zeit, die zur Erzielung einer Grauschwarzfärbung erforderlich war, angibt. Aus diesen ergibt sich ein Maximum der Beizgeschwindigkeit bei 100—150 g Kupfersulfat und etwa 15 g Kaliumpermanganat im Liter; deshalb empfiehlt Groschuff eine Lösung von 120 g Kupfersulfat und 15 g Kaliumpermanganat im Liter, die in einem geeigneten Gefäß aus Glas, Porzellan, Steingut oder emailliertem Eisen auf 100° erhitzt werden soll. Die Gegenstände werden in dem heißen Bade hin und her bewegt, bis die gewünschte Färbung erreicht ist. Zur Erzielung der Grauschwarzfärbung waren bei kleineren Stücken 10—15 Minuten erforderlich. Groschuff sagt noch, daß bei kleineren Konzentrationen die Beizwirkung zu langsam oder zu gering ist, bei größeren die Geschwindigkeit in einem weniger günstigen Verhältnis zu der höheren Konzentration steht und daß, wie auch aus seinen Kurven zu erkennen ist, bei höheren Konzentrationen (über 150 g Kupfersulfat und 25 g Kaliumpermanganat im Liter) die Beizgeschwindigkeit wieder abnimmt.

Als Beiztemperatur kommt nur eine solche nahe des Siedepunkts in Betracht, da mit sinkender Temperatur die Beizgeschwindigkeit rasch abnimmt, bei Zimmertemperatur wurde in 48 Stunden nur eine etwas fleckig aussehende, schmutzig graubraune Färbung auf Kupfer erhalten.

Die Permanganatbeize dient aber, wie schon gesagt wurde, im allgemeinen nicht zur Schwarzfärbung, sondern zur Braunfärbung, schon aus diesem Grunde kann die Groschuffsche Zusammensetzung nicht als allgemeingültig angesehen werden. Hohe Beizgeschwindigkeit ist bei der Braunfärbung auch weniger vorteilhaft, da es bei zu schneller Wirkung der Beize schwer ist, einen bestimmten Farbton festzuhalten, schließlich lagen auch bereits Werkstatterfahrungen vor, daß bei zu hohem Permanganatgehalt die Färbung schlechter haftet. Bei unnötig hoher Konzentration werden auch die Spülverluste entsprechend höher. Verfasser prüfte also zunächst, welche Zusammensetzung der Kaliumpermanganat-Kupfersulfatbeize für die Braunfärbung am günstigsten ist. Zu mehreren Vorversuchsreihen wurden folgende Metalle verwendet: Werkkupfer, Emailtombak mit 95% Kupfergehalt, Tombak mit 85 und 83% Kupfergehalt, Messing mit 63 und 63,5% Kupfergehalt, Druckmessing (Halbtombak) mit 67% Kupfergehalt. Spätere Versuchsreihen erstreckten sich auch auf Kupferniederschläge aus dem Zyanidbad und dem sauren Bad, Messingniederschläge und Gußbronzen mit 88% Kupfer, 8% Zinn, 4% Zink, bzw. 88% Kupfer, 4% Zinn, 8% Zink, ferner 80% Kupfer, 2% Zinn, 12% Zink, 6% Blei, bzw. 84% Kupfer, 2% Zinn, 8% Zink, 6% Blei, beide mit Phosphorkupfer desoxydiert.

Die zweite Versuchsreihe gab dabei durchschnittlich etwas gleichmäßigere Ergebnisse als die erste, so daß ein gewisses Einarbeiten der Beize von Vorteil zu sein scheint. Die Färbungen wurden wie bei den

Vorversuchen bei Temperaturen der Beize zwischen 90 und 100° ausgeführt, die Proben im Gegensatz zu den Vorversuchen nicht gleich lange eingetaucht, sondern nur bis zur Erzielung einer guten Braunfärbung, die erforderliche Eintauchdauer als Maß der Beizgeschwindigkeit festgesetzt. Die Ergebnisse waren folgende:

Die Kupfersulfat-Kaliumpermanganatbeize ist zur Braunfärbung in einem weiten Konzentrationsbereich beider Bestandteile anwendbar. Für die praktische Anwendung empfiehlt sich ein Mindestgehalt an Kaliumpermanganat von 2,5 g/l und ein Höchstgehalt von 7,5 g/l, durchschnittlich also 5 g/l. Eine Steigerung über 7,5 g/l erhöht zwar die Beizgeschwindigkeit noch etwas, aber auch die Spülverluste und vermindert häufig die Haltbarkeit der Färbung.

Der Kupfersulfatgehalt steht in keinem äquivalenten Verhältnis zum Kaliumpermanganatgehalt, muß aber in einem gewissen Mindestverhältnis zu diesem stehen, etwa mindestens 5-, besser 10mal so hoch sein, bei 5 g/l Kaliumpermanganat also 50 g/l, ein höherer Gehalt steigert die Wirkung der Beize nur unmerklich und erhöht die Spülverluste.

Die Beize ist für alle oben angeführten Metalle und Legierungen verwendbar, die Anpassung an das zu färbende Material kann durch Veränderung der Beizdauer geschehen. Soll die Beize nur für ein bestimmtes Material verwendet werden, so kann sie für Kupfer und zinnhaltige Bronze etwas konzentrierter, für galvanische Niederschläge, besonders Messingniederschläge auf Eisen, etwas weniger konzentriert genommen werden. Galvanische Niederschläge auf Eisen, Zink usw. dürfen nicht zu dünn sein.

Über das Verhalten der einzelnen Metalle im Färbebad ist zu sagen, daß sich Tombak und Halbtombak am besten tiefbraun färbten, Messingbleche auch gut, meist mit einem grünlichen Stich, Werkkupfer schwerer, die bleihaltige Gußbronze am schlechtesten, es wurden bei dieser zwar auch tiefbraune Färbungen erzielt, die Haltbarkeit war aber sehr von der Beizdauer abhängig, bei zu langer Beizdauer ließ sich die Färbung mehrerer Proben abwischen, die bleifreie zinn- und zinkhaltige Bronze färbte sich besser. Von den galvanischen Niederschlägen färbte sich der Kupferniederschlag aus dem Zyanidbad am besten, der Kupferniederschlag aus dem sauren Bad und der Messingniederschlag etwas schlechter, letzterer (auf Eisenblech) schälte sich im Färbebad leicht ab.

Die Beize ist bis nahe zum Siedepunkt zu erhitzen, anhaltendes Sieden ist aber zu vermeiden.

Die Färbungen sind bei einmaligem Tauchen häufig ungleichmäßig und irisierend, durch Kratzen mit einer Fiber- oder weichen Drahtbürste und wiederholtes Tauchen lassen sich gleichmäßigere und schönere Färbungen erzielen, auch Abtönungen zwischen helleren und dunkleren, gelblichbraunen und rötlich- bis schwärzlichbraunen Tönen in Anpassung an den zu färbenden Gegenstand.

Bei Biegeversuchen, Zusammenbiegen der Blechstreifen um 180° ohne scharfe Knickung und Zurückbiegen, hielten die Färbungen durchweg auf der Zugseite gut, auf der Druckseite löste sich die Färbung bei den dunkleren Färbungen mehr oder weniger pulverförmig ab. Am besten hielt sie bei Kupfer, Tombak und Halbtombak aus den Bädern mit 50—100 g/l Kupfersulfat und bis 5 g/l Kaliumpermanganat, bei Messing allgemein schlechter, am besten aus Bädern mit 75 g Kupfersulfat und 2,5—5 g Kaliumpermanganat, aus Bädern mit höherem Permanganatgehalt durchweg schlechter.

Nach der Behandlung der Proben mit der Wachsbürste waren keine von den obigen abweichenden Ergebnisse festzustellen.

Weiter wurde durch mehrere Versuchsreihen geprüft: 1. ob der vollständige oder teilweise Ersatz des Kupfersulfats durch andere Kupfersalze, 2. ob der vollständige oder teilweise Ersatz des Kupfersulfats durch Salze anderer Metalle, 3. ob der Zusatz anderer Salze bei der Kaliumpermanganat-Kupfersulfatbeize Vorteile bietet in bezug auf die Steigerung der färbenden Wirkung, also der Beizgeschwindigkeit oder Tiefe der erzielten Färbung, oder ob eine wesentliche Veränderung des Farbtons hierdurch möglich ist.

Zunächst wurde das Kupfersulfat durch Kupfernitrat und Kupferchlorid ersetzt. Groschuff bezeichnet in der oben angeführten Arbeit die Ergebnisse mit solchen Beizen als weniger gut. Entsprechend der durch unsere erste Untersuchungsreihe ermittelten günstigsten Zusammensetzung der Kaliumpermanganat-Kupfersulfatbeize, 5 g Kaliumpermanganat und 50 g Kupfersulfat im Liter, die im folgenden als „Normalbeize" bezeichnet werden soll, prüften wir eine Beize, die 5 g Kaliumpermanganat und 50 g Kupfernitrat im Liter enthielt, es hatte sich ja bei der ersten Untersuchung gezeigt, daß ein äquivalentes Verhältnis zwischen den Bestandteilen nicht besteht. Die Färbungen wurden durchweg dunkler als bei Verwendung von Sulfat, bis schwarzbraun. Auch bei zinkreichen Legierungen, die in der mit Sulfat angesetzten Beize leicht einen grünlichen Stich bekommen, wurde ein reineres Braun erzielt. Die Färbungen hafteten aber beim Biegen schlechter, ähnlich wie die Färbungen in Beizen mit zu hohem Permanganatgehalt, und fielen teilweise auch fleckig aus. Bei einer Beize, die 5 g Kaliumpermanganat und 25 g Kupfernitrat im Liter enthielt, waren die Ergebnisse die gleichen. Das Kupfersulfat ganz durch Kupfernitrat zu ersetzen, ist also nicht zu empfehlen, dagegen kann teilweiser Ersatz (etwa 10% des Kupfersulfatgehalts durch Kupfernitrat) von Vorteil sein, um im allgemeinen eine tiefere, dunklere Braunfärbung und besonders bei Messing eine reiner braune, weniger grünlichbraune Färbung zu erzielen.

Eine Beize, die 5 g Kaliumpermanganat und 50 g Kupferchlorid im Liter enthielt, war ganz unbrauchbar, ebenso eine solche mit 25 g Kupferchlorid. Die Färbungen auf Kupfer waren schmutzig, fleckig, Messing wurde teilweise verkupfert, alle Färbungen hafteten schlecht. Auch beim Zusatz einer kleinen Menge Kupferchlorid zu der sulfathaltigen Normalbeize wurde das Ergebnis der Färbung nur erheblich verschlechtert.

Das Kupfersulfat der Normalbeize wurde nun ganz oder teilweise durch Nickelsulfat, Zinksulfat, Kadmiumsulfat und verschiedene Eisensalze ersetzt. Der vollständige Ersatz lieferte, wie zu erwarten war, unbrauchbare Lösungen, mit denen nur Anlauffarben erzielt wurden.

Beutel verwendet bei seinem „Braunbad“ 25 g/l Nickelsulfat neben 25 g/l Kupfersulfat. Eine Lösung dieser Zusammensetzung neben 5 g/l Kaliumpermanganat gab brauchbare, gut haltbare Färbungen, der Farbton war namentlich bei den zinkreichen Legierungen ganz wenig grünlicherbraun, der Einfluß des Nickelsulfatzusatzes war aber nur sehr gering.

Das Kupfersulfat wurde dann teilweise durch Zinksulfat ersetzt. Mit zunehmendem Zinksulfatgehalt und abnehmendem Kupfersulfatgehalt wurde die Färbung etwas grünlicher, am stärksten bei den zinkreichen Legierungen, die Färbung des Kupfers war mager, die Haltbarkeit der Färbungen war gut. Beim höchsten Zinkgehalt war die Färbung blaugrün irisierend, aber fleckig und unbrauchbar. Eine günstige Einwirkung des Zinksalzzusatzes war also nicht festzustellen, die Änderungen des Farbtons entsprechen nur denen einer länger gebrauchten Normalbeize.

Das Kupfersulfat wurde nun teilweise durch Kadmiumsulfat ersetzt. Die Wirkung des Kadmiumsalzzusatzes war ähnlich wie die des Zinksalzzusatzes, Kupfer und zinkarme Legierungen wurden etwas dunkler gefärbt als bei Zinksalzzusatz, eine praktisch in Betracht kommende Verbesserung der Beize war aber durch diesen Zusatz nicht festzustellen.

Vorversuche hatten beim Zusatz von Eisensulfat eine grünliche Färbung ergeben, auch in der oben angeführten Buchnerschen Vorschrift wird als Vorbeize eine Lösung, die Kaliumpermanganat, Eisensulfat und Salzsäure enthält, verwendet. Beim Ansetzen dieser Lösung zeigte sich, daß das Kaliumpermanganat vollständig reduziert wurde und die Lösung nur ätzend, nicht färbend wirkte. Eine Beize, die 5 g Kaliumpermanganat, 37,5 g Kupfersulfat und 12,5 g Eisensulfat enthielt, gab etwas bessere, grünliche aber magere, im allgemeinen nur einer erschöpften Normalbeize entsprechende Färbungen. Auf galvanisch vermessingtem Metall wurde eine tiefschwarzgrüne Färbung erzielt. Praktisch dürften nur höchstens noch weit kleinere Eisensulfatzusätze in Frage kommen, wenn man den braunen Farbton ins Grünliche ziehen will, ein einwandfreies schönes Grün war aber nicht zu erzielen, auch Zusätze von Salzen des dreiwertigen Eisens gaben keine besseren Erfolge, Eisenchlorid ätzt, Eisenammonsulfat, in sehr kleiner Menge zugesetzt, gibt gelblichgrüne Färbungen.

Zusammenfassend kann also gesagt werden, daß sich durch alle diese Zusätze der Farbton nur in beschränktem Maße und oft nur auf Kosten der Haltbarkeit der Färbung beeinflussen läßt.

Entsprechend dem Beutelschen „Braunbad“ wurde der 5 g Kaliumpermanganat und 50 g Kupfersulfat im Liter enthaltenden Beize noch 15 g Kaliumchlorat zugesetzt. Die Färbung wurde hierdurch heller, mehr gelblich- bis rötlichbraun, nicht violettstichig, besonders bei zinkreichen Legierungen schöner braun als ohne den Chloratzusatz, auch gleichmäßiger. Dieser Zusatz kann also empfohlen werden, wenn ein helleres, mehr der Chloratbeize entsprechendes Braun erzielt werden soll. Nach früheren Erfahrungen sind solche, in der Zusammensetzung zwischen der Permanganat- und der Chloratbeize stehende Beizen auch oft zum Färben von Speziallegierungen, wie Duranametall, besser geeignet als die reine Permanganat- und die reine Chloratbeize.

Versuche, bei denen an Stelle von Kaliumchlorat 15 g/l Ammoniumnitrat zur Normalbeize gesetzt wurden, lieferten nur fleckige, bei kupferreichen Legierungen mager rötliche Färbungen, während die bei zinkreichen Legierungen erzielten zwar dunkler als die mit der Normalbeize hergestellten waren, aber schlecht hafteten; dieser Zusatz ist somit nicht zu empfehlen.

Verwendbarkeit: Die Permanganatbeize ist auch zum Schwarzfärben von Zink, zum Braunfärben von Aluminium (siehe dort) und auch zum Gelblich- bis Dunkelbraunfärben von Zinn und Blei verwendbar, sie färbt auch Weichlötstellen, wenn auch nicht so, daß sie verdeckt werden.

Da die Permanganatbeize Emaille stark angreift und bei beschädigten emaillierten Eisentöpfen das Eisen unter Ausfällung von Kupfer schnell gelöst wird, verwendet man am besten Steinzeuggefäße, die im Wasserbade erhitzt werden, für kleinere Gegenstände hitzebeständige Glasgefäße.

d) Chloratbeizen. Vorzugsweise durch Oxydation wirken auch die Chlorate enthaltenden Beizen, obwohl sich in ihnen auch etwas Kupferchlorür bildet, wodurch die Färbungen mehr oder weniger lichtempfindlich werden. Diese Färbebäder, die als Hauptbestandteil Kalium- oder Natriumchlorat (chlorsaures Kalium oder Natrium, nicht Chlorid = Chlorkalium oder -natrium!) enthalten, werden zum Färben des Kupfers und seiner Legierungen, Messing, Tombak, Bronzen, und auch zum Färben von Zink- oder Kadmiumniederschlägen (siehe dort) verwendet.

Ansätze und Ausführung: Im Fachschrifttum finden sich folgende Vorschriften:

Böttger (Berlin. Gew.-, Ind.- u. Handelsbl. 1846): Konzentrierte Kaliumchloratlösung mit Ammoniumnitrat versetzt, kochend.

Groschuff (Dtsch. Mechaniker-Ztg. 1912 Heft 14 u. 15): 100 g Natriumchlorat, 100 g Ammoniumnitrat, 10 g Kupfernitrat, 1 l Wasser, 5—10 Minuten in der heißen Lösung hin und her bewegen.

Ebermayer (Buchner: Die Metallfärbung, 6. Aufl. 1922): 50 g Kaliumchlorat, 100 g Kupfersulfat, 1 l Wasser, heiß oder kalt anzuwenden.

Beutel (Bewährte Arbeitsweisen der Metallfärbung, 2. Aufl.): 60 g Kaliumchlorat, 125 g Kupfersulfat, 1 l Wasser (je $^1/_2$ Mol), siedend oder kalt anzuwenden.

Ebermayer gibt noch folgende Zusammensetzung an (s. Buchner a. a. O.): 50 g Kaliumchlorat, 25 g Kupfersulfat, 20 g Nickelammoniumsulfat oder 50 g Kaliumchlorat, 25 g Nickelammoniumsulfat oder 20 g Kaliumchlorat, 40 g Nickelammoniumsulfat, oder 20 g Kaliumchlorat, 8 g Nickelammoniumsulfat, 8 g Nickelkarbonat (kann nach Buchner wegfallen) auf je 1 l Wasser.

Buchner, Abänderung der Ebermayerschen Vorschriften (a. a. O.): Lösung I: 50 g Kaliumchlorat, 25 g Nickelammoniumsulfat, 1 l Wasser; Lösung II: 100 g Eisensulfat, 125 g Kupfersulfat, 1 l Wasser. Setzt man zu Lösung I 10 cm³ von Lösung II, erhält man Dunkelbraun, bei 20 cm³ Hellbraun, bei 30 cm³ Gelbbraun, bei 40 cm³ Hellgelbbraun.

Buchner (a. a. O.): 50 g Kaliumchlorat, 25 g Nickelammoniumsulfat, 12,5 g Kupfersulfat, 5 g Eisensulfat, 1 l Wasser, gibt siedend angewandt gelbgrüne Färbung.

Übergänge zur Permanganatbeize (siehe dort) bilden folgende Vorschriften:

Buchner: 40 g Kaliumchlorat, 180 g Kupfersulfat, 20 g Nickelsulfat und 2 g Kaliumpermanganat, 1 l Wasser.

Beutel (a. a. O.): 12 g Kaliumchlorat, 25 g Kupfersulfat, 25 g Nickelsulfat, 7 g Kaliumpermanganat, 1 l Wasser, nahe zum Sieden erhitzt.

Für die Schwarzfärbung von Zink wird neben der Beutelschen Chloratbeize noch empfohlen:

Puscher (Bayr. Ind.- u. Gewerbebl. 1873 S. 213): 80 g Kaliumchlorat, 160—200 g Kupfersulfat, 1 l Wasser.

Buchner (a. a. O.): Je 12,5—17 g Kupfersulfat, Nickelammoniumsulfat und Kaliumchlorat auf 1 l Wasser, bei 60° C.

Weiter fand Verfasser bei Versuchen zur Färbung von Kadmiumniederschlägen (Mitt. Forsch.-Inst. Gmünd 1929) folgende Bäder als am besten geeignet:

60 g Kaliumchlorat (oder 50 g Natriumchlorat), 25—35 g Kupfersulfat oder noch besser 35—40 g Kupfernitrat statt -sulfat, 1 l Wasser.

Den Versuchen Groschuffs ist noch zu entnehmen, daß eine 10—20 proz. Lösung des käuflichen Kupferchlorats ($CuClO_3 \cdot 4\,H_2O$) zum Braunfärben des Kupfers verwendbar ist, aber nur dünne Färbungen gibt.

Sieht man von den Färbebädern, die neben Chlorat auch Permanganat enthalten und die schon vorstehend behandelt worden sind, und von den Sondervorschriften für Zink und Kadmium (siehe dort) ab, so hat man zwei Hauptabarten der Chloratbeize zu unterscheiden:

1. nach Böttger-Groschuff, mit Ammoniumnitrat und nur einem kleinen Zusatz von Kupfersalz (in der Böttgerschen Beize ohne diesen Zusatz muß sich etwas Kupfer der Ware lösen, ehe sie wirksam wird) und

2. nach Ebermayer-Beutel, ohne Ammoniumnitrat, aber mit einem hohen Zusatz von Kupfersulfat.

Hierzu kommen noch die Bäder, die neben Kupfersulfat noch andere Sulfate (Nickelsulfat, Nickelammoniumsulfat, Eisensulfat) enthalten, und die von Verfasser zur Kadmiumfärbung angewendete Beize, die statt Kupfersulfat Kupfernitrat enthält.

Zweck einer Untersuchung des Verfassers war die Wirkung der ersten beiden Hauptarten von Chloratbeizen zu vergleichen, sodann festzustellen, ob der Ersatz des Sulfats durch Kupfernitrat auch bei der Färbung von Kupfer und Kupferlegierungen zu empfehlen ist und welchen Einfluß der Zusatz anderer Salze auf die Färbung hat.

Da die Löslichkeit von Kaliumchlorat erheblich geringer ist als die von Natriumchlorat, so daß dieses Salz aus etwas konzentrierteren Lösungen (über 65 g/l) bei der Abkühlung in störender Weise auskristallisiert, beide Salze sich aber als vollständig gleichwertig erwiesen haben, verwendet man am besten Natriumchlorat, und zwar sind 106,5 g Natriumchlorat gleichwertig 122,6 g Kaliumchlorat.

Über die Ammoniumnitrat enthaltende Chloratbeize liegt eine eingehende Untersuchung von Groschuff vor (siehe oben), deren Ergebnisse kurz zusammengefaßt folgende sind:

Die chemischen Vorgänge bei der Verwendung des Böttgerschen bzw. des von Groschuff abgeänderten Bades erklärt Groschuff wie folgt:

Ammoniumnitrat und Natrium-(bzw. Kalium-)Chlorat setzen sich um zu Natrium-(bzw. Kalium-)Nitrat und Ammoniumchlorat:

$$NH_4NO_3 + NaClO_3 = NaNO_3 + NH_4ClO_3 .$$

Man könnte auch Ammoniumchloratlösungen zum Färben verwenden, doch ist dieses Salz zu leicht zersetzlich und kann in geschlossenen Gefäßen aufbewahrt zu Explosionen führen, ebenso beim Einkochen von verdünnteren, an und für sich ungefährlichen Lösungen. Das Ammoniumchlorat zersetzt sich in heißen, konzentrierteren Lösungen freiwillig, in verdünnteren Lösungen bei der Berührung mit metallischem Kupfer nach der Gleichung

$$NH_4ClO_3 = NH_4Cl + 3\,O$$

in Ammoniumchlorid und Sauerstoff, der das Kupfer zu Kupferoxyd oxydiert:

$$Cu + O = CuO .$$

Dieses Kupferoxyd wird durch Ammoniumchlorat als Kupferchlorat gelöst:

$$CuO + 2\,NH_4ClO_3 = Cu(ClO_3)_2 + 2\,NH_3 + H_2O .$$

Das in Lösung befindliche Kupfer der Oxydstufe wird durch metallisches Kupfer zu Kupferoxydul Cu_2O reduziert, das schwer löslich ist und sich festhaftend auf dem zu färbenden Gegenstande ablagert.

Der freiwerdende Ammoniak bleibt in der Lösung und bewirkt schließlich die Ausscheidung grüner basischer Kupfersalze, die sich zum Teil als Schlamm zu Boden setzen, zum Teil aber auch auf der zu färbenden Ware absetzen und manchmal sehr fest an dieser haften.

Aus der obigen Erklärung der chemischen Umsetzungen ergibt sich auch, daß die Beize erst wirken kann, wenn sich eine gewisse Menge Kupfer gelöst hat. Da sich bei dem Böttgerschen Ansatz dieses Kupfer erst von der Ware ablösen muß (man hat deshalb auch Kupferkessel zum Erhitzen der Beize verwendet), ist es zweckmäßiger, nach Groschuff von Anfang an etwas Kupfersalz zuzusetzen. Als geeignet hierfür erwies sich Kupferchlorat, als ebenso geeignet aber das überall käufliche Kupfernitrat, welches in der Konzentration bis zu 5 g/l die Beizgeschwindigkeit stark, dann bis zu 20 g/l noch langsamer steigert, bei höherer Konzentration aber wieder vermindert. Da sich nun auch noch Kupfer von der Ware löst, empfiehlt sich ein Zusatz von etwa

10 g/l. Kupfersulfat und Kupferchlorid verzögern die Beizgeschwindigkeit etwas, sind also weniger zu empfehlen als Nitrat. Chlorid schon deshalb nicht, weil sich durch Zersetzung des Chlorats ohnehin Chlorid in der Beize bildet, das zum Nachdunkeln und schließlich Schwärzlichwerden der Färbung führt.

Statt Natrium- oder Kaliumchlorat könnte auch Barium- oder Kalziumchlorat verwendet werden, man könnte auch eine 10—20proz. Lösung des käuflichen Kupferchlorats, da sich solches ja in der Lösung bildet, nehmen; man erzielt damit aber nur magere Braunfärbungen. Groschuffs Bestimmungen der Beizgeschwindigkeit verschiedener Lösungen zeigten, daß eine Konzentration von 100 g Natriumchlorat und 100 g Ammoniumnitrat besonders günstig ist. Mit 1 l dieser Beize kann man etwa 1 m² Warenoberfläche färben. Während sich anfangs eine satte Färbung in 5—10 Minuten einstellt, tritt später eine Verlängerung der Beizdauer durch Erschöpfung der Beize ein. Diese Erschöpfung ist auch an vermehrter Ausscheidung basischer Salze und schwärzlicher Verfärbung des Niederschlags infolge zunehmender Umwandlung von Chlorat in Chlorid zu erkennen.

Bei Verwendung von Ammoniumsulfat an Stelle von Ammoniumnitrat wird Kupfer schwarz gefärbt, ebenso bei Verwendung von Ammoniumchlorid. Die schöne gelb- bis rotbraune Färbung ist also bei Ersatz des Ammoniumnitrats durch diese Ammoniumsalze nicht zu erzielen.

Am besten wirkt die Beize nach Groschuff auf Kupfer und stark und porenfrei verkupferten Waren, auf Kupferzinklegierungen fällt die Färbung leicht fleckig aus und haftet schlechter, Zinnbronze erhält ein marmoriertes Aussehen, Aluminiumbronze unregelmäßige, fleckige, schlecht haftende Färbungen, Zink, Zinn, Blei, Weichlot usw. werden von der Beize aufgelöst, Aluminium überzieht sich mit einer Oxydschicht. Bringt man diese Metalle in Berührung mit den Kupfergegenständen in die Beize, so wird auch die Färbung des Kupfers gestört.

Die zweite Art der Chloratbeize (in der Folge Beize III genannt) ohne Ammoniumnitrat ist nach dem Beutelschen Ansatz je halbmolar in bezug auf Kaliumchlorat und Kupfersulfat, die abweichenden Konzentrationen nach Ebermayer und Buchner lassen aber erkennen, daß man an diese Konzentration nicht gebunden ist. Lösungen von Kupfersulfat üben auf Kupfer an sich schon eine färbende Wirkung durch Bildung von Kupferoxydul aus:

$$CuSO_4 + Cu + H_2O = Cu_2O + H_2SO_4 .$$

Hierzu kommt der stufenweise Abbau des Chlorats bis zum Chlorid unter Sauerstoffabgabe an das Metall, durch die satte, vorwiegend aus Kupferoxydul bestehende Färbungen gebildet werden. Da sich im Bade Chlorid bildet, enthält die Färbung aber auch in diesem Falle Kupferchlorür und ist dadurch lichtempfindlich, bei starker Belichtung dunkelt sie nach. Beutel (a. a. O.) schlägt vor, diese Lichtempfindlichkeit zur Erzielung besonderer Wirkungen nutzbar zu machen, dadurch, daß man den möglichst sandmattierten und in der Chloratbeize gefärbten

Gegenstand mit einem photographischen Negativ bedeckt und längere Zeit im Sonnenlichte exponiert, worauf man das Bild mit geeigneten Fixagen behandelt. Von einer praktischen Anwendung dieses Verfahrens ist aber nichts bekanntgeworden.

Wie schon oben gesagt wurde, kann man die Chloratbeize statt mit Kupfersulfat auch mit Kupfernitrat ansetzen, wenn es sich um die Schwarzfärbung von Zink oder Kadmium handelt, auch mit Kupferchlorid. Bei der Färbung des Kupfers und der Kupferlegierungen wird man natürlich kein Kupferchlorid verwenden, weil das sich im Bade nach und nach schon bildende Chlorid zur grünlichen und schwärzlichen Verfärbung führt, auch die Lichtempfindlichkeit der Färbung erhöht.

Der Farbton ist ein helles leuchtendes Gelb- bis Rotbraun, je nach der Legierung des zu färbenden Gegenstandes, bei matten Flächen und längerem Gebrauch der Beize auch Grünlichbraun bis Grünschwarz, besonders bei sehr zinkreicher Legierung. Die Gegenstände müssen natürlich oxyd- und fettfrei sein, sie werden am besten an einem Kupferdraht befestigt und in der siedenden oder nahe zum Sieden erhitzten Beize hin und her bewegt. Zur Erhitzung der Beize kann man emaillierte Eisentöpfe verwenden, die kalte Beize kann auch in Steinzeuggefäßen aufbewahrt werden, nicht verwendbar sind unemaillierte Eisengefäße. Statt die Beize heiß zu verwenden, legt man oft auch die Gegenstände stunden- bis tagelang in die kalte Beize ein, z. B. bei der Färbung der Wiener Bronzen, die nach der Färbung noch mit Lackfarben abschattiert werden.

Um die Wirkung des Ammoniumnitrats zu prüfen, wurde neben der Beize I nach der Vorschrift von Groschuff eine Beize II ohne Ammoniumnitrat (100 g Natriumchlorat und 10 g Kupfernitrat je Liter) hergestellt. Vergleichsversuche zeigten, daß die Beize I mit Ammoniumnitrat schneller wirkt und dunklere, auch glänzendere Färbungen gibt, daß aber auch schon mit der Beize II ohne Ammoniumnitrat Färbungen zu erzielen sind. Am besten eignet sich die Beize I zum Färben von Kupfer, auf Messing wird die Färbung meist fleckig und teilweise schlecht haftend. Bronze erhält bei kürzerer Einwirkung nur eine helle Medaillenfarbe, bei längerer Einwirkung wird die Färbung grünlicher. Die Änderung des Farbtons nach Olivgrün zeigt sich bei längerem Gebrauch der Beize auch bei Kupfer, Tombak und Messing, besonders auf mattierten Flächen.

Auch kalt kann die Groschuffsche Beize angewendet werden, dabei werden die Färbungen im allgemeinen sogar gleichmäßiger, nur sind mehrere Stunden erforderlich, um eine satte Färbung zu erzielen.

In der Beize bildet sich leicht ein oft festhaftender blau- bis gelbgrüner Belag (in Beize II haftete der grünliche Belag weniger fest). Um gleichmäßige, von diesem Belag freie Färbungen zu erzielen, ist eine glatte Oberfläche und lebhafte Bewegung der zu färbenden Gegenstände im Bade notwendig.

In einer zweiten Versuchsreihe wurden die Groschuffsche Beize (I), die Beutelsche Beize (III), nur statt mit Kaliumchlorat mit der äquivalenten Menge Natriumchlorat angesetzt, und eine Beize IV verglichen, die an Stelle des Kupfersulfats der Beutelschen Beize die äquivalente Menge Kupfernitrat, also im Liter 50 g Natriumchlorat und 148 g Kupfernitrat, kristallisiert enthielt.

Zur Färbung von vermessingten Gegenständen erwiesen sich alle drei Beizen als ungeeignet, die Färbung wurde schwarz, Schwarzfärbung ist aber in anderen Bädern besser zu erzielen; im übrigen gab Beize I mehr helleres Gelbbraun bis grünliches Braun, Beize III wie Beize IV mehr rötlichbraune Färbungen, die tiefer rötlichbraunen Färbungen waren am besten mit der Kupfernitrat enthaltenden Beize IV zu erzielen. Bronze färbte sich nur hellmedaillenbraun bis hellolivbraun, am besten in der Beize IV, Messing im allgemeinen am dunkelsten, Kupfer am lebhaftesten, galvanisch verkupferte Proben noch besser und gleichmäßiger als Kupferblech. Die Reinheit des Kupferblechs scheint also auch bei dieser Färbung eine erhebliche Rolle zu spielen. Auf mattierten Flächen wurden die Färbungen unter Umständen dunkel braungrün.

Bad I wird am schnellsten erschöpft und wirkt dann ätzend, Bad III setzt am meisten Schlamm ab, Bad IV am wenigsten.

Bei nachträglichem Erhitzen, das natürlich gleichmäßig erfolgen muß und nicht zu weit getrieben werden darf, erzielt man etwas dunklere Farbtöne, auch verschwindet der grünliche Hauch, den manche Färbungen haben.

Die drei Bäder, übereinstimmend mit 100 g/l Natriumchlorat angesetzt, zunehmend verdünnt, erwiesen sich ziemlich übereinstimmend bis zur 4fachen Verdünnung, also 25 g/l Natriumchloratgehalt, als noch brauchbar; es wurden zwar auch bei weiterer Verdünnung noch einige gute Färbungen erzielt, doch waren dazu Beizdauern bis zu $^1/_2$ Stunde erforderlich.

Abänderungen: Um zu prüfen, ob der vollständige oder teilweise Ersatz des Kupfersalzes durch Salze anderer Metalle andere Färbungen ermöglicht, wurden Bäder verwendet, die neben 50 g Natriumchlorat im Liter je ein Äquivalentgewicht der betreffenden Salze enthielten:

Mit Eisensulfat erhielten wir auf Kupfer und verkupferten Proben mager braune, auf Messing und Tombak mager grüngelbe, aber fleckige Färbungen, die stark nachdunkelten, teilweise trat nur Ätzung ein, besonders wurden galvanische Niederschläge bei längerem Verweilen in der Beize weggeätzt. Ähnlich waren die Färbungen mit Eisenammoniakalaun, dieses Bad wirkte noch stärker ätzend, die Färbungen auf Messing waren mehr olivgrün. Technisch brauchbare Färbungen waren mit beiden Bädern kaum zu erzielen.

Nickelsulfat lieferte auf Kupfer mittelbraune, auf Messing grünlichbraune, aber auch wenig befriedigende Färbungen. Dagegen waren die Färbungen mit Nickelammonsulfat wesentlich besser, auf Kupfer tiefviolettbraun, auf verkupferten Proben dunkelolivbraun, auf Messing dunkelbraun, auf Tombak mehr rötlichbraun. Auf Zink wurde eine guthaftende Schwarzfärbung erzielt.

Kobaltsulfat lieferte ähnliche Färbungen wie Nickelsulfat, im allgemeinen mit höherem Glanz als dieses. Auch mit Mangansulfat wurden nur ähnliche Färbungen wie mit Nickelsulfat erzielt.

Kadmiumsulfat lieferte eigenartig grünlichbraune, samtartig glänzende Färbungen.

Zusatz von Ammoniumsulfat zu der Kupfersulfat enthaltenden Beize lieferte im heißen Bade etwas hellere, mehr gelbliche Färbungen, im kalten Bade dunklere, die Färbungen waren aber teilweise schlechter haftend und dunkelten stärker nach; der Zusatz von Ammoniumsulfat bringt also im allgemeinen keinen Vorteil und es kann von dieser Versuchsreihe eigentlich nur das mit Nickelammonsulfat angesetzte Bad (50 g Natriumchlorat, 200 g Nickelammonsulfat) zur Erzielung dunklerer Braunfärbungen empfohlen werden, evtl. schon mit geringerer Nickelammonsulfatkonzentration, im übrigen empfiehlt sich die Anwendung der genannten Salzzusätze nur neben Kupfersulfat (evtl. auch Kupfernitrat).

Es wurde deshalb den Bädern je 1 Äquivalent (rund 125 g) Kupfersulfat auf den Liter zugesetzt, hierdurch wurden die Färbungen durchweg besser. In den Bädern mit Nickelsulfat war die Färbung weniger rotbraun als in der Normalbeize III, bei Bronze hellolivbraun, ebenso in den Bädern mit Kobaltsulfat oder Mangansulfat; mit Nickelammonsulfat waren die Färbungen heller als in der Normalbeize, besonders bei Bronze, in den Bädern mit Eisensulfat auf Kupfer gelbbraun, auf Messing grüngelb, auf Tombak ockergelb, auf Bronze goldbraun. Ähnlich, im allgemeinen etwas dunkler, fielen die Färbungen in den Eisenammoniakalaun enthaltenden Bädern aus. Die Färbungen in den Eisensalze enthaltenden Bädern dunkelten viel stärker nach als die in der Normalbeize hergestellten.

Es wurden auch Versuche mit Zusätzen von Chlorammonium zur Normalbeize gemacht, die, wie vorauszusehen war, starke grüne Abscheidungen, ähnlich wie alte lange gebrauchte Chloratbeizen gaben, die aber schlecht hafteten, als Grünpatinierungen also nicht verwendbar waren; auch waren die erzielten Färbungen stark lichtempfindlich, nur bei zinnhaltiger Bronze war die Färbung etwas satter als in den anderen Beizen. Ähnlich wirkten die Beizen bei kleinen Zusätzen von Chromsalzen, die Chlor entwickelten.

In der Normalbeize mit 50 g Natriumchlorat und 125 g Kupfersulfat im Liter wurde dann der Zusatz der Salze mit $^1/_{10}$ Äquivalent steigend bis 1 Äquivalent, ferner wurden mit 1 Äquivalentgewicht der verschiedenen Salze angesetzte Beizen mit $^1/_{10}$ Äquivalentgewicht steigend bis $^6/_{10}$ Äquivalentgewicht Kupfersulfat versetzt. Eine weitere Steigerung des Kupfersulfatzusatzes war nicht nötig, da sich der Farbton dabei nicht mehr änderte. Die Ergebnisse waren folgende:

Bäder mit Eisen-2-sulfat (Eisenvitriol). Bei Zusatz von $^1/_{10}$ Äquivalent Eisenvitriol zur Normalbeize wurden Kupfer und verkupferte Proben gelblich bis grünlichbraun, Messing grünlichbraun gefärbt, bei Steigerung bis $^3/_{10}$ Äquivalent, Kupfer mehr gelber bis orangebraun, Messing grüngelb, am Licht dunkelgrün werdend, Tombak mehr gelb, Bronze mager olivgrün; bei weiterer Steigerung fielen die Färbungen meist fleckig aus.

Beim Zusatz von Kupfersulfat zu dem 1 Äquivalentgewicht Eisensulfat enthaltenden Bad wurde bei Kupfer erst bei $^6/_{10}$ Äquivalent

Kupfersulfatzusatz eine mager gelbbraune, bei Messing und Tombak eine mager grünlichgelbe kaum brauchbare Färbung erzielt.

Bäder mit Eisenammoniakalaun. Der Zusatz von Eisenammoniakalaun zur Normalbeize gab bis $^2/_{10}$ Äquivalent ähnliche Färbungen wie Eisensulfat, aber dunkler und mehr rötlich mit einem hellgrünen Beschlag, beim Liegen gelbgrün werdend, Bronze färbte sich heller als mit Eisensulfat, Messing bei $^3/_{10}$ Äquivalent sattgelb, am Licht aber fast schwarz werdend, bei 1 Äquivalent Zusatz, Kupfer und verkupferte Proben gelbbraun bis orangebraun, Messing und Tombak gelbgrün bis olivgrün, aber fleckig und schlecht haftend.

Die 1 Äquivalent Eisenammoniakalaun enthaltenden Bäder gaben bei einem Zusatz von $^1/_{10}$ und $^2/_{10}$ Kupfersulfat keine brauchbaren Färbungen, auf Messing bei $^3/_{10}$ grünliche, auf Tombak gelbgrüne, auf Kupfer aber erst bei $^6/_{10}$ Äquivalent mager violettbraune, auf Messing und Tombak dann mager olivgrüne Färbungen. Die Bäder wirkten noch am besten bei kurzem Eintauchen, verkupferte Proben wurden schnell abgeätzt.

Bäder mit Eisen-3-sulfat. Es wurden noch Versuche mit Bädern mit Zusatz von Ferrisulfat gemacht, die gleichfalls stark ätzend wirkten; die Färbungen waren ähnlich wie vorstehend, im allgemeinen noch weniger brauchbar.

Bäder mit Nickelsulfat. Der Zusatz von Nickelsulfat zur Normalbeize gab von $^1/_{10}$—1 Äquivalentgewicht mehr orange bis gelblichbraune, also weniger rötlichbraune Färbungen auf Kupfer nnd verkupferten Proben, ähnlich auf Tombak, auf Messing mehr grünlich- bis stumpfmittelbraune und auf Bronze gelbbraune Färbungen.

Die 1 Äquivalent Nickelsulfat enthaltenden Bäder gaben bei Zusatz von $^1/_{10}$ Äquivalent Kupfersulfat auf Kupfer mager gelbbraune, auf Messing olivbraune Färbungen, die sich bei weiterem Kupfersulfatzusatz nach Rötlichbraun änderten.

Bäder mit Nickelammoniumsulfat. Bei Zusatz von $^1/_{10}$ Äquivalent Nickelammonsulfat zur Normalbeize wurden etwas hellere und gelblichere Färbungen als mit der Normalbeize erzielt, bei Steigerung des Zusatzes bis 1 Äquivalent wurden Kupfer gelbrötlichbraun, Tombak ockergelb, Messing rötlicher braun als ohne den Zusatz gefärbt, Tombak und Messing mit grünlichem Schimmer.

Die mit 1 Äquivalent Nickelammonsulfat angesetzte Beize lieferte bei Zusatz von $^1/_{10}$ Äquivalent Kupfersulfat auf Kupfer und verkupferten Proben ein rötlichviolettstichiges Braun, auf Messing ein grünlich irisierendes, auf Tombak ein mehr gelbliches Braun, bei Steigerung des Kupfersulfatzusatzes wurden die Färbungen mehr orangebraun und leuchtender, sie blieben aber meist etwas grünlich irisierend.

Bäder mit Kobaltsulfat. Der Zusatz von Kobaltsulfat beeinflußte die Färbung wie Nickelsulfat, ein bei der ersten Versuchsreihe beobachteter größerer Glanz der Färbungen war aber bei späteren Versuchen nicht wieder festzustellen.

Bäder mit Ammoniumsulfat. Zusatz von Ammoniumsulfat zur Normalbeize gab im allgemeinen hellere, mehr gelbbraune, teils grünliche Färbungen. Die Beeinflussung des Farbtones durch diesen Zusatz war ähnlich, aber schwächer, wie die durch den Zusatz von Nickelammonsulfat.

Bäder mit Kadmiumsulfat. Mit Kadmiumsulfat angesetzte Bäder gaben bei $^1/_{10}$—$^2/_{10}$ Äquivalent Kupfersulfatzusatz auf Kupfer Gelbbraun, auf Tombak satt Gelbgrünbraun, auf Messing violettstichig Dunkelbraun, bei höherem Kupfersulfatzusatz auf Kupfer rötlich Orange, auf Tombak satt Gelblichbraun, auf Messing Dunkelolivbraun. Während bei der Färbung von Kupfer und verkupferten Proben also kein nennenswerter Einfluß festzustellen war, waren die Messing- und Tombakfärbungen satter und gleichmäßiger und von eigenartigem Mattglanz.

Die vorstehenden Ergebnisse können als Richtlinien dienen, wenn abweichende Farbtöne gewünscht werden. Im allgemeinen war zur Erzielung einer satten Färbung eine Eintauchdauer von mindestens 3 Minuten erforderlich und meist durch längeres Eintauchen als 5 Minuten keine Verbesserung der Färbung mehr zu erzielen.

Auf Zink konnten mit diesen Chloratbeizen Schwarzfärbungen hergestellt werden, die Haltbarkeit war allerdings sehr verschieden, am besten war sie bei der mit Nickelammonsulfat angesetzten Beize. Beizen mit Kupfersalzen dürfen keine zu hohe Kupferkonzentration haben, wenn haltbare Färbungen auf Zink erzielt werden sollen, man wird am besten die auch für Kadmiumfärbungen (siehe dort) empfohlenen Zusammensetzungen — 60 g Kaliumchlorat (bzw. 50 g Natriumchlorat) und 25—40 g Kupfersulfat oder auch Kupfernitrat im Liter — verwenden und wie dort angegeben arbeiten, nämlich kurz eintauchen und die Beize vor dem Abspülen noch einige Sekunden an der Luft wirken lassen, bis die anfangs braune Färbung schwarz wird.

Lichtempfindlichkeit. Bei der Prüfung der Lichtempfindlichkeit dunkelten am stärksten die mit der Beize I nach Groschuff (mit Ammoniumnitrat) hergestellten Färbungen, weniger die mit Beize IV (mit Kupfernitrat) und am wenigsten die mit Beize III (mit Kupfersulfat) hergestellten Färbungen. Bei den mit Hilfe aller drei Beizen hergestellten Färbungen übereinstimmend dunkelten die Messingfärbungen am stärksten, dann abnehmend Tombak, Kupfer und verkupferte Proben, die Bronzefärbungen, die allerdings auch am dünnsten waren, am wenigsten oder gar nicht. Bei Proben, die in heißem Wasser gut gespült oder noch besser einige Zeit ausgekocht werden, ist die Lichtempfindlichkeit unbedeutend, doch läßt bei längerem Auskochen die Tiefe und der Glanz der Färbung nach.

Zuletzt wurde noch versucht, die Lichtempfindlichkeit der in Chloratbeizen hergestellten Färbungen durch Fixagen zu beseitigen. Saure Fixagen kommen natürlich nicht in Frage, da sie die Färbung stark lösen, auch Fixiernatron (Natriumthiosulfat) mit Chlorammonium enthaltende Lösungen bewährten sich nicht. Rhodanammonium zeigte nur bei Messingproben, die in den eisenhaltigen Beizen gefärbt waren, eine schwache Wirkung, im übrigen dunkelten die damit behandelten Färbungen, teilweise wurden sie glänzender. Schwefelharnstoff fixierte wenig und wirkte gleichfalls teilweise dunkelnd, Thiosinamin wirkte auch nur bei in der eisenhaltigen Beize gefärbten Messingblechen. Das gewöhnliche Fixiernatron war noch am besten brauchbar, stärkere Lösungen beeinflußten aber auch die Färbung stark, dagegen waren mit 1—2proz. Lösungen bei 5—10 Minuten Eintauchdauer besonders bei Messingfärbungen und an den in eisenhaltigen Beizen gefärbten Proben auch bei Kupferfärbungen erhebliche Verminderungen der Lichtempfindlichkeit festzustellen. Im übrigen wurde schon darauf hingewiesen, daß die Lichtempfindlichkeit der in der Chloratbeize hergestellten Färbungen schon durch gründliches Spülen in viel reinem, heißem Wasser weitgehend beseitigt werden kann.

Jedenfalls ist die Chloratbeize trotz der Lichtempfindlichkeit der damit hergestellten Färbungen eine in vielen Fällen mit großem Vorteil verwendbare Beize und die erzielte Färbung eine sehr ansprechende und eigenartige. Französische und Wiener Patineure legen die Gegenstände in die kalte Beize, bis der gewünschte braune Ton erzielt ist, schattieren sie dann mit dünner Öl- und Lackfarbenbemalung ab und lackieren sie zuletzt mit einem schwach glänzenden Lack (Wiener Bronzen). Begnügt man sich mit der braunen Grundfarbe, so genügt Zaponieren oder Wachsen.

e) Sonstige Braunfärbungen durch Tauchverfahren. Neben den vorstehend beschriebenen, am meisten verwendeten Färbebädern sind im Fachschrifttum noch zahlreiche andere zu finden, die teilweise darauf beruhen, daß verschiedene Kupfersalze in siedendem Wasser eine Zersetzung erfahren, bei der sich Kupferoxydul bildet. Aus der ersten Auflage sollen zwei Tabellen, die eine Übersicht über einige solche Verfahren geben, übernommen werden (s. S. 87).

Die Zahl der Färbeverfahren ist sehr groß, auch die Möglichkeit, noch andere Verfahren zu finden, praktisch unbegrenzt, denn man kann mit jedem das Metall nicht lösenden, aber unmittelbar oder mittelbar oxydierenden Bade solche Färbungen hervorbringen. Für die gewerbliche Verwendung scheiden aber alle Verfahren aus, die teurer, und alle, die nicht besser sind als die gebräuchlichen, und es ist kein Verdienst, neue Verfahren dieser Art zu erfinden, sondern vielmehr erwünscht, daß die praktisch unbrauchbaren aus dem Fachschrifttum verschwinden, um dem Rat suchenden Praktiker die Wahl nicht unnötig zu erschweren.

Verfasser überprüfte deshalb mit seinen Schülern auch diese Verfahren.

Da eine Anzahl ganz versagte, andere aber sehr wenig befriedigende Färbungen lieferten, kann darauf verzichtet werden, die Färbevorschriften und -ergebnisse einzeln anzuführen. Die besten Erfolge gab das japanische Verfahren der Färbung in kochenden Lösungen von Kupfervitriol, Grünspan und Alaun (siehe Tabelle Nr. XIII, XIV, XVIII und Rein „Japan").

Reines Kupfer soll emailartig rot gefärbt werden, Messing dunkelgrün, die in Japan gebräuchliche Kupfergoldlegierung Schackdo bei 1—2% Goldgehalt tief bronzefarbig, bei 5—10% Goldgehalt bläulichschwarz, die Schibuischi genannte Legierung von Kupfer mit 20—30% Silber schön grau. Das Bad in der Zusammensetzung Nr. XIII färbt

Braunfärbeverfahren für Kupfer:

Nummer	Chlorammonium (Salmiaksalz)	Chlornatrium (Kochsalz)	Grünspan, krist. (essigsaures Kupfer)	Kupfervitriol (schwefelsaures Kupfer)	Ammoniumkarbonat	Essigsaures Ammonium	Ammoniak	Kaliumnitrat (Salpeter)	Essig bzw. -säure	Wasser	Sonstige Bestandteile	Bemerkungen über die Ausführung der Färbung
I	17,5	—	35	—	—	—	—	—	490	etwa 5000	—	Unter Bewegen in die siedende Lösung tauchen
II	12,7	—	—	—	—	—	—	—	110 -säure	4300	Braunschw. Grün 17	„
III	475	—	500	—	—	—	—	—	160	2000	—	1/4 Std. in die siedende Lösung tauchen
IV	5	—	25	—	50	—	—	—	(Holzessig) 1000	—	Oxalsäure 1	Kupfervitriol und Ammoniumkarbonat mit 1/2 l Essig einkochen, dann den Rest zufügen
V	0,32	—	—	30	60	—	—	—	1000	—	Oxalsäure 0,8	„
VI	0,5	—	30	4	—	50	—	—	—	1000	—	5 bis 10 Minuten in die siedende Lösung tauchen oder diese aufpinseln
VII	4	—	4	—	—	—	—	—	—	1000	—	Bestreichen, erhitzen, mit verdünnter Lösung wiederholen
VIII	—	—	—	1	—	—	—	—	—	2?	Zinkchlorid 1	Aufstreichen, trocknen lassen, abspülen
IX	2	1	—	—	—	—	1	1	95	—	—	Heiß aufbürsten bis zum Trockenwerden
X	4	2	—	—	—	—	2	2	180	—	—	„
XI	120	—	—	—	—	—	—	—	—	1000	Kleesalz 40	Bestreichen oder anreiben
XII	10	—	—	—	—	—	20	—	-säure bis zur Neutralisation	1000	—	Wiederholtes Aufstreichen, trocknen lassen und abreiben
XIII	—	—	20	20	—	—	—	—	—	1000	Alaun 2	Tauchen in die siedende Lösung
XIV	—	—	70	40	—	—	—	—	—	1000	2	(XIII–XIV)
XV	—	—	—	30	—	—	—	—	—	1000	etwas Soda und Caput mortuum	Eintauchen in kochende Lösung, erhitzen, wiederholen
für Messing:												
XVI	—	—	—	125	—	—	—	—	30	1000	Eisenvitriol 125	Eintauchen in die siedende Lösung (hellgelbbraun bis dunkelrotbraun)
XVII	25	—	—	125	—	—	—	—	—	1000	100	Eintauchen in die siedende Lösung (dunkelgrünbraun bis schwarzgrün)
XVIII	—	—	20 ÷ 60	20 ÷ 40	—	—	—	—	—	1000	Alaun 20 ÷ 25	leder- bis schokoladebraun

nach Angaben Messing in 5—10 Minuten leder- bis schokoladenbraun, in der Zusammensetzung Nr. XIV wird Messing schokoladenbraun, Kupfer karmesinrot, Schackdo mit 5% Goldgehalt blauschwarz und eine 4% Silber enthaltende Kupferlegierung violettgrau gefärbt. Säuert man mit Essigsäure an, so wird Messing grün, Kupfer dagegen nur messinggelb gefärbt. Bei einem höheren Kupfervitriolzusatz wird Kupfer dunkelbraun. Auf Messing erhält man mit Zinkkontakt auch durch Bestäuben mit Zinkstaub nach Buchner sehr schöne verschiedenartige Effekte, die sich durch die Entstehung galvanischer Ströme, die stellenweise Kupfer ausscheiden, erklären. Solche abweichende Wirkungen, die manchmal die Färbung stören, manchmal aber auch besonders schöne Erfolge geben, zeigen sich auch bei tauschierten Arbeiten. Eine emailartige Rotfärbung auf Kupfer, die die Beize liefern soll, konnte ich allerdings weder bei den jetzigen noch bei früheren Versuchen erhalten, die Färbung wurde bei je 20 g/l nur rötlichbraun, auf Tombak mehr gelblichbraun, auf Messing olivbraun, auf Zinnbronze lebhaft gelbrotbraun, in der Zusammensetzung 40 g Kupfervitriol, 70 g Grünspan, 20 g Alaun im Liter wurden die Färbungen mehr grünlichbraun, am grünlichsten auf Messing, auf Bronze gelbbraun, aber magerer als bei der oberen Zusammensetzung. Allenfalls brauchbare grünlichgelbe bis grünlichbraune aber magere Färbungen lieferte noch folgendes Bad: 30 g Grünspan, 4 g Kupfervitriol, 50 g Ammoniumazetat, 0,5 g Chlorammonium, 1 l Wasser bei längerem Eintauchen in die siedende Lösung. Auch das Medaillenfärbeverfahren mit Lösungen von Grünspan und Chlorammonium, die mit Essigsäure angesäuert werden, das auch in verschiedenen Abänderungen in staatlichen Münzen angewendet worden ist, gibt brauchbare Färbungen. Buchner hat das Verfahren ausführlich beschrieben. Man trägt am besten 35 g reinen kristallisierten Grünspan und 17,5 g Chlorammonium in 7,2 l kochendes Wasser gleichmäßig ein, wodurch eine Abscheidung von Kupferoxyd aus dem Grünspan verhindert wird. Die Flüssigkeit soll dann auf ungefähr 1,4 l eingedampft werden, wobei man mit einem hölzernen Spatel fleißig abschäumt. Nun setzt man 490 cm^3 Essig zu, kocht wieder 5 Minuten und filtriert von dem Niederschlag, der ohne diese Behandlung sich schlecht filtrieren läßt, ab, wäscht mit heißem Wasser aus und füllt auf 750 cm^3 auf. Die Medaillen werden unter Bewegen in die kochende Lösung getaucht, bis die gewünschte Färbung erreicht ist. Nach dem Trocknen kann man die Medaillen auf einer Eisenplatte erhitzen, wodurch die Färbung noch nachdunkelt. Wir erzielten auf Kupfer, Zinnbronze und auch auf Tombak hellere Braunfärbungen, für Messing ist das Verfahren weniger geeignet, die Färbung war aber, wenn auch brauchbar, nicht so schön, daß sich die reichlich umständliche Badherstellung lohnt, auch ist das Bad nicht sehr haltbar, wenn der Essig nicht rein ist (stärkere Säuren enthält). Wenn Säuredämpfe im Raum sind usw., gelingt die Färbung nicht und man kann mit anderen Bädern die gleiche Färbung einfacher und besser erzielen.

Zur Beurteilung sonstiger Vorschriften kann folgendes dienen:

Stellt man die Bestandteile der zahlreichen Vorschriften für Braunfärbebäder zusammen, so findet man: Kupfersulfat (schwefelsaures Kupfer, Kupfervitriol), Kupferazetat (essigsaures Kupfer, Grünspan), Alaun (Kalium-Aluminium-Sulfat), Ammoniumchlorid (Salmiaksalz),

Ammoniumsulfat, Ammoniumazetat, Natriumazetat, Oxalate und Tartrate, auch Eisensulfat.

Bei den Versuchen wurde noch Kupfernitrat (salpetersaures Kupfer) eingeschlossen und die Wirkung der einzelnen Bestandteile geprüft.

Daß man mit Kupfersulfatlösungen ohne weitere Zusätze Kupfer und Kupferlegierungen färben kann, ist bekannt. Groschuff (Metall 1914) empfiehlt eine Lösung von 120 g Kupfersulfat im Liter (ungefähr $^1/_2$molar) als besonders geeignet, die zu färbenden Gegenstände sollen etwa 10 Minuten in der siedenden Lösung bewegt werden. Die violettgraue Färbung besteht aus einer braunen Schicht von Kupferoxydul und einem darübergelagerten Beschlag von weißlichgrünem basischem Kupfersalz. Dieser geringe Beschlag, der der Färbung ein unschönes Aussehen gibt, läßt sich leicht unsichtbar machen, wenn man die gefärbten Gegenstände nach dem Trocknen lackiert oder mit Wachs oder Vaseline einreibt oder abbürstet, es bleibt dann eine rotbraune bis schokaladebraune Färbung. Groschuff gibt noch an, daß eine besonders schöne, mattkupferrote bis rotbraune Färbung auf Zinnbronze erhalten wird, daß die Färbung auf Kupfer-Zink- und Kupfer-Aluminium-Legierungen aber mehr schwarzbraun wird. Schließlich ist noch die Angabe zu beachten, daß das Kupfervitriolbeizverfahren sehr empfindlich gegen Fett- und Oxydspuren auf der Kupferoberfläche ist und daß „eine Reinigung des Metallgegenstandes mit Natronlauge oder Säuren besser unterlassen wird oder mit großer Vorsicht ausgeführt werden muß“. Die Beize ist aber sehr ergiebig und billig, erschöpfte Beizen können meist durch Eindampfen regeneriert werden.

In Kupfersulfatlösungen von 250 g/l (molar) bis herab auf 5 g/l wurde die Färbung meist schon durch 5 Minuten langes Eintauchen in die siedende Lösung erzielt, längeres Eintauchen veränderte die Färbung, von den stark verdünnten Lösungen abgesehen, nicht mehr wesentlich.

Kupferblech färbte sich gelblichbraun, die Lösung war bis auf 10 g/l herab brauchbar, doch betrug die Beizdauer bei verdünnten Lösungen 10—15 Minuten. Die Färbung des Kupfers war auf poliertem Blech mager, auf mattiertem Blech satter.

Tombak wurde von Lösungen bis herab auf 40 g/l satter als Kupfer gelblichbraun, von verdünnteren Lösungen bis herab auf 10 g/l mit zunehmender Verdünnung grünlicher werdend gefärbt.

Messing, Ms 67, wurde mehr grünlichbraun gegenüber Tombak gefärbt. Brauchbare Färbungen erzielten wir mit Lösungen bis herab auf etwa 25 g/l, verdünntere Lösungen gaben nur grünlich irisierende Anlauffarben, Ms 63 färbte sich nicht wesentlich anders.

Zinnbronze (Walzbronze 6) färbte sich mager und meist fleckig bräunlichrot bis bräunlichgelb mit Lösungen bis herab auf etwa 30 g/l; wenn nur eine leichte, etwas grünlichgelbe Anlauffarbe erzielt werden soll, sind Lösungen bis herab auf 5 g/l brauchbar.

Im allgemeinen läßt sich über die Verwendung von Kupfervitriollösungen ohne weitere Zusätze sagen, daß zwar brauchbare Färbungen damit zu erzielen sind, daß aber die Ergebnisse meist weniger schön und die Erfolge auch weniger sicher sind als die mit der Kaliumpermanganat-Kupfersulfat- und der Chlorat-Kupfersulfatbeize.

Verglichen mit den Kupfersulfatfärbungen waren die mit Kupfernitratlösungen erzielten etwas dunkler und mehr rötlichviolett, aber schlechter haftend, besonders wenn die Beizdauer über 5 Minuten ausgedehnt wurde.

Kupferblech wurde durch eine Lösung von 125 g/l violettrotbraun, nach dem Wachsen gelbbraun, gefärbt, brauchbar waren die Lösungen bis herab auf 10 g/l.

Tombak färbte sich ähnlich wie Kupfer, am besten mit Lösungen von 20—30 g/l, bei höherer Konzentration haftete die Färbung schlechter, brauchbar waren die Lösungen bei etwas verlängerter Färbedauer auch herab bis auf 10 g/l.

Messing wurde durch höher konzentrierte Lösungen mehr rötlichgelbbraun, am besten bei 20—40 g/l, bei niedrigerer Konzentration (10 oder 5 g/l) mehr grünlichbraun gefärbt. Die Färbungen auf Messing hafteten im allgemeinen besser als die auf Kupfer, Tombak und Bronze.

Zinnbronze wurde nicht so lebhaft gelb- bis rötlichbraun gefärbt wie durch Kupfersulfatlösung, sondern mehr den damit erzielten Tombakfärbungen ähnlich, also stumpfer gelb- bis grünlichbraun, im allgemeinen mager und schlecht haftend.

Lösungen von Grünspan (essigsaurem Kupfer) ohne weitere Zusätze gaben bei 50° C und höheren Temperaturen auf allen Metallen nur Anlauffarben, bei Siedetemperatur zersetzt sich die Grünspanlösung schnell.

Ein Zusatz von 10 g Natriumazetat zu einer Lösung von 125 g Kupfersulfat im Liter gab etwas sattere und nach dem Wachsen dunklerbraune Färbungen, bei Messing grünlichdunkelbraun, bei Bronze lebhaft gelblichviolettrot. Erhöhung des Zusatzes auf 25 und 50 g/l gab keine Verbesserung oder Veränderung der Wirkung. Bei der Kupfernitratlösung war durch diesen Zusatz teilweise eine etwas bessere Haltbarkeit der Färbung zu erzielen. Zusätze von oxalsauren und weinsauren Salzen boten keine Vorteile gegenüber essigsauren Salzen.

Die frisch aus den Handelsprodukten Kupfersulfat und Kupfernitrat hergestellten Lösungen sind meist ziemlich stark sauer und müssen sich erst einarbeiten, die überschüssige Säure muß durch Auflösung von Warenmetall gebunden werden, man kann das durch Zusatz von etwas Kupferkarbonat beschleunigen. Die gleiche Wirkung haben Salze schwacher organischer Säuren, durch die die starke Säure gebunden und dafür die schwache organische Säure in Freiheit gesetzt wird.

Viele in der Literatur veröffentlichte Vorschriften enthalten Chloride, teils in erheblicher Konzentration. Trotz bereits vorliegender schlechter Erfahrungen mit solchen Zusätzen wurden noch Kupfersulfatlösungen mit 10 und 25 g/l Chlorammoniumzusatz geprüft. Bei 10 g/l Chlorammonium und 125 g/l Kupfersulfat erhielt man auf Kupfer eine mager rötlichbraune Färbung, die am Licht schwarz wurde, auf Tombak gelbbraun mit grünlichem Schimmer, am Licht grünschwarz werdend, auf Messing nur Kupferfarbe, Bronze wurde kaum gefärbt.

Bei 25 g/l Chlorammoniumzusatz waren die Ergebnisse ebenso oder schlechter. Man kann also auf Grund dieser wie schon früherer Versuche derartige Vorschriften nur verwerfen. Brauchbar sind solche chloridhaltige Lösungen unter Umständen zur Färbung durch Antupfen der Lösung auf den erwärmten Gegenstand, z. B. bei größeren Bronzegegenständen, nicht zur Färbung durch Eintauchen, es kommen da höchstens ganz niedrige Chloridzusätze wie in dem eingangs erwähnten Bade (0,5 g/l) in Frage, andernfalls wirken die Bäder teils ätzend, im übrigen geben sie äußerst lichtempfindliche Färbungen.

Dagegen erschien nach den Erfahrungen mit dem eingangs genannten japanischen Verfahren Alaun eine günstige Wirkung, die vielleicht auf kolloidales Aluminiumhydroxyd zurückzuführen ist, zu haben. Wir führten deshalb Parallelversuche mit Zusätzen von Alaun und Ammoniumsulfat aus, die zeigen sollten, ob dem Alaun im Vergleich mit anderen Sulfaten besondere Wirkungen zukommen und zugleich, ob andere Ammoniumsalze als Chlorammonium als Zusätze von günstigem Einfluß sind. Lösungen der beiden Salze ohne weitere Zusätze geben keine Färbungen, Kupfer muß in der Lösung zugegen sein. Auf Zusatz von etwas Kupferkarbonat, besser bei Zusatz steigender Mengen von Kupfersulfat oder Grünspan, wurden in beiden Fällen Färbungen erzielt, die bei Kupfersulfat und Alaun rötlichbraun, bei Grünspan grünlichbraun besonders bei Messing, auf Bronze gelbbraun, in beiden Fällen mager waren. Die mit Ammoniumsulfat erzielten Färbungen waren weniger gut, auch schlechter haftend, am besten war die mit einer mit Kupferkarbonat abgesättigten Ammoniumsulfatlösung erzielte Färbung, auf Kupfer olivbraun, auf mattiertem Messing gelb- bis schwarzgrün. Zusätze von Eisensulfat gaben anfangs keine Färbungen, nachdem das Bad sich eingearbeitet hatte Färbungen, die im allgemeinen grünlicher waren, nach Zusatz von Essigsäure (125 g Kupfervitriol, 100 g Eisenvitriol, 12,5 g Essigsäure [80%] je Liter) erhielt man eine kastanienbraune Färbung auf Messing, zu deren Erzielung dieser Zusatz von Vorteil sein kann.

Es wurden dann zu halbmolaren Lösungen von Kupfersulfat und essigsaurem Kupfer (125 g bzw. 82 g/l) Zusätze von Alaun gemacht. Bei der Grünspanlösung zeigte schon ein Zusatz von 10 g Alaun im Liter eine günstige Einwirkung, obwohl die erzielten Färbungen noch mager und irisierend waren, 20 g/l gab auf Kupfer eine rötlichbraune, auf Messing eine olivgrünliche, ebenso auf Tombak, auf Bronze eine mager gelblichbraune Färbung. Erhöhung des Alaunzusatzes auf 40 g/l lieferte sattere Färbungen, die des Kupfers wurde mehr gelbbraun bis grünlichbraun. Erhöhung des Zusatzes auf 80 g zeigte keine wesentlichen Änderungen der erzielten Färbungen.

Die Einwirkung des Alaunzusatzes auf die färbende Wirkung der Kupfersulfatlösung war naturgemäß geringer, da diese Lösung ohne weitere Zusätze schon recht gut färbende Wirkungen besitzt, die Färbungen waren aber bei einem Zusatz von 20 g/l gleichfalls satter und mit Ausnahme von Messing, das auch durch diese Lösung olivbraun bis olivgrün gefärbt wurde, stärker rötlichbraun bis violettrot.

Erhöhung des Zusatzes auf 40 g und 80 g/l brachte keine Verbesserung der Färbung mehr hervor, die Zunahme des violettroten Tones dürfte sogar meist unerwünscht sein.

Kleinere Zusätze von Grünspan (10 g/l) zur Kupfervitriollösung ziehen den Farbton von Messing 63 und 67 ins Grünliche, den von Messing 58 und Tombak ins Olivbraune, auf den anderen Metallen Kupfer, Bronze, verkupfert usw. war die Färbung aber mager und zum Teil irisierend. Größere Zusätze von Grünspan vermehren in störender Weise die Bildung eines aus basischen Salzen bestehenden Schlammes. Wurden die Bäder filtriert, fielen die Färbungen meist etwas magerer aus. Eine gewisse Menge dieses Schlammes scheint also, wenn er durch intensive Bewegung im Bade schwebend erhalten wird und sich nicht auf einzelne Stellen der Oberfläche der zu färbenden Gegenstände festsetzt und Flecken verursacht, günstig zu wirken. Zusätze von Essigsäure an Stelle von Grünspan liefern meist magere und irisierende Färbungen, sie müssen jedenfalls sehr vorsichtig tropfenweise gemacht werden.

Da die Färbungen mit den Kombinationen zweier der drei Bestandteile des japanischen Verfahrens, von Einzelergebnissen abgesehen, weniger befriedigend waren als die Vorversuche mit den von Buchner angegebenen Zusammensetzungen, wurden noch verschiedene Zusammenstellungen aller drei Bestandteile geprüft, ausgehend von einer mittleren Kupfersulfatkonzentration, $^1/_4$ molar = 62,5 g/l. Ohne die Einzelergebnisse dieser Versuche, die im allgemeinen zu satteren Färbungen führten als die mit Bädern aus zwei Bestandteilen, wiederzugeben, kann mit Einschluß der Ergebnisse der Vorversuche zusammenfassend gesagt werden:

Kupfersulfatlösung verschiedener Konzentration ist zur Erzielung von Färbungen auf Kupfer und Kupferlegierungen brauchbar, zu empfehlen ist eine mittlere Konzentration von 50—60 g/l. Die Färbungen fallen auf Messing satter, auf Kupfer und Bronze magerer aus. Kupfer und im sauren Bade verkupfertes Metall wird mittelbraun bis rötlichbraun, Messing grünlichbraun gefärbt, ähnlich im Zyanidbad verkupfertes Metall, vermessingtes schmutzig gelbgrün bis schwarzgrün, Walz- und Gußbronze gelbrot.

Zusatz von Alaun zieht die Färbungen von Kupfer, Bronze und Tombak mehr ins Violettrote, die von Messing ins Gelblichgrüne, Zusatz von Grünspan allgemein ins Olivbraune, am wenigsten die von Bronze, Messing wird am stärksten olivgrün, satter wird die Färbung aber bei gleichzeitigem Zusatz von Alaun und Grünspan.

Im allgemeinen dürfte ein Zusatz von 20 g/l Alaun, entsprechend der Buchnerschen Vorschrift, genügen, über 40 g/l jedenfalls zwecklos sein. Ein Grünspanzusatz bis zu 70 g/l nach Buchner ist aber der starken störenden Schlammbildung wegen nicht zu empfehlen. Steigerung des Zusatzes über 20 g/l zieht zwar die Färbung unter Umständen noch mehr ins Olivgrüne, doch läßt die Wirkung bald nach, man erhält dann irisierende Färbungen. Wenn solche olivgrüne Färbungen erwünscht sind, empfiehlt es sich, nicht so große Mengen Grünspan auf einmal zuzusetzen, sondern mit etwa 30 g/l zu beginnen und von Zeit zu Zeit 5—10 g/l nachzusetzen.

Kalt wirken die Beizen nicht, sie liefern auch bei langem Einlegen nur magere Anlauffarben, die Lösungen sind siedend oder wenigstens nahezu siedend anzuwenden.

Leichte Mattierung der Oberfläche liefert sattere und im allgemeinen grünlichere Färbungen.

Die grünliche Tönung der Kupfer-Zinklegierungen nahm mit steigendem Zinkgehalt durchweg bis Ms 67 und meist bis Ms 63 zu, bei Ms 58 war die Färbung wieder durchweg rötlichbrauner, der Tombak- und Kupferfärbung ähnlicher, bei Ms 63 waren die Ergebnisse nicht einheitlich. Dies dürfte dadurch zu erklären sein, daß mit dem Auftreten von β-Kristallen durch Bildung galvanischer Ketten zwischen α- und β-Kristallen in stärkerem Maße Kupfer aus der Lösung auf der Oberfläche niedergeschlagen wird.

Die Groschuffsche Angabe, daß das Färbeverfahren mit Kupfersulfatlösungen sehr empfindlich gegenüber den Wirkungen der Entfettungs- und Beizbäder ist, konnte bestätigt werden, die Störungen verschwanden aber, wenn die Probebleche, soweit sie nicht mit Bimsmehl stärker mattiert wurden, nach der elektrolytischen Entfettung mit Schlämmkreidebrei tüchtig abgebürstet und nach nochmaligem Spülen sofort in das Färbebad gebracht wurden.

Eine intensive Rotfärbung auf Kupfer, die mit der Beize herstellbar sein soll, konnten wir bei keinem der zahlreichen Versuche erzielen; im günstigsten Fall waren die Färbungen braunrot, das schönste und reinste Rot erhielten wir auf Walzbronze in einer Beize, die 62,5 g Kupfersulfat, 10 g Grünspan und 25 g Alaun im Liter enthielt und mit einigen Tropfen Essigsäure angesäuert war. Die Ergebnisse waren aber nicht gleichmäßig reproduzierbar.

Färbebäder der vorbeschriebenen Art können also mit Vorteil an Stelle der Permanganat- und Chloratbeize nur angewendet werden, wenn es sich besonders um olivbraune bis olivgrüne Färbungen handelt, auch auf Zinnbronze zur Erzielung von rötlichen Färbungen und bei kürzerer Färbedauer bei Kupfer und allen Kupferlegierungen zur Erzielung leichter Anfärbungen, die den Metallton durchscheinen lassen, dagegen konnten wir bei den zahlreichen anderen überprüften Verfahren teils überhaupt keine brauchbaren Färbungen, im übrigen keine besseren Erfolge erzielen. Diese Vorschriften sollten also aus dem Fachschrifttum verschwinden.

f) Kupferschmiedeverfahren. Zur Färbung größerer Gegenstände werden nachstehende Verfahren im Handwerksbetriebe angewendet, die für die fabrikmäßige Ausführung weniger geeignet sind. Vorwiegend dienen sie zum Färben von Kupferschmiedearbeiten, sie sind aber manchmal auch zum Färben von Kupferlegierungen brauchbar. Man erhitzt dabei meist über einem Holzkohlenfeuer. Die Erhitzung muß gleichmäßig und allmählich geschehen, bei weithalsigen Gefäßen kann man glühende Kohlen in das Gefäß bringen. Nach dem Erkalten wird der Gegenstand abgewaschen, getrocknet und das Verfahren bis zur

Erzielung des gewünschten Farbtons wiederholt. Die Oberfläche muß auch hier fett- und oxydfrei sein und auch gleichmäßig beschaffen, nicht teils glatt, teils rauh, wenn gleichmäßige Färbungen hergestellt werden sollen.

Ansätze und Arbeitsweisen: 1. Man reibt die angewärmten Gegenstände mit Leinöl ein und erhitzt oder reibt die stärker erhitzten Gegenstände wiederholt mit öligen Lappen ab.

2. Man rührt Rötel (Eisenoxyd) mit Wasser zu einem streichförmigen Brei an (englisches Verfahren), trägt diesen auf und erhitzt über einem Kohlenfeuer, nach dem Erkalten bürstet man das überschüssige Pulver ab. Man kann dem Rötel Graphit oder Knochenkohle (etwa bis zu 1 Teil auf 2 Teile Rötel) zusetzen (deutsches Verfahren) und statt mit Wasser den Brei mit Spiritus oder Essig anrühren. Empfohlen wird auch ein mit Essig angerührter Brei von 4 Teilen Rötel, 4 Teilen Grünspan (pulverisiert) und 1 Teil Hornspäne. Man soll erhitzen, bis der Brei trocken und schwarz wird, und dann abwaschen. Nach einem chinesischen Verfahren rührt man 2 Teile Grünspan, 2 Teile Zinnober, 5 Teile Chlorammonium und 5 Teile Alaun, alles fein gepulvert, mit Wasser oder Essig an und verfährt wie oben. Dieses Verfahren ist auch für Kupferlegierungen gut anwendbar.

3. Eine Abart der Verfahren 2 ist das Röteln der Badeofenmäntel. Der Rötelbrei, dem man Bindemittel wie Eiweiß zusetzt, wird aufgetragen und entweder mit polierten Stahlhämmern eingehämmert oder mit polierten Walzen eingewalzt. Die Färbung wird bräunlichrot.

4. Statt eines Breies werden Lösungen aufgetragen und die Gegenstände gleichmäßig erhitzt, bis die Lösung angetrocknet ist; das Verfahren wird mehrfach wiederholt und mehr oder weniger stark erhitzt. Man kann hierzu mehr oder weniger konzentrierte Lösungen von gleichen Teilen Grünspan oder auch Kupfervitriol und Chlorammonium nehmen, oder Lösungen von je 100—125 g Kupfervitriol und Eisenvitriol entweder mit Essigsäure angesäuert oder nach einem japanischen Verfahren mit Schwefelblumen angerührt, wodurch die Färbung dunkler wird. Auch zahlreiche andere Lösungen sind anwendbar. Die erzielte Färbung ist hellbraun bis dunkelkastanienbraun. Die Verfahren sind für Kupfer und auch für Kupferlegierungen anwendbar.

Braunfärbungen in der Schwarzbeize für Messing siehe nachstehend!

g) Schwarzbeize für Messing (Kupferkarbonat-Ammoniakbeize). Messinggegenstände (nicht Kupfer!) kann man durch Tauchen in eine kalte oder mäßig angewärmte Lösung von basisch kohlensaurem Kupfer in Ammoniak tiefschwarz färben.

Das basisch kohlensaure Kupfer ist im Handel als Bergblau oder Schwarzoxydpulver, man kann es auch herstellen, indem man eine heiße Lösung von Kupfervitriol so lange mit einer heißen Sodalösung versetzt, als sich noch ein Niederschlag bildet. Man darf aber nicht nachträglich erhitzen. Der Niederschlag wird, da er sich schwer filtrieren läßt, durch Dekantieren (wiederholtes Aufgießen von Wasser, Umrühren, Absitzenlassen und Abhebern des Wassers) ausgewaschen.

Ansatz und Ausführung: Die Phys.-Techn. Reichsanstalt hat dieses Schwarzfärbeverfahren eingehend geprüft (Mylius und v. Lichtenstein: „Über Metallbeizen". Dtsch. Mechaniker-Ztg. 1908). Nach diesen Versuchen eignet sich am besten folgende Beize:

100 g Kupferkarbonat werden unter öfterem Schütteln in 750 g Salmiakgeist aufgelöst und dann noch 150 g destilliertes Wasser zugesetzt. (Es soll etwas kohlensaures Kupfer ungelöst bleiben.) Beutel empfiehlt 200 g Kupferkarbonat in 1 l stärksten Salmiakgeistes (Ammoniak) zu lösen. Die Beize muß in gut verschlossenen Gefäßen an einem kühlen Ort aufbewahrt werden. Manche setzen der Beize noch etwas Graphit zu.

Die zu färbenden Gegenstände, die fett- und oxydfrei sein müssen, werden unter ständigem Bewegen in die kalte oder nur auf etwa 30° erwärmte Beize eingetaucht. In der kalten Beize färben sie sich in etwa 1—5 Minuten, in der schwach erwärmten Beize in etwa 0,5 Minuten tief blauschwarz. Ein Nachteil der Beize ist der starke Ammoniakgeruch, der sich natürlich bei der erwärmten Beize noch mehr bemerkbar macht als bei der kalten, auch wird die Beize durch das Erwärmen schneller unwirksam. Nach Versuchen im Laboratorium der „Brass-World" soll die Temperatur von 60—76,5° C am geeignetsten sein.

Die tiefblaue Lösung enthält Kupferoxydammoniak, das bei Anwesenheit von Sauerstoff (deshalb ist Bewegung der zu färbenden Gegenstände in der Beize notwendig) unter Auflösung von Zink schwarzes Kupferoxyd ausscheidet, welches sich in die Poren der durch Auflösung des Zinkes korrodierten Messingoberfläche fest einlagert. Das sich in der Beize auflösende Zink beeinflußt die Wirkung anfangs günstig, bei höherem Gehalt aber ungünstig.

Das verwendete Ammoniak soll möglichst stark sein (25proz., spez. Gew. 0,91), das kohlensaure Kupfer möglichst frisch gefällt verwendet werden. Man kann zwar auch schwächeren Salmiakgeist (10proz., spez. Gew. 0,96) und nur 100 g oder sogar nur 30 g kohlensaures Kupfer, auch käufliches kohlensaures Kupfer (Bergblau) verwenden, doch ist dann die Wirkung weniger stark und die Beize wird schneller erschöpft. Eine schwach gewordene Beize kann man durch Zusatz von etwas starkem Ammoniak oder nach Abfiltrieren des sich nach längerem Gebrauch ansammelnden Schlammes durch Zusatz von starker frischer Beize verbessern.

Die Phys.-Techn. Reichsanstalt stellte durch Versuche folgendes fest:

1 l gewöhnlicher Salmiakgeist (spez. Gew. 0,96, Gehalt 10% Ammoniak) liefert mit 67 g Kupferkarbonat eine gesättigte Lösung. Ein Überschuß löst sich zum Teil zunächst ebenfalls auf, wird aber bald als basisches Karbonat wieder ausgefällt, während sich die Lösung mit Kohlensäure anreichert. Die oben angegebenen Zusammensetzungen bilden also ein System von gesättigter Lösung und Bodensatz, der die Lösung stets gesättigt halten soll.

Während im Großbetrieb solche Beizen mit Vorteil in Anwendung sind, wirkt im Kleinbetrieb der Präzisionsmechanik der Bodensatz störend und empfiehlt deshalb die Phys.-Techn. Reichsanstalt eine ungesättigte Beize von 30 g frisch gefälltem Kupferkarbonat in 1 l gewöhnlichem (10proz.) Salmiakgeist, die immer noch 10mal soviel Kupferkarbonat enthält, als für die Schwarzfärbung des Messings notwendig erscheint. Versuche ergaben, daß die gesättigte Lösung durch Verdünnen mit Wasser ungünstig verändert wird, wobei der Abscheidung des dunklen Kupferoxyds die Bildung eines blauen Niederschlags vorangeht. Es fehlt der Lösung im Vergleich mit dem Kupfergehalt an Ammoniak. Ebenso verdirbt die gesättigte wie auch die ungesättigte Lösung durch Verdunsten von Ammoniak, wenn sie bei wiederholtem Gebrauche zu stark der Luft ausgesetzt wird, es scheiden sich dann blaue Kupfersalze am Boden des Gefäßes ab. Aber schon vorher wird der Überzug nicht mehr schwarz, sondern nur braun oder lederfarbig, besonders wenn man die zu färbenden Gegenstände nicht genügend bewegt. Ammoniak und Sauerstoff können dann nicht ausreichend an die zu färbende Ware herantreten und die Oxydation wird geschwächt, das Messing bedeckt sich mit einer schwer durchlässigen Schicht von Reaktionsprodukten, die sich aus schwarzem Kupferoxyd, gelbem Kupferoxydul, rotem Kupfer, blauem Kupferhydroxyd und weißem Zinkhydroxyd zusammensetzen kann und die auch bei längerer Berührung mit der lufthaltigen Kupferlösung eine Schwarzfärbung verhindert.

Als verdorben kann die Beize gelten, wenn sich eine Probe beim Vermischen mit dem 10fachen Volumen reinen Wassers trübt. Man kann dann zunächst so viel starken Ammoniak zusetzen, daß eine solche Trübung nicht mehr eintritt, später muß man des zunehmenden Zinkgehalts wegen eine neue Beize ansetzen, der man, da etwas Zinkgehalt günstig wirkt, einen Teil (etwa bis zu $^1/_4$) der alten Beize zusetzen kann.

Die Haltbarkeit der Färbung entspricht der einer mäßig dicken Lackschicht, ein Tropfen einer 5proz. Ammoniaklösung soll keine Änderung des schwarzen Überzugs hervorbringen. 5proz. Essigsäure erzeugt einen kupferroten Fleck, verdünnte Salzsäure bewirkt die Abscheidung von weißem Kupferchlorür, Schwefelwasserstoff erzeugt zunächst bunte Anlauffarben, dann schwarzes, sich leicht ablösendes Schwefelkupfer.

Der Niederschlag ist im Gegensatz zu dem mit der Schwarzbrenne erzeugten glänzend. Bei manchen, namentlich gebeizten Messinggegenständen verfärbt sich der Niederschlag im Laufe der Zeit von blauschwarz nach braun.

Eine Untersuchung ergab, daß bei der Färbung eine Schicht in der Größenordnung von einem hundertstel Millimeter Dicke korrodiert und eine oxydische Schicht von etwa 0,002 mm abgelagert wurde.

Auch durch Erhitzen der schwarz gefärbten Gegenstände geht die Farbe in Braun über, Säure und Schwefelammoniumdämpfe machen die Färbung fleckig.

Anwendbarkeit und Abänderungen: Für Kupfer, das nur mager braun gefärbt wird, ferner für Kupferzinnlegierungen (Bronzen) und für Neusilber eignet sich die Beize nicht, auch geätztes bzw. gelbgebranntes Messing färbt sich nicht gut. Sehr kupferreiches und sehr kupferarmes Messing färbt sich in der Beize nicht tiefschwarz.

Nach Versuchen von G. Groß färbte sich Ms 58 in 1 Minute blauschwarz, ebenso SoMs (55—60% Cu) und Ms 60 in 1,5—1,75 Minuten, Ms 65 erst in 2,5 Minuten, Ms 72 in 3,75 Minuten nur braun, Ms 90 in 5 Minuten nur hellbraun.

Groß tauchte vorher in eine Lösung von 5 g/l Weinstein, um die Messingoberfläche durch eine geringe Wasserstoffionenkonzentration zu aktivieren.

Bei der Anwendung dieser Schwarzbeize können in der Hauptsache zwei Störungen auftreten.

Bei zinkarmen Legierungen oder solchen, die durch starke chemische Behandlung (Beizen, Gelbbrennen, Säuredämpfe) an der Oberfläche zinkarm geworden sind, zeigt sich oft an Stelle der schwarzen Färbung eine rote Verkupferung, die auch fleckenweise durch Bloßlegen der kupferreichen Strukturelemente, während die weniger korrodierten zinkreichen schwarz gefärbt werden, auftreten kann. Man muß dann die Anwendung chemischer Mittel möglichst vermeiden und die Gegenstände auf mechanischem Wege reinigen.

Die zweite Störung besteht darin, daß die Färbung nicht tiefschwarz, sondern nur braun wird. Sie tritt erst nach wiederholtem Gebrauch der Beize auf und kann verhindert werden dadurch, daß man das Verdunsten des Ammoniaks möglichst verhindert, die Beize also gut verschlossen aufbewahrt bzw. die Gefäße möglichst luftdicht zudeckt und die Decke nur beim Eintauchen der Gegenstände lüftet, zweitens dadurch, daß man die zu färbenden Gegenstände recht intensiv bewegt.

Nachbehandlung: Zusätze verschiedener Oxydationsmittel zeigten keinen Einfluß, dagegen soll die Färbung tiefer werden, wenn man die Gegenstände nach dem Färben kurz mit einer Kaliumdichromatlösung behandelt, der eine geringe Menge Salmiakgeist oder auch verdünnte Schwefelsäure zugesetzt wurde. Buchner setzte etwas Leimlösung (Kolloid) zu, wodurch die Färbung langsamer vor sich ging und matt, sonst aber schön ausfiel, ohne die manchmal auftretende Irisierung.

Anwendung zur Braunfärbung: Alte Schwarzbeizen oder verdünnte und evtl. noch durch Zusatz von Zinksulfat gealterte können zur Herstellung schön brauner Färbungen verwendet werden. Auch durch Erhitzen der schwarz gefärbten Gegenstände geht die Färbung in Braun über.

Die so erzielte Braunfärbung auf Messing zeigt einen anderen mehr gelblichbraunen bis graubraunen Ton als die in den früher besprochenen Bädern erzielten Färbungen.

h) Veränderungen bzw. Steigerungen der Naturfarbe des Messings. Solche Änderungen der Naturfarbe werden schon durch das Gelbbrennen hervorgerufen; rötlich färben kann man Messinggegenstände auch durch Reiben mit einem mit Salzsäure befeuchteten Lappen.

Durch Reiben mit Ammoniak wird Kupfer gelöst, der Farbton des Messings also heller.

Die Anlauffarben (Goldfarbe, dann Grün, Rot usw.) erhält man am besten bei hoher Anfangstemperatur im Luftbad, sie finden aber wohl kaum zum Färben des Messings Anwendung.

Meist verwendet man dazu den Lüstersud (Natriumthioantimoniat und Bleiazetat, siehe S. 57), sog. falsche Vergoldung. Andere hierzu verwendete Lösungen sind die folgenden:

I. 80 g Salpeter, 40 g Kochsalz, 40 g Alaun, 40 g Salzsäure, 960 g Wasser, kochend anzuwenden.

II. 60 g weinsaures Kupfer, 100 g Ätznatron, 960 g Wasser (Zimmerwärme).

III. 100 g Ätznatron, 1 l Wasser, 200 g kohlensaures Kupfer.

IV. 150 g Ätznatron, 1 l Wasser, 50 g kohlensaures Kupfer.

Bei längerem Eintauchen in III oder IV wird die Farbe braun bis rot und schließlich blau.

V. Chromsäurelösung, } Zimmertemperatur

VI. Verdünnte, säurefreie Grünspanlösung } oder mäßig warm.

Sehr geeignet sind zur goldähnlichen Färbung auch Ammoniummolybdatlösungen (siehe unter Zinkfärbungen), bei denen die goldgelbe Farbe nicht so leicht in andere Lüsterfarben umschlägt.

Nankinggelb erhält man nach Buchner durch 2—3 Minuten langes Eintauchen in eine Lösung von 1 Teil roher Salzsäure und 2 Teile gesättigter Kochsalzlösung, gesättigt mit Schwefelantimon.

i) **Altmessingfärbungen.** Man färbt mit der Schwarzbeize (kohlensaures Kupfer in Ammoniak), auch der Persulfatbeize oder der Schwefelleberlösung und reibt mit feuchtem Bimsmehl oder der Drahtbürste durch und poliert auf der Schwabbel.

IV. Grünfärbung von Kupfer und Kupferlegierungen (Antikpatina).

Allgemeines.

Die Grünfärbung des Kupfers und der Kupferlegierungen soll die natürliche Patina ersetzen, die sich ja erst im Verlaufe langer Zeiträume bildet. Man hat viele chemische Verbindungen des Kupfers von grüner Farbe, für die Metallfärbung scheiden davon natürlich die löslichen aus, es kommen nur die unlöslichen oder wenigstens sehr schwer lösliche in Frage, das sind vorwiegend basische Kupfersalze.

Grüne Kupfersalze, die sich auf natürlichem Wege bilden und auch als Mineralien vorkommen, sind die folgenden:

Basisch kohlensaures Kupfer (basisches Karbonat), es findet sich als Mineral in zwei verschiedenen Zusammensetzungen: als Malachit, $CuCO_3 \cdot Cu(OH)_2$, mit schön grüner Farbe, als Kupferlasur, $2\,CuCO_3 \cdot Cu(OH)_2$, mit blauer Farbe.

Basisch schwefelsaures Kupfer (basisches Sulfat), als Mineral in der Zusammensetzung $CuSO_4 \cdot 3\,Cu(OH)_2$, Brochantit genannt, mit smaragdgrüner Farbe. Ähnliche Zusammensetzung haben die Mineralien Langit, Autlerit, Waringtonit und Arnimit.

Basisches Kupferchlorid, als Mineral Atakamit in der Zusammensetzung $CuCl_2 \cdot 3\,Cu(OH)_2$, lauchgrün bis schwärzlichgrün.

Der sich an kupfernen Kochgeschirren u. dgl. bei Berührung mit essigsäurehaltigen Speisen und Zutritt der Luft bildende Grünspan ist essigsaures Kupfer (Kupferazetat) von der Zusammensetzung

$Cu(C_2H_3O_2)_2H_2O$, ähnliche Verbindungen von blaugrüner bis mehr gelbgrüner Farbe bilden auch andere organische Säuren, wie Weinsäure, Oxalsäure, Buttersäure, Harnsäure usw.

Da die Atmosphäre Kohlensäure und Wasserdampf enthält, hat man die natürliche, sich auf Bronzestandbildern und kupfergedeckten Dächern bildende Patina immer als basisch kohlensaures Kupfer angesprochen, nur die an Brunnenröhren und im Wasser oder Erdreich liegenden Gegenständen als basisches Kupferchlorid. Schon 1908 fand Loock bei der Untersuchung der Patina des Jan Willem-Denkmals in Düsseldorf basisch schwefelsaures Kupfer, man hielt dies aber für einen Sonderfall. Neuerdings ist nun von englischen und amerikanischen Forschern bei der Untersuchung der Patina zahlreicher Dächer von öffentlichen Gebäuden, mit Ausnahme solcher, die in ausgesprochenem Seeklima ohne Industrie liegen, basisch schwefelsaures Kupfer gefunden worden, selbst in Industriestädten am Meere, nur in industriefreier Seeluft basisches Chlorkupfer. Man stellte auch fest, daß sich die Bleche erst schwarz verfärben und diese Verfärbung an den Stellen, die vor Regen und Feuchtigkeit geschützt sind, noch vorhanden war, und erklärte die Bildung des basischen Sulfats so, daß sich zuerst durch die Schwefelverbindungen in der Luft Schwefelkupfer bildet, das dann zu basisch schwefelsaurem Kupfer oxydiert wird. Die Tatsache, daß doch früher bei analytischen Untersuchungen zweifellos Kohlensäure festgestellt worden ist, erklärte man mit Einlagerung von kohlenstoffhaltigen Stoffen in Form von Staub und Schmutz in die Patina. In neuester Zeit wird von Craig und Irion aber die Ansicht vertreten und durch Versuche belegt, daß die ursprünglich kohlensaure Patina sich nur nachträglich unter der Einwirkung von Industrieluft in Sulfatpatina umgewandelt hat.

Bei der Herstellung künstlicher Patina hat man mit der Verwendung von Nitraten die besten Erfolge erzielt, wobei sich basische Nitrate des Kupfers bilden.

Eine wertvolle Grundlage für die Beurteilung der verschiedenen Verfahren zur Erzeugung einer grünen Patina gibt eine Untersuchung von Toa Labanukrom [Kolloidchem. Beih. Bd. 29 (1929) S. 80] an basischen Kupferverbindungen. Danach zeichnet sich das basische Nitrat durch gute Deckwirkung aus infolge seiner blätterigen Struktur, während das basische Karbonat eine körnige, das basische Sulfat eine nadelige Struktur hat. Auch das basische Chlorid erschien zuerst pulverig und zeigte erst bei starker Vergrößerung kleinkristallinen Aufbau. Die guten Erfahrungen mit Nitratpatina finden durch diese Untersuchung ihre Bestätigung und Begründung. Brauchbar könnte nach der Kristallstruktur vielleicht noch das Dithionat, das Bromid und das Bromat und unter Umständen das Jodat sein, doch liegt wohl zur Verwendung dieser Verbindungen sonst kaum eine Veranlassung vor.

Bei der Erklärung der Entstehung von Sulfatpatina können auch Untersuchungen von Vernon über die atmosphärische Korrosion von Kupfer herangezogen werden (Trans. Faraday Soc. 1924, 1927, 1929 und 1931). Danach zeigte sich Schwefeldioxydgehalt, der ja in

Industrieluft immer vorhanden ist, in reiner trockener Luft ohne Einfluß, bei feuchter Luft war aber die Korrosion mit steigendem Schwefeldioxydgehalt stark anwachsend, und zwar bei 75% relativer Feuchtigkeit erheblich größer als bei 50%, bei 99% aber nicht wesentlich größer als bei 75%. Die aufgenommenen Kurven zeigten bei 0,5% Schwefeldioxydgehalt ein Maximum, bei ungefähr 1% ein Minimum. Bei 0,85% Schwefeldioxyd bildete sich normales Kupfersulfat, bei weniger als 0,75% ein Sulfat mit Überschuß an Hydroxyd (grüne Patina, das lösliche Sulfat wird durch den Regen ausgewaschen, auch durch Hydrolyse von Sulfat entsteht Hydroxyd), bei über 1% entsteht Sulfat mit Überschuß an Säure. Bei der kritischen Konzentration von 0,85% erfolgte die Reaktion mit hoher Anfangsgeschwindigkeit, führte aber infolge Bedeckung schnell zu einem Gleichgewicht, bei sehr niedrigem Schwefeldioxydgehalt entstehen Verbindungen höchstmöglichster Basizität. Immer entstand schwefelsaures, nie schwefligsaures Kupfer, das Kupfer scheint die Oxydation katalytisch zu beschleunigen. Arsengehalt des Kupfers übte eine Schutzwirkung aus, Kohlendioxydgehalt der Luft zeigte keinen merkbaren Einfluß. Die Korrosion in Schwefelwasserstoffatmosphäre war viel geringer als die in feuchter Schwefeldioxydatmosphäre.

Aus den vorstehenden Ausführungen ergeben sich die Mittel und Verfahren, die man bei der künstlichen Patinierung angewendet hat.

Ursprünglich hat man die Herstellung einer Karbonatpatina im Auge gehabt, da aber kohlensaure Salze nur langsam patinierend wirken, hat man zu stärkeren Mitteln greifen müssen und an Stelle oder neben kohlensauren Salzen Chloride, Nitrate, auch Azetate und Salze anderer organischer Säuren angewendet. Auf Grund der neueren Untersuchungen hat man dann versucht, eine Sulfatpatina künstlich zu erzeugen; eine wiederholte Nachprüfung der vorgeschlagenen Verfahren durch den Verfasser hat aber nicht zu befriedigenden Erfolgen geführt, obwohl die Verfahren in Amerika angeblich im Großen ausgeführt worden sein sollen.

1. Ausführung der Färbungen.

Gemeinsam haben die Grünfärbungen, sofern sie der natürlichen Patina gleichen sollen, den Nachteil, daß die Herstellung recht umständlich und langwierig ist, die Grünpatinierung durch ein einfaches, schnell wirkendes Tauchverfahren fehlt noch und die Aussichten, ein solches zu finden, sind nicht sehr groß. Es gibt zwar einige Bäder, in denen man grünliche, und zwar mehr olivgrüne Färbungen durch Tauchen, ähnlich wie bei den Braunfärbeverfahren, herstellen kann, mit der echten Patina sind diese Färbungen aber nicht zu vergleichen. Elektrolytische Verfahren (siehe Abschn. III) geben bessere, zum Teil sogar recht gute Erfolge, in den meisten Fällen, in denen man eine der echten Patina entsprechende Färbung herstellen will, bei Bronzestandbildern, Dächern und großen Gegenständen, wie Beleuchtungskörpern u. dgl., sind sie aber sehr schwer anwendbar, auch ist es schwer, mit elektrolytischen Färbeverfahren auf Gegenständen, deren einzelne Teile sehr verschiedenen Abstand von der Gegenelektrode haben, z. B. figürlichen Bronzen u. dgl., eine gleichmäßige Färbung zu erzielen.

Man muß deshalb in fast allen Fällen die Lösungen mit dem Pinsel, bei größeren Gegenständen mit Bürsten, mit Lappen oder einem Schwamm auftragen, wobei auf möglichst dünnen und gleichmäßigen Auftrag zu achten ist; der erste Auftrag ist am besten auf der Oberfläche zu verreiben, damit die Lösung die Oberfläche recht gleichmäßig benetzt. Man kann zu diesem Zweck den Lösungen Netzmittel (Nekal, Leonil od. dgl.) zusetzen. Man kann die Lösungen auch mit dem Zerstäuber aufspritzen, doch ist dabei Tropfenbildung zu vermeiden, da an Stellen zu dicken Auftrags die Färbung nicht haftet, sondern abblättert. Die Lösungen sollen dann langsam mit dem Metall reagieren, ein neuer Auftrag soll erst erfolgen, wenn der erste trocken ist. Zwischen den einzelnen Auftragungen wird das Nichthaftende mit einer weichen Bürste oder einem weichen Lappen entfernt, unter Umständen auch einmal nur mit Wasser benetzt. Die Lösungen sind nicht zu konzentriert zu nehmen, bei mehrfachem Auftragen verdünnter Lösungen haftet die Färbung besser als bei Verwendung zu starker Lösungen. Sollten trotzdem an einzelnen Stellen Pfützen entstehen, so darf man diese nicht eintrocknen lassen, sondern muß den Überschuß der Flüssigkeit abtupfen. Von Zeit zu Zeit kann man mit einem weichen Leder glänzend reiben.

Zur Beschleunigung des Verfahrens kann man, wo dies ausführbar ist, schwach anwärmen, starkes Erhitzen ist aber zu vermeiden, da die grüne Schicht dabei braun bis schwarz wird. Eine derartige Schicht ist aber als Untergrund sehr gut, sie gibt eine bessere Verankerung der färbenden Schicht und auch der Patina eine natürlichere Farbe, denn auch bei der echten Patina findet man durchscheinende braune Töne. Die häufig empfohlene Vorfärbung mit Schwefelleber ist als Untergrund weniger zu empfehlen, da sich die Schwefelleberfärbung mit der Patinierungslösung schlechter benetzt; am besten ist die Vorfärbung mit der unter Schwarzbrenne beschriebenen Lösung von salpetersaurem Kupfer (ohne den Zusatz von Silbernitrat), mit der man auch weiterfärben kann, indem man nach der ersten Erhitzung bis zum Schwarzwerden bei den weiteren Auftragungen nur noch mäßig oder gar nicht mehr erwärmt. Vorhandene natürliche Oxydschichten soll man vor der Grünpatinierung möglichst nicht entfernen, notwendig ist natürlich Entfettung einer solchen Oberfläche. Verfasser wendet dann seit Jahren mit Erfolg eine Zwischenbehandlung mit Wasserstoffsuperoxyd an, das zunächst die grüne Färbung braun färbt, bei wiederholter Nachbehandlung mit verdünnten Lösungen oder gewöhnlichem Wasser entwickelt sich aber wieder eine grüne Patina. Das Wasserstoffsuperoxyd, das oxydierend und auch reduzierend wirken kann, scheint auch eine Verfestigung der Patinaschicht zu bewirken.

Bei einigen Patinierungsflüssigkeiten wird durch Zusatz von Quecksilbersalz die Oberfläche leicht verquickt und dadurch reaktionsfähiger gemacht. Ein zu großer Zusatz erschwert aber nicht nur die Färbung, sondern verursacht namentlich bei Blechgegenständen leicht ein Rissigwerden, zum Teil durch Aufhebung des Gleichgewichts der von der Herstellung herrührenden Spannungen (z. B. bei Druckteilen und gezogenen Teilen), zum Teil durch Korngrenzenkorrosion. Der Quecksilberzusatz ist also mit Vorsicht anzuwenden. Zuletzt wird mit der Wachsbürste abgebürstet oder auch zaponiert.

Diese Verfahren sind von den kleinsten bis zu den größten Gegenständen anwendbar, aber infolge der umständlichen und zeitraubenden Ausführung für fabrikmäßige Herstellung leider wenig geeignet.

2. Färbevorschriften und Wirksamkeit der einzelnen Bestandteile.

Da die Überprüfung der Grünfärbeverfahren durch den Verfasser noch nicht abgeschlossen ist, soll eine Zusammenstellung der wichtigsten im Fachschrifttum zu findenden Verfahren aus der ersten Auflage dieses Buches übernommen werden (s. S. 103).

Gladenbeck verwendet eine mit etwas Salpetersäure versetzte Kaliumbichromatlösung und nuanciert die Färbung mit Ammoniak.

Nach einer anderen Vorschrift wird der mit Salpetersäure (besser Kupfernitrat!) vorgefärbte Gegenstand bis zum Dunkelwerden erhitzt, worauf man ihn mit Ammoniumkarbonatlösung bestreicht oder mit Ammoniumkarbonatpulver einstäubt und dieses einwirken läßt. Man stellt auch die mit einer der in der Tabelle angegeben Lösungen befeuchteten Gegenstände in einen geschlossenen Kasten, indem man Kohlensäure (Kohlendioxydgas) durch Übergießen von Marmorstückchen mit einer verdünnten Säure erzeugt.

Einige abweichende Verfahren sind folgende: 225 g Grünspan, 113 g Zinkoxyd (?), 56 g Borax, 56 g Salpeter, 25 g Quecksilberchlorid werden mit Öl zu einem dünnen Brei verrieben; dieser wird auf den Gegenstand aufgetragen.

Nach Donath bestreicht man mehrfach mit einer Lösung von Ammoniumkarbonat, worauf man auf die so gebildete Vorfärbung ein Gemenge von Eisessig (konzentrierte Essigsäure), ölsaurem Kupferoxyd und freier Ölsäure aufträgt.

Auch nachfolgende Buttersäure enthaltende Lösung ist empfohlen worden: 20 g Buttersäure, 17 g Chlornatrium, 7 g Ätznatron, 5 g Natriumsulfit, 1 l Wasser. Nach dem Auftrocknen kann man mit einer Chloridlösung nachbehandeln und zuletzt durch heißes Wasser ziehen. Die Färbung ist blauschwarz bis gelbgrün abgetönt.

Um die natürliche Patinabildung auf Bronze zu beschleunigen, wird empfohlen, die Bronzen in Zwischenräumen von einigen Wochen mit Ölsäure oder einer Mischung von 20 Teilen Eisessig und 100 Teilen Knochenöl zu bestreichen und dann mit Watte abzureiben, oder man stellt sie 1 bis mehrere Wochen in einen Gärkeller oder anderen Raum, in dem Kohlensäure entwickelt wird, und bespritzt sie von Zeit zu Zeit mit verdünnter Essigsäure, auch kann man eine Ammoniumkarbonatlösung aufbürsten.

Nach Pataky taucht man die Bronzegegenstände in eine Lösung von 6 Teilen Kupfernitrat und 2 Teilen Kochsalz in 100 Teilen Wasser

Grünfärbungen von Kupfer.

Nummer	Chlorammonium (Salmiaksalz)	Chlornatrium (Kochsalz)	Grünspan. krist. (essigsaures Kupfer)	Kupfernitrat	Andere Kupfersalze	Zinksalze	Ammoniumkarbonat	Ammoniumazetat	Weinstein	Essig bzw. Essigsäure	Wasser	Sonstige Bestandteile
1	—	Seesalz 5	6	—	—	—	15	—	5	100 (Essigsäure)	—	—
2	—	20	20	—	—	—	60		20	100	—	—
3	250	—	—	—	—	—	250	—	—	—	1000	—
4	40	—	—	—	—	—	120	—	—	—	1000	—
5	1	6÷9	—	3÷8 Lsg. 1 : 15	—	—	—	—	3	—	—	—
6	10	40	—	80	—	—	—	—	10	1000	—	—
7	—	—	—	80	—	—	—	—	—	250	—	12 Alaun, 7 arsenige Säure
8	—	—	—	20	—	sulfat 30	—	—	—	—	920	30 Quecksilberchlorid
9	—	—	—	1 20 proz. Lsg.	—	nitrat 1 20 proz. Lsg.	—	—	—	—	—	1 Wasserstoffsuperoxyd (3 proz. Lsg.), etwas Platinchlorid oder Eisenchlorid
10	1 10 proz. Lsg.	—	—	1 10 proz. Lsg.	—	—	—	—	—	—	—	1 Kalziumchlorid (10 proz. Lsg.)
11	—	20	—	20	—	—	—	—	—	—	100	—
12	—	—	—	20÷30	—	chlorid 20÷30	—	—	—	—	100	—
13	20	—	10	—	—	—	—	—	—	1000	—	—
14	10	—	—	—	—	—	—	10	—	—	1000	—
15	10	—	—	—	sulfat 4	—	—	—	—	—	1000	20 Kleesalz
16	10	—	10	—	—	—	—	—	—	—	1000	—
17	20	—	—	—	—	—	—	—	—	1000 Essigsäure 1,04	—	10 Oxalsäure
18	8	8	—		—	—	—	—	—	500	—	15 Ammoniak
19	—	Seesalz 15÷16	—	—	—	—	—	—	—	1000	—	4÷15 Kleesalz
20	10	20	—	—	karbonat 30	—	—	—	10	100 50 proz. Essigsäure	—	—

Alle vorstehenden Lösungen werden dünn aufgestrichen, worauf man ohne zu erwärmen eintrocknen läßt. Man reibt dann mit einem weichen wollenen Lappen oder Leder und wiederholt dieses Verfahren mehrmals.

oder trägt diese Lösung mit Bürste oder Lappen auf, bürstet dann ab und taucht in eine zweite Lösung von 50 g Chlorammonium und 10 g Kleesalz in 1 l Wasser, bürstet abermals ab und wiederholt das Verfahren.

Eine graugrüne Patina erhält man nach Beutel mit einer Lösung von 10 g Kaliumsulfid (Schwefelleber), 15 g Ammoniumchlorid, 10 g Eisenazetat und 12 g Ammoniumkarbonat in 200 cm³ Wasser, der man 30 cm³ 5proz. Essigsäure zufügt, ein tiefes Schwarzgrün, wenn man das

Eisenazetat durch Kupferazetat ersetzt, auch ein Zusatz von Kupferarsenit (sehr giftig) wird empfohlen und soll ein Grün mit einem Stich ins Gelblichgraue geben.

Eine Lösung von je 5 g Ammoniumkarbonat und Ammoniumchlorid in 20 cm³ Wasser wirkt rasch und greift eine vorhandene Grundfärbung nicht an, kann also besonders dort verwendet werden, wo man etwa auf einer braunen Patina nur stellenweise Grünfärbung wünscht. Der Farbton kann durch Veränderung des Mengenverhältnisses der beiden Bestandteile mehr nach Blaugrün (Karbonat) oder Gelbgrün (Chlorid) verändert werden.

Ein malachitartiges Blaugrün erhält man nach Beutel mit 10 g Ammoniumchlorid, 30 g Kaliumtartrat, 40 g Natriumchlorid und 50 g Kupfernitrat in 250 cm³ Wasser gelöst, ein Grün auf gelbbraunem Grund mit 1 g Kupfertartrat (weinsaurem Kupfer), 1 g Ammoniumchlorid in 100 cm³ 5proz. Essigsäure gelöst. Diese Lösung ist allerdings etwas schwieriger anzuwenden, weil der zweite Aufstrich die Färbung des ersten vorübergehend wieder zerstört.

Im übrigen kann auf das unter „Kupfer" Gesagte verwiesen werden, die in der dort angegebenen Tabelle zusammengestellten Färbungen sind auch für Bronze durchweg geeignet.

Auch zur Grünfärbung von Messing können die unter „Kupfer" gegebenen Lösungen verwendet werden; die zahlreichen für Messing gegebenen Rezepte weichen kaum wesentlich von ihnen ab.

Buchner empfiehlt 20 g Chlorkalzium, 70 g salpetersaures Kupfer, 60 g Wasser (Eintauchen in die kalte Lösung), Ebermeyer 8 g Kupfervitriol, 2 g Chlorammonium, 100 g Wasser (Ansieden), oder man löst 25 g Kupfernitrat in 25 g Wasser, setzt Salmiakgeist zu, bis der anfangs entstehende Niederschlag sich wieder gelöst hat (etwa 100 g) und setzt dann 100 g Essig (6proz.) und 25 g Chlorammonium zu (Eintauchen oder Betupfen, mehrmals wiederholen). Dieses Verfahren liefert sehr gute Erfolge und wird auch fabrikmäßig angewendet.

Um aus den zahlreichen Vorschriften die wertlosen ausscheiden zu können, wurde zunächst die Wirkung der einzelnen Bestandteile der im Fachschrifttum empfohlenen Lösungen, ergänzt durch eine Anzahl anderer, deren Verwendung noch unter Umständen Aussicht auf Erfolg versprechen konnte, auf Kupfer, Zinnbronze (WBz 6), Tombak (Ms 90) und Messing (Ms 63 und Ms 67) geprüft, und zwar wurden die Probebleche bei Zimmertemperatur mit den Lösungen mehrfach dünn bestrichen bzw. betupft, wie es beim Grünpatinieren üblich ist.

Verwendet wurden folgende Lösungen: Kupfersulfat, Ammoniumsulfat, Ammoniumpersulfat, Natriumthiosulfat, Natriumsulfit, Ammoniumsulfit und naphtholsulfosaures Ammonium, Kupfernitrat, Natriumnitrat, Ammoniumnitrat und Ammoniumnitrit, Kupferchlorid, Natriumchlorid, Ammoniumchlorid, Kupferazetat (Grünspan), Natriumazetat, Ammoniumazetat, Essigsäure, Weinsäure, Weinstein, Ammoniumtartrat, Oxalsäure, Kleesalz (saures Kaliumoxalat), Ammoniumoxalat, Ammoniumbifluorid und Natriumsilikofluorid, Ammoniumbutyrat, Ammoniumlaktat, Borsäure und Ammoniumborat, Chromsäure, Natriumchromat, -dichromat und Ammoniumchromat, Diammoniumphosphat, Natriumwolframat, Natriumkarbonat, Ammoniumkarbonat, Kupferkarbonat in Ammoniak gelöst, Harnstoff, Gerbsäure, Phenole und phenolsulfosaure Salze.

Faßt man die Ergebnisse der Versuche zusammen, ohne alle Einzelheiten anzuführen, so findet man, daß man mit vielen Stoffen zwar eine grüne Patina erzeugen kann, daß aber die meisten dieser Stoffe für den praktischen Gebrauch ausscheiden, weil sie zu langsam wirken oder nur eine sehr schlecht haftende Patina geben. Von den Säuren kommt höchstens Essigsäure als kleiner Zusatz zum „Ansäuern" anderer Lösungen in Frage, von den Kupfersalzen Kupfernitrat, das ja, wenn Anwendung von Erhitzung möglich ist (siehe oben), wohl das beste Patinierungsmittel ist, mit dem Verfasser seit Jahrzehnten arbeitet. Wo man ohne Erhitzung arbeiten muß, wirkt es aber auch nur wenig befriedigend.

Von den Natrium- oder Kaliumsalzen ist höchstens Kochsalz anwendbar, aber auch Ammoniumchlorid nicht gleichwertig. Allgemein ergibt sich aus den Versuchen, daß Ammoniumsalze am besten wirken. Soweit die vergleichsweise angewendeten Kalium- und Natriumsalze nicht ganz versagten, standen sie in der Wirkung ganz erheblich hinter den Ammoniumsalzen zurück, was ja leicht verständlich ist. Die Ammoniumsalze benetzen auch am besten, besonders wenn sie beim erstmaligen Auftragen einen kleinen Zusatz von freiem Ammoniak bekommen.

Eine recht gut haftende hellgrüne Patina gab auch Diammoniumphosphat, dieses Mittel kann evtl. Anwendung finden, wenn man auf eine sehr hellbläulichgrüne Patina Wert legt.

Chromsaure Salze, in diesem Falle statt Ammonium- auch Kalium- oder Natriumchromat oder -dichromat, können zum Abtönen einer anderen Patina nach Bräunlichgrün Verwendung finden.

Ammoniumnitrat kann vorteilhaft zum Grundieren angewendet werden, auf dabei festhaftend oxydierten, schwer trocknenden Grund haften andere Patinierungen besser als auf dem blanken Metall, der Grund begünstigt anscheinend die Bildung basischer Salze.

Zur Erzeugung der Patina selbst kann dann, je nachdem welche Art Patina gewünscht wird, eine Lösung von Ammoniumchlorid oder Ammoniumkarbonat oder die viel verwendete Lösung meist gleicher Teile beider Salze verwendet werden, oder man kann auch zuerst mit Chloridlösung, dann mit Karbonatlösung weiter patinieren.

Will man aber eine Sulfatpatina erzeugen, so ist die Verwendung von Ammoniumsulfit der Verwendung von Ammoniumsulfat nach Freemann und Kirby (siehe nachstehend) nach den Versuchen des Verfassers vorzuziehen. Es kann dann noch eine Nachbehandlung mit verdünnter Wasserstoffsuperoxydlösung stattfinden, falls man sich nicht auf die Mitwirkung des Luftsauerstoffs verlassen will. Langwierig ist die Behandlung aber auch.

Von den Ammoniumsalzen organischer Säuren, die bisher in Patinierungsflüssigkeiten angewendet worden sind, können weinsaures und oxalsaures Ammonium ganz ausscheiden, allenfalls kommt essigsaures Ammonium in Frage. Dagegen fand Verfasser, daß buttersaures Ammonium schnell wirkt und eine schön blaugrüne Patina liefert, die auch recht gut haftet, nur ist der widerliche Geruch lästig, der auch den gefärbten Gegenständen noch lange anhaftet. Bekannt ist auch die Anwendung von Urin.

Wenn auch die Ammoniumsalze besser benetzen als die Kupfer-, Natrium- und Kaliumsalze, so zeigte sich doch bei allen Versuchen, bei diesen Anstrich- oder Tupfverfahren, die Anwendung von Netzmitteln vorteilhaft, sie ist ohne Zweifel auch bei vielen anderen Metallfärbungen von Vorteil. Angewendet wurden Nekal BXS, Nekal BXG, Leonil S und ein noch nicht im Handel befindliches Präparat. Sie waren alle brauchbar, die Nekale gaben aber mit den Lösungen seifenartige Trübungen oder Niederschläge, Leonil und das neue Präparat erwies sich deshalb am geeignetsten. Man kann den Patinierungslösungen kleine Zusätze des Netzmittels machen, aber auch die zu patinierende Fläche nur erstmalig vor der Patinierungslösung mit einer etwas stärkeren Lösung des Netzmittels bestreichen.

Nahezu übereinstimmend patinierte sich Tombak am leichtesten und am besten haftend, Messing auch gut, aber schlechter haftend, Bronze am schwersten.

Aus der großen Zahl der verwendbaren Lösungen können also als besonders zu empfehlen folgende hervorgehoben werden:

1. Für Nitratpatina: Mäßig konzentrierte Lösung von salpetersaurem Kupfer, mit Zusatz von etwas Spiritus oder Netzmitteln, oder auch ammoniakalische Lösung von salpetersaurem Kupfer mit Zusatz von Chlorammonium und Essig (siehe oben).

2. Chlorid-Karbonatpatina: Lösung von 50—250 g Ammoniumchlorid und 100—250 g Ammoniumkarbonat je Liter.

3. Sulfatpatina: Verdünnte Lösung von Ammoniumsulfit mit etwas Kupfersulfat oder -nitrat und einigen Tropfen Ammonium versetzt. Vorbehandlung durch oxydische Färbung und unter Umständen Nachbehandlung mit Wasserstoffsuperoxyd.

4. Chlorid-Azetatpatina: Lösung von 64 g Ammoniumchlorid und 132 g Grünspan je Liter.

3. Tauchverfahren.

Wie schon gesagt wurde, ist ein schnell wirkendes Tauchverfahren zum Grünpatinieren von Kupfer und Kupferlegierungen, das allen Anforderungen entspricht, nicht bekannt. In manchen Fällen wird man aber eines der nachstehend beschriebenen Verfahren anwenden können.

In einer Druckschrift der Chem. Fabr. Schering findet sich folgende Vorschrift zum Grünfärben von Messing und vermessingten Gegenständen:

Man verwendet nacheinander zwei Lösungen, eine Vorbeize, die im Liter 10 g Chlorammonium und 10 g Kupfervitriol enthält, und ein Färbebad, das aus 1 l Wasser, $^1/_2$ l 30proz. Wasserstoffsuperoxyd, 5 g Kochsalz und 5 g 90proz. Essigsäure besteht, es wird auf 60—70°

erhitzt angewendet. Die Gegenstände werden kurz in die kalte Vorbeize gelegt, abgespült und in das Färbebad gebracht, nach dem Anfärben leicht gekratzt und noch einmal gefärbt. Das Färbebad ist nicht lange haltbar.

Nach einer amerikanischen Vorschrift soll man eine grünliche Färbung auf Messing in einer auf 80—90° erhitzten Lösung von 50 g Natriumthiosulfat und 12,5 g Eisennitrat in 1 l Wasser erhalten.

Grünliche Färbungen erhält man auch in alten Permanganat- und Chloratbeizen, nach Buchner in einer Lösung von Kupferchlorat, die man herstellt, indem man eine Lösung von 40 g Kupfervitriol in 100 cm^3 Wasser mit einer Lösung von 52 g Bariumchlorat versetzt und den Niederschlag von Bariumsulfat abfiltriert. Ein unter dem Namen „Sawdust-verde" beschriebenes amerikanisches Verfahren soll wie folgt ausgeführt werden: Man bringt die Gegenstände in Sägespäne, die mit einer Lösung von 200 g Kupferchlorid und 100 g Kaliumchlorat in 1 l Wasser oder auch 220 g Chlorammonium, 80 g Kochsalz, 80 g Weinstein, 80 g essigsaurem Kupfer in 1 l Essig und $^1/_4$ l Wasser befeuchtet sind und läßt 1—3 Stunden bei 25° einwirken. Verfasser konnte mit dem Verfahren keine guten Erfolge erzielen. Olivgrüne Färbungen auf Messing kann man in der unter dem Namen japanisches Verfahren bekannten Lösung von Kupfervitriol, Grünspan und Alaun herstellen.

Eine grüne Patina auf braunem Grunde erhält man, wenn man die zu färbenden Teile (die nicht zu dünnwandig sein dürfen) in einer Lösung von 60 g Chlorammonium und 120 g Grünspan in 1 l Wasser siedet und die Lösung ohne zn spülen antrocknen läßt. Fällt die Färbung dabei zu wenig grün aus, kann man noch einmal kurz in die heiße Lösung tauchen. Auch die S. 104 angeführte ammoniakalische Kupfernitratlösung mit Zusatz von Chlorammonium und Essig kann zur Tauchfärbung verwendet werden. Alle die so erzielten Färbungen gleichen aber nicht der natürlichen Patina.

4. Verfahren von Freeman und Kirby.

In den letzten Jahren haben die Veröffentlichungen von Freeman und Kirby („The Rapid Developpment of Patina on Copper", Met. & Alloys 1932 S. 190—195 u. 1934 S. 67—70) viel von sich reden gemacht, das Verfahren wird von der Copper & Brass Research Association empfohlen und soll, obwohl Verfasser bei mehrfachen Versuchen keine befriedigenden Erfolge damit erzielte, näher beschrieben werden.

Nach der ersten Veröffentlichung soll man in 1 l Wasser 100 g Ammoniumsulfat lösen, 48 Stunden Kupferbleche einstellen, gut abschäumen und die Lösung auf 60—65° erhitzen. Die gut entfetteten Kupferbleche sollen in einer Lösung von 150 g Schwefelsäure und 50 g Kalium- oder Natriumdichromat in 1 l Wasser 15 Minuten gebeizt werden, dann 20 Minuten in das warme Färbebad gebracht, hierauf zum Trocknen aufgestellt oder aufgehängt werden, nach dem Trocknen wieder getaucht und dies 36 Stunden wiederholt, dann $^1/_2$ Stunde in kochendes Wasser gebracht und getrocknet werden. Wenn die Bleche nicht in kochendem Wasser nachbehandelt werden, soll man eine tiefblaue

Färbung erhalten. Chloride sollen nicht zugegen sein. Die Flüssigkeit soll nicht auftröpfeln oder in dickem Strom herabfließen, sondern rasch und gleichmäßig über die ganze Fläche laufen; die Bleche sollen deshalb senkrecht getaucht und herausgezogen werden. An den Rändern der Bleche soll, wie gesagt wird, sich gewöhnlich eine andere Färbung entwickeln als in der Mitte. Der Erfolg soll vom Feuchtigkeitsgehalt der Luft und dem p_H-Wert der Lösung, der zwischen 5,5 und 5,7 gehalten werden soll, abhängig sein.

Schon diese Beschreibung läßt erkennen, daß das Verfahren nicht das ist, was man wünscht. Nach der zweiten Veröffentlichung ist das Verfahren wie folgt abgeändert worden: 90 g Ammoniumsulfat, 3 g Kupfersulfat und 1 cm^3 konzentrierter Ammoniak werden in 1 l Wasser gelöst, die Lösung mit dem Zerstäuber aufgespritzt. Die Wirkung der Lösung ist sehr vom Ammoniakgehalt abhängig, bei zu geringem Gehalt wirkt die Lösung zu schwach, bei zu hohem Gehalt haftet die Färbung nicht. Wenn auch die Erfolge bei der Anwendung dieses Verfahrens besser waren als bei dem vorher beschriebenen, waren sie doch trotz Veränderung des Ammoniakgehalts in weiten Grenzen unbefriedigend, besser wirkte die Lösung auf Messing, gab aber nicht haftende, lockere Schichten, auf Zinnbronze wirkte sie gar nicht.

V. Sonstige Färbeverfahren für Kupfer und Kupferlegierungen.

Man kann mit Platinchloridlösungen (2—5 g/l) schwarz färben, doch wird diese Färbung, des hohen Preises der Lösung wegen, kaum angewendet.

Olivgrün bis steinfarbige Überzüge erhält man nach Hiorns mit einer Lösung von Kupferchlorid oder je 60 g Kupferchlorid und Eisenchlorid in 1 l Wasser, diese Färbungen sind aber sehr lichtempfindlich. Auch mit Kupfervitriollösung (siehe S. 89), denen man geringe Mengen Chloride, z. B. Eisenchlorid oder auch Kochsalz zusetzt, erhält man grünlichbraune Färbungen.

Eine braune Färbung von Kupfersulfozyanid erhält man, wenn man Kupfer oder Kupferlegierungen mehrere Stunden lang in ein Bad taucht, das man erhält, wenn man 100 g Rhodanammonium in 1 l Wasser löst und zu dieser Lösung 100 g Ammoniak (0,91 spez. Gew.) und eine Lösung von 30 g Kupfervitriol in 900 cm^3 Wasser zusetzt.

Das DRP. 501286 schützt die Nachbehandlung von aus Kupferoxydul bestehenden Färbungen mit ätzenden oder lösenden Stoffen, z. B. Rhodanlösungen, wobei eine Glättung der Oberfläche und eine lebhafte, leuchtende Färbung erzielt wird.

DRP. 483481 schützt ein Verfahren zum Färben von Kupfer und kupferhaltigen Legierungen, bei dem der zu färbende Gegenstand ganz oder teilweise vor dem Färben mit einer Silberschicht überzogen wird, die derart dünn ist (z. B. Anreibeversilberung), daß die an sich bekannten Färbemittel durch die Silberschicht hindurch auf das Grundmetall wirken. Besondere Wirkungen werden dadurch erzielt, daß die Silberschicht an einzelnen Stellen des zu färbenden Gegenstandes verschiedene Stärke erhält. (Verfasser hat vor der Erteilung dieses

Patentes bei der Färbung von Bronzen die gleiche Wirkung durch Anreibevergoldung erzielt.)

DRP. 487227 schützt ein Verfahren, dadurch gekennzeichnet, daß zuerst die ganze Oberfläche z. B. nach dem Persulfatverfahren schwarz gefärbt, dann die schwarze Schicht teilweise mehr oder weniger entfernt wird, worauf die freigelegten Stellen versilbert werden (Patente der Württemberg. Metallwarenfabrik in Geislingen).

Andere für Kupfer und Kupferlegierungen verwendbare Schwarz- und Graufärbungen sind die Arsenfärbung in der Arsenbeize (S. 32), der Arsenniederschlag (S. 32), der Schwarznickelniederschlag (S. 34), der Schwarzchromniederschlag (S. 35) und der Molybdänsesquioxydniederschlag (S. 36).

Die Färbungen der japanischen Kupferlegierungen Schakudo und Schibuischi werden, da die Legierungen edelmetallhaltig sind, noch im Abschnitt „Färbung der Edelmetalle" ausführlicher behandelt.

B. Färbung von Eisen und Stahl.

Der Werkstoff.

Das technische Eisen ist kein chemisch reines Eisen, es enthält neben anderen Bestandteilen, die teils von den Erzen oder dem Herstellungsprozeß herrührende Verunreinigungen, teils absichtliche Beimengungen sind, fast immer Kohlenstoff, der seine Eigenschaften in hohem Maße beeinflußt. Während das reine Eisen weich und zäh und schwer schmelzbar ist, steigt seine Härte mit zunehmendem Kohlenstoffgehalt, während der Schmelzpunkt sinkt.

Man unterscheidet in der Hauptsache drei Arten des technisch verwendeten Eisens:

Weichen Stahl oder Schmiedeeisen, das dem chemisch reinen Eisen am nächsten kommt, nicht sehr hart, aber zäh ist.

Stahl im engeren Sinne, von höherer Festigkeit, gleichfalls schmiedbar und schweißbar, aber leichter schmelzbar als Schmiedeeisen, durch plötzliches Abkühlen aus dem glühenden Zustande härtbar.

Gewisse hochchrom- und nickelhaltige Legierungsstähle sind rostfrei, auch kupferhaltige Stähle sind witterungsbeständig.

Roheisen (Gußeisen), das kohlenstoffreichste Eisen mit 2,3 bis über 5% Kohlenstoff, am leichtesten schmelzbar, aber nicht dehnbar, sondern hart und spröde. Das gewöhnliche Gußeisen enthält den Kohlenstoff vorwiegend als Graphit, in Gestalt feiner Blättchen zwischen den Eisenteilchen ausgeschieden. Daher hat es eine graue Bruchfarbe: Grauguß. Bei schneller Abkühlung, namentlich manganreicheren Eisens, scheidet sich der Kohlenstoff nicht als Graphit aus, sondern er bleibt an das Eisen gebunden, die Bruchfläche ist weiß: Weißguß oder Hartguß.

Temperguß oder schmiedbarer Guß ist Gußeisen (graphitarmes), dem man nachträglich durch anhaltendes Glühen in sauerstoffhaltigen Stoffen (Roteisenerz in Sandform) einen Teil des Kohlenstoffs entzogen oder wenigstens in eine besondere Form, sog. Temperkohle, verwandelt hat.

Hochsiliziumhaltiges Eisen zeichnet sich durch Säurebeständigkeit aus.

In Berührung mit Luft verbindet sich das Eisen mit dem Sauerstoff bei gewöhnlicher Temperatur sehr langsam, bei höherer Temperatur schnell. In der Hitze entstehen in der Hauptsache Verbindungen von der Zusammensetzung Fe_3O_4 (Eisenoxyduloxyd) bis Fe_2O_3 (Eisenoxyd), das erstere ist grauschwarz, das letztere rot gefärbt. In der Kälte bilden sich unter der Mitwirkung von Wasser, das ja in Form von Wasserdampf immer in der Luft enthalten ist, Eisenoxydhydrate oder Rost, die bekannte braun gefärbte Verbindung des Eisens. Das als Hammerschlag oder Glühspan bezeichnete Oxyduloxyd bildet einen dichten Überzug, der nicht nur als Färbung, sondern auch als eine das darunterliegende Metall schützende Oberflächenschicht angesehen werden kann, der Rost dagegen ist unzusammenhängend und schützt das Eisen nicht gegen eine weiter nach innen vordringende Einwirkung der feuchten Luft. Wie in feuchter Luft, so bildet sich der Rost auch in lufthaltigem Wasser, die Gegenwart von Säuren, z. B. Kohlensäure oder Chloriden und Nitraten, begünstigt die Rostbildung. Die Beimengungen des Eisens haben gleichfalls Einfluß auf die Rostbildung.

I. Blaufärbung, Anlauffarben.

Die Anlauffarben beruhen auf der Reflexion der Lichtstrahlen durch die obere und die untere Fläche der sehr dünnen Oxydschicht, die sich beim Erhitzen bildet. Das weiße Licht besteht aus einer Reihe farbiger Lichtstrahlen mit verschiedener Wellenlänge. Wenn diese Lichtstrahlen mit einem durch obengenannte Zurückwerfung von zwei verschiedenen Flächen hervorgerufenen kleinen Wegunterschied zusammentreffen, so können sich Wellenberg und Wellental derselben aufheben. Diese Erscheinung nennt man Interferenz. Diese Aufhebung der Wirkung kann wegen der verschiedenen Wellenlänge der einzelnen farbigen Strahlen natürlich, je nach der Schichtendicke der Oxydschicht, nur für eine bestimmte Strahlenart eintreten. Der Gegenstand zeigt dann die Mischfarbe der übrigbleibenden Strahlenarten. Man unterscheidet fünf Farbenreihen, die erste ist gelb, dunkelgelb, orange, purpurrot, violett und blau, bei den folgenden Reihen rücken die Farben näher aneinander, in den letzten Reihen sind nur noch rot und grün deutlich zu erkennen.

Die Farbe hängt, wie schon gesagt wurde, von der Dicke der Oxydschicht ab, die Erzeugung eines gleichmäßigen Farbtons setzt also voraus, daß der Gegenstand ganz gleichmäßig erwärmt wird und überall gleichmäßig mit der Luft in Berührung ist. Gute Reinigung und Entfettung der Oberfläche ist deshalb vor dem Anlassen ebenso notwendig wie bei jeder anderen Färbung.

Kleine Gegenstände können über einer Gas- oder Spiritusflamme angelassen werden, oder man legt sie auf eine auf einem Kohlenfeuer erhitzte Eisenplatte oder in eine Blechtrommel, die über Kohlen- oder Gasfeuer in Umdrehung gesetzt wird. Gleichmäßiger wird die Erhitzung im Sandbad oder Luftbad.

Die Dauerhaftigkeit der Anlaßfarben nimmt mit fortschreitender Temperatur zu, deshalb ist es auch fast ausschließlich das Blau, welches als Färbung Verwendung findet. Besondere Wirkungen erzielt man, indem man den Gegenstand teilweise mit einem leichten Fettüberzug versieht, wodurch diese Stellen in der Anlaßfarbe hinter den fettfreien Stellen zurückbleiben, oder indem man den nicht bis zum Blau angelassenen Gegenstand mit einer Stichflamme stellenweise stärker erhitzt. Endlich kann man den gleichmäßig angelassenen Gegenstand teilweise mit einem Ätzgrund decken, von den nicht gedeckten Stellen die Oxydschicht mit verdünnter Salpetersäure, starkem Essig wegätzen und hierauf den Ätzgrund wieder ablösen.

Zum Anlassen von Werkzeugen bedient man sich auch geschmolzener Metallbäder, in die man die anzulassenden Gegenstände eintaucht, z. B.

gelb	2	Teile Blei,	1	Teil Zinn,	Schmelzpunkt 228°,
braun	3,5	,, ,,	1	,, ,,	,, 254°,
purpurrot	5	,, ,,	1	,, ,,	,, 265°,
hellblau	12	,, ,,	1	,, ,,	,, 284°,
dunkelblau	25	,, ,,	1	,, ,,	,, 293°.

Es ist jedoch zu beachten, daß nicht nur die Höhe der Temperatur, sondern auch die Zeitdauer der Einwirkung von Einfluß auf die sich bildende Farbe ist.

Schwarzblau erzielt man auch durch Eintauchen in siedendes Leinöl.

Auch geschmolzener Salpeter und andere Salzbäder werden zum Anlassen verwendet (siehe weiter unten).

Leichter erzielt man gleichmäßige Blaufärbungen mit dem Lüstersud (Natriumthiosulfat und Bleiazetat, siehe S. 57). Häufig wird das Eisen vor dem Blaufärben schwach vernickelt. Bei größeren Gegenständen ist es zweckmäßig, sie in die kalte Lösung einzulegen und dann langsam bis zum Sieden zu erhitzen. Es schlägt sich aus dieser Lösung eine dünne Schicht Schwefelblei nieder.

Eine andere weniger gebräuchliche Lösung zum Blaufärben von Eisen und Stahl durch Eintauchen erhält man, wenn man 5 g Ferrizyankalium (rotes Blutlaugensalz) und 5 g Eisenchlorid in je 1 l Wasser löst und beide Lösungen vermischt.

An ein den Farbenfabriken vorm. Bayer & Co. patentiert gewesenes Verfahren zur Herstellung rostschützender Überzüge auf Eisen unter Verwendung von Ferro- und Ferrizyanwasserstoffsäure lehnt sich folgendes Verfahren an: Die alkoholische Lösung von Ferrozyanwasserstoffsäure wird mit Leinölfirnis unter Zusatz von etwas Terpentinöl und Benzol gemischt und die so entstehende Emulsion aufgetragen. Nach dem Verdunsten des Alkohols bildet der Firnis eine schützende Decke über dem durch Einwirkung der Ferrozyanwasserstoffsäure auf das Eisen entstehenden Berlinerblau.

Die blaue sog. Wasserfarbe der Büchsenläufe wird erzielt, indem man den Büchsenlauf erhitzt und dann mit Blutstein abreibt.

II. Braunfärbung, Brünieren.

Der Ausdruck Brünieren wird nicht nur für die Braunfärbung, sondern im weiteren Sinne auch für die Schwarzfärbung gebraucht, man kann nach den meisten Verfahren sowohl Braun- als Schwarzfärbungen herstellen. Die Verfahren beruhen zum Teil auf der Erzeugung künstlichen Rostes, also Eisenhydroxyds, aber auch von Oxyduloxyd, unter Mitwirkung von Säuren, ferner in der Abscheidung von Antimon, Kupfer usw., auch dem Verkohlen aufgebrannter Ölschichten u. dgl. Eine Grenze gegen die nachstehend beschriebenen Schwarzfärbungen läßt sich also nicht ziehen, es sollen aber zunächst einige zum eigentlichen Brünieren, also Braunfärben geeignete Verfahren angeführt werden.

Das bekannteste Mittel zum Brünieren ist das Antimonchlorür oder die Spießglanzbutter, das sog. englische Brüniersalz bzw. die salzsaure Lösung desselben. Man stellt durch Erwärmen und Umrühren eine innige Mischung von etwa 1 Gewichtsteil Antimonchlorür und 3 Teilen Olivenöl her, nach einer anderen Vorschrift eine Mischung von 10 Teilen der salzsauren Lösung des Antimonchlorürs (Liquor stibii chlorati) mit 1 Teil Olivenöl. Diese Mischung reibt man mit einem Leinenlappen auf und läßt die Gegenstände etwa einen Tag stehen. Der sich bildende Rost wird abgerieben oder abgebürstet und das Verfahren so oft wiederholt, bis eine gute, gleichmäßige Brünierung erfolgt ist. Die Brünierung wird manchmal mit dem Polierstahl oder hartem Holze poliert, zuletzt mit Leinöl eingerieben oder mit einer über Wachs gestrichenen Bürste gewachst, zuweilen auch gefirnißt. Zur Erzielung einer guthaftenden Brünierung ist oft mehr als zehnmalige Wiederholung des Einreibens und zwischendurch scharfes Abbürsten, unter Umständen mit Drahtbürsten, erforderlich.

Nach Lintner brüniert man mit einer durch inniges Verreiben hergestellten Paste von 3 Teilen Zinkchlorid und 2 Teilen Olivenöl, nach Beutel mit 10 g Eisenchlorid in 100 cm^3 Olivenöl.

Die einfachste Brünierungslösung ist die von Beutel angegebene Eisenchloridbeize, 15 g Eisenchlorid in 1 l Wasser, deren Wirkung man noch abschwächen kann, indem man statt Wasser denaturierten Spiritus als Lösungsmittel verwendet.

Überblickt man die im Fachschrifttum angegebenen und in der Praxis verwendeten Brünierlösungen, so findet man, daß sie in den meisten Fällen Chloride neben freier Salzsäure oder Salpetersäure enthalten, Sulfate sind seltener, außer Zinksulfat, Kupfer- und Eisensulfat, Das Kupfersulfat wirkt durch Ausscheidung von Kupfer auf dem Eisen. ebenso wirken Kupfernitrat und Kupferchlorid. Das ausgeschiedene Kupfer wird oxydiert, wirkt aber auch durch Bildung galvanischer Ketten rostfördernd. Antimonchlorür beeinflußt die Färbung durch Ausscheidung von Antimon.

Um zu erzielen, daß die Lösungen die Eisengegenstände besser benetzen, setzt man meist etwas Alkohol oder Netzmittel zu. Die Lösungen werden recht dünn aufgestrichen, man läßt sie eintrocknen und mehrere Stunden wirken, bürstet den Rostanflug ab und wiederholt das Verfahren so oft, bis eine haltbare gleichmäßige Brünierung eintritt, worauf man gut abspült, trocknet und ölt, wachst oder firnißt.

Die Konzentrationen der einzelnen Lösungsbestandteile sind außerordentlich verschieden, woraus sich ergibt, daß der Erfolg nicht an eine bestimmte Konzentration gebunden ist. Konzentriertere Lösungen wirken schneller, geben aber oft weniger gut haltbare Färbungen.

Man kann also von einer Eisenchloridlösung ausgehen, die man in Konzentrationen von 15—500 g/l angewendet findet, man kann diese, wenn sie schneller wirken soll, noch etwas mit Salz- oder Salpetersäure ansäuern und einen kleinen Zusatz eines Salzes eines edleren Metalls, Kupfer, Quecksilber, Antimon, Wismut machen, den Kupfersalzzusatz darf man aber nicht zu hoch nehmen, da man sonst schlechthaftende Färbungen bekommt. Verwendbar sind die später unter „Schwarzfärbung" angegebenen Lösungen.

Die vorwiegend Eisenchlorid bzw. Salzsäure enthaltenden Lösungen geben gelb- bis rötlichbraune Färbungen, die Antimonchloridbeizen und die aus Antimonchlorid und Olivenöl bestehenden Salben mehr grünlichbraune.

Auch Kaliumbichromatlösung 1:10 soll sich, obwohl sie seltener angewandt wird, bewährt haben. Man erwärmt den Eisengegenstand, bestreicht ihn mit der Beize, läßt den Anstrich trocknen und erhitzt über einem Kohlenfeuer, bis sich Wasser, in das man den erhitzten Gegenstand taucht, gelb färbt.

Weiter wird die Verwendung einer alkoholischen Jodlösung (Jodtinktur) empfohlen. Zum Nachdunkeln auf die eine oder andere Art erzeugter Brünierungen verwendet man oft eine Lösung von salpetersaurem Silber (Höllenstein), 1 Teil in 100—500 Teilen Wasser.

Nach L. Mayer setzt man die blank geputzten und entfetteten Gegenstände den Dämpfen eines Gemenges von konzentrierter erwärmter Salz- und Salpetersäure, auch Essigsäure, 2—5 Minuten lang aus und erhitzt sie dann auf eine Temperatur von 300—500°, reibt mit Vaselin ein und erhitzt nochmals.

Alle eigentlichen Braunfärbungen müssen sehr gut durch säurefreies Öl, Paraffin od. dgl. geschützt werden, weil sie leicht weiterrosten. Um dies zu verhindern, verwandelt man gewöhnlich den Rost durch Erhitzen, Wasserdampf oder kochendes Wasser in Eisenoxyduloxyd, das aber nicht mehr braun, sondern grau bis schwarz aussieht.

III. Schwarzfärbungen durch Aufstreichen und Erhitzen.

Wie schon oben gesagt wurde, kann man mit den unter „Braunfärbung" genannten Verfahren auch schwarz färben und nennt auch die Schwarzfärbung des Eisens Brünierung, ebenso kann man mit den meisten der nachstehend beschriebenen Schwarzfärbeverfahren auch bräunliche Färbungen herstellen.

1. Abbrennen mit Ölen, Fetten, Harzen usw.

Man kann die blanken oder angelassenen Eisen- oder Stahlgegenstände mit Fett oder Öl einreiben und $^1/_2$—1 Stunde auf 200—400°

erhitzen, je nach dem gewünschten Farbton. Von den Fetten eignet sich am besten Talg, von den Ölen Leinöl, Nußöl, Mohnöl, Hanföl, Rizinusöl, Baumöl oder Gemische derselben. Sie sind mit einem Wattebausch, Leinenlappen oder Pinsel in dünner Schicht aufzutragen, zweckmäßig ist es, das Eisen so stark zu erhitzen, daß es mit Wasser eben zischt. Dunklere Töne erzielt man, wenn man 20 Teile Talg mit 1 Teil Schwefelblumen verreibt.

Bei Kunstschmiedearbeiten wird meist das Abbrennen mit Leinöl zur Erzeugung einer schwarzen und auch das Eisen recht gut schützenden Oberflächenschicht angewandt. Man überzieht die Gegenstände recht gleichmäßig mit einer dünnen Schicht von Leinöl oder Leinölfirnis und erhitzt bei abgestelltem Wind über einem Holzkohlenfeuer oder gut durchgebranntem Koksfeuer, wobei die Firnisschicht anfangs verkohlt und schließlich verbrennt; das Verfahren muß mehrmals wiederholt werden, vor erneutem Aufstreichen des Firnisses reibt man jedesmal mit einem trockenen Lappen ab. Zuletzt erhitzt man schwächer und reibt den Gegenstand mit einem mit Leinölfirnis getränkten Lappen ab. Andere bearbeiten die über einem Kohlenfeuer erhitzten Gegenstände mit in Leinöl getränkten Stahldrahtbürsten. Kleinere Gegenstände werden auch in Leinöl getaucht, man läßt sie abtropfen und erhitzt sie stark in einem Eisenblechtopf.

Kleine Eisengegenstände trägt man mit einer Mischung von 10 Teilen trockener Sägespäne und 1 Teil Leinöl in eine Trommel aus Eisenblech, die über einem Kohlen- oder Gasfeuer langsam gedreht wird. Zu starke Erhitzung ist zu vermeiden.

Kleinere Eisengegenstände werden auch mit einem schwarzen Überzug versehen, indem man sie auf einem Rost in einen Topf bringt, dessen Boden etwa 5 cm hoch mit Steinkohlengruß bedeckt ist. Der Boden des am besten gußeisernen Topfes wird etwa $^1/_4$ Stunde der Rotglut ausgesetzt.

Ein mehr für den Großbetrieb geeignetes Verfahren ist das folgende: Ozokerit wird in einem Kessel geschmolzen und auf etwa 100° erhitzt. Die vorher blank gescheuerten Eisenteile taucht man in die geschmolzene Masse, läßt gut abtropfen und hält sie über ein Kohlenfeuer, bis der Ozokerit entflammt. Nach dem Erlöschen der Flamme zeigt das Eisen einen festhaftenden schwarzen Überzug, der auch gegen die Einwirkung von Luft und Wasser und selbst Säuren und Alkalien sehr gut schützt.

Kleine Gegenstände werden auch leicht angewärmt, mit einer dünnen Schicht Wachs bestrichen, die man nach dem Erkalten gut verreibt, und dann kurze Zeit in die Flamme eines mit Benzin getränkten Baumwollbausches gehalten, in der sie sich gleichmäßig mit Ruß bedecken. Nach dem Erkalten wischt man mit einem weichen Tuche ab.

Zum Schwarzfärben von Damastläufen gibt Buchner folgendes Verfahren an, bei dem sich die kohlenstoffarmen Stellen schwarz färben, während die kohlenstoffreichen Stellen weiß bleiben. Der Lauf wird fein poliert, mit Hilfe eines wollenen Lappens mit einer ganz dünnen Schicht Baumöl überzogen und dann überall mit Asche aus hartem Holze gepudert. Man läßt nun den Lauf auf glühenden Kohlen schwarz anlaufen, worauf man ihn vom Feuer nimmt und erkalten läßt. Nun streicht man den Lauf mit Wasser, dem man einige Tropfen Schwefelsäure zugesetzt hat, an und wäscht ihn dann schnell mit Werg oder grober Leinwand und Wasser ab. Schließlich wird der Lauf sorgfältig getrocknet und mit Öl abgerieben.

2. Brünieren bzw. Schwarzfärben in der Waffen-, Stahlwaren- und Uhrenindustrie.

Das Brünierungsverfahren wird namentlich in der Waffenindustrie zur Brünierung der Gewehrläufe angewandt, weshalb die Ausführung einer solchen Brünierung hier noch besonders beschrieben werden soll.

Die Läufe werden sauber geschmirgelt und geschliffen, dann gut entfettet, was vielfach dadurch geschieht, daß man einen Schlämmkreidebrei aufstreicht und eintrocknen läßt. Die trockene Schlämmkreide saugt alle Fetteilchen auf. Zuletzt reibt man noch mit der abgebröckelten Schlämmkreide tüchtig ab. Nun trägt man die Brünierungslösung (siehe vor- und nachstehend) mit einem Schwamm, Wattebausch oder Leinenlappen recht dünn und gleichmäßig auf. Es bildet sich nach einiger Zeit eine Rostschicht, doch darf das Metall nicht etwa so stark von der Beize angegriffen werden, daß Rostgruben entstehen. Nach etwa 12stündigem Stehen wird nochmals bestrichen und nach abermals 12stündigem Stehen auf 5—10 Minuten in kochendes Wasser getaucht und mit einer rotierenden Stahldrahtbürste kräftig abgebürstet. Dieser Prozeß muß in der Regel dreimal wiederholt werden, so daß der ganze Brünierungsprozeß, also sechsmaliges Anstreichen, dreimaliges Auskochen und dreimaliges Abbürsten zusammen, 72 Stunden in Anspruch nimmt.

Die Lösungen, die zur Herstellung einer Schwarzfärbung des Eisens, die auch als Schweizerschwarz oder Schweizeroxyd bezeichnet und viel für Uhrengehäuse verwendet wird, dienen, sind wieder sehr verschieden in der Zusammensetzung und Konzentration, wie die Brünierungsflüssigkeiten. Einige für die Schwarzfärbung verwendete Lösungen sind in der nachfolgenden Tabelle zusammengestellt.

Lösungen zur Schwarzfärbung des Eisens.

Nr. der Vorschrift	Wasser	Alkohol	Salpeteräther	Salzsäure	Salpetersäure	Eisenchlorid	Kupferchlorid	Quecksilberchlorid	Wismutchlorid	Antimonchlorür	Chlorammonium	Eisenvitriol	Kupfervitriol
I	1000	100	—	120	—	—	20	40	20	—	—	—	—
II	1000	100	—	100	—	—	20	50	25	—	—	—	—
III	1000	—	—	—	—	—	—	50	—	—	50	—	—
IV	1000	—	10	—	15	—	—	4	—	30	—	50	20
V	1000	90	—	—	5	35	—	—	—	—	—	—	—
VI	1000	30	—	—	20 (von 26° Bé)	75 (Lösung von 30° Bé)	—	—	—	—	—	—	5
VII	1000	50	—	—	—	15	—	—	—	—	—	30	12
VIII	1000	50	—	75	75	150	—	—	—	—	—	—	30

Im Laboratorium der Gewerbeförderungsanstalt in Wien wurden von Dr. Wogrinz Versuche mit dieser Schwarzfärbung angestellt. Die Überprüfung der verschiedenen Ansätze für die zu verwendende Lösung ergab, daß diese Eisenchlorür und Eisenchlorid enthalten muß, und empfiehlt Wogrinz, von diesen Stoffen selbst auszugehen und die Beize wie folgt herzustellen:

70 g kristallisiertes Eisenchlorür,
10 g Eisenchlorid
und 2 g Quecksilberchlorid

werden in 1 l Wasser gelöst, der Lösung dann noch einige Tropfen Salzsäure zugefügt. Das Eisenchlorür darf nicht zu stark verwittert sein, so daß die Lösung nach dem Absitzen des sie bräunlich trübenden Eisenhydroxyds, das dem festen Eisenchlorür anhaftet, eine zwar leichte, aber doch kräftige gelbgrüne Färbung zeigt.

Von ausschlaggebender Bedeutung ist aber die richtige Ausführung der Färbung.

Die Eisen- oder Stahlwaren (Stahl wird, wenn möglich, durch Erhitzen nachgelassen) werden blank geschmirgelt bzw. sorgfältig geschliffen und mit Wienerkalk zum Zwecke der Entfettung tüchtig abgebürstet oder mit dem Sandstrahlgebläse mattiert. Nach sorgfältigem Abspülen und Trocknen streicht man nun die Beize mit einem ziemlich ausgedrückten Schwämmchen, Läppchen oder Wattebausch ganz dünn und gleichmäßig auf und läßt sie an einem warmen Ort, am besten in einem auf etwa 100° erwärmten Trockenschrank wirken, wozu mindestens 20—30 Minuten erforderlich sind, manche lassen die Beize mehrere Stunden wirken. Bei richtigem Auftragen der Beize müssen sich die Eisengegenstände ganz gleichmäßig mit einer braunroten Rostschicht bedecken, die nirgends Höcker und Krusten oder Flecke bilden soll. Man überzeugt sich durch Bürsten mit einer nassen, weichen Stahldrahtbürste (etwa 0,06 mm Drahtdurchmesser und 1000 Umdrehungen in der Minute), ob die Rostschicht gleichmäßig gut haftet, und wiederholt die Behandlung mit der Beize so lange, bis dies der Fall ist.

Nun werden die Gegenstände in reinem Wasser gekocht oder besser erst der Einwirkung von Wasserdampf ausgesetzt. Hierbei ist zu vermeiden, daß sich der Dampf in Tropfen an den Gegenständen festsetzt, weshalb man diese am besten auf Drahtsieben in den Dampfkasten (bei kleineren Gegenständen einen Blechtopf) bringt. Damit keine Tropfen von oben herabfallen, kann man den Deckel innen mit Tuch beschlagen. Zu starkes Anheizen des Dampftopfes ist zu vermeiden. Dieses Dämpfen dauert etwa 20—30 Minuten, worauf man weitere 20 Minuten in kochendes Wasser selbst bringt, dem man Blauholzextrakt zusetzen kann. Die Rostschicht geht dabei in schwarzes Eisenoxyduloxyd über. Es wird nun abermals gekratzt und das Verfahren 2—3mal wiederholt, worauf man auf heißer Platte oder im Trockenschrank gut trocknet. Zuletzt kratzt man trocken, wobei der Überzug einen gleichmäßigen tiefschwarzen Glanz annehmen muß, und zieht durch heißes Leinöl oder Paraffin oder ölt mit Waffenöl. Zur Ausführung verwendet man zweckmäßig einen Eisenblechschrank mit Gasfeuerung, geteilt in Trocken-, Heißdampf- und Heizwasserkammern.

Für andere Schwarzfärbungen sind noch eine große Zahl von Vorschlägen gemacht worden.

Nach Buchner bestreicht man die Eisenteile mehrmals mit einer Lösung von 2 g Gerbsäure und 2 g Weinsäure auf 1 l Wasser und läßt an der Luft eintrocknen.

Einen schwarzen Antimonüberzug erhält man, wenn man das durch Fällen von Antimonchloridlösung (Liquor stibii chlorati) mit Wasser erhaltene Antimonoxychlorid nach dem Auswaschen mit Wasser in Eisenchloridlösung einträgt und die Eisengegenstände in diese Beize einlegt. Zweckmäßig setzt man einige Tropfen Salzsäure zu.

Vanino und Mauermeyer berichten über Färbeversuche mit roter, rauchender Salpetersäure: Die Probestücke wurden entfettet und, von Oxyd befreit, ganz trocken in möglichst konzentrierte frische rote rauchende Salpetersäure eingetaucht; nach sorgfältigem Abspülen in fließendem Wasser legt man einige Minuten in verdünnte Soda- oder Ätznatronlösung und spült abermals mit Wasser. Die tiefschwarze Farbe erscheint erst nach dem Trocknen bzw. Blankreiben.

IV. Inoxydieren durch Glühverfahren.

Gleichmäßige und guthaftende Überzüge von Eisenoxyduloxyd erhält man, wenn man das Eisen abwechselnd oxydierend und reduzierend glüht, d. h. in einem geschlossenen Raume erhitzt, durch den man Gase mit überschüssigem Sauerstoff, abwechselnd mit solchen, die Sauerstoff an sich reißen (Kohlenoxyd, Kohlenwasserstoffe), leitet. Man nennt diesen Prozeß Inoxydieren des Eisens.

Das Eisenoxyduloxyd bildet eine Oberflächenschichte, die mit der metallischen Grundlage in guter Verbindung steht, sich feilen und meißeln läßt, in bezug auf Zähigkeit und Haftintensität auch das beste Email übertrifft, sehr widerstandsfähig gegen Abnützung durch Reibung u. dgl. ist und infolge seiner Unempfindlichkeit gegenüber feuchter Luft und Wasser einen vorzüglichen Rostschutz bietet.

Die Farbe der Inoxydschichte ist mattglänzend grau bis blaugrau, sie läßt sich sowohl auf Guß- als auf Schmiedeeisen hervorbringen.

Beim gewöhnlichen Glühen des Eisens im Schmiedefeuer od. dgl. läßt die Haftfestigkeit des Glühspans meist zu wünschen übrig, er blättert ganz oder teilweise ab und bildet dann ungeschützte Stellen oder auch Spalten, in denen sich Feuchtigkeit festsetzen kann. Deshalb muß vorhandener Glühspan zunächst entfernt werden.

Nach dem gebräuchlichsten Verfahren wird das Eisen bei Rotglut, etwa 800—900°, abwechselnd der Wirkung oxydierender und reduzierender Gase unterworfen, 15—20 Minuten oxydierend, 20—30 Minuten reduzierend so lange erhitzt, bis sich eine stärkere Oxyduloxydschicht gebildet hat, doch ist nach Weigelin die Annahme, daß sich zuerst Eisenoxyd bildet, welches dann zu Oxyduloxyd reduziert wird, nicht richtig. Weigelin versuchte vergeblich verrostete Waren zu inoxydieren, verringerte dann die Luftzufuhr während einzelner Oxydationsperioden und schaltete sie schließlich ganz aus, erzielte aber dabei dieselben Erfolge wie beim Wechsel von Oxydations- und Reduktionsperioden, obwohl er ganze Ofenfüllungen ohne Oxydationsperiode inoxydierte. Die Inoxydschichte entsteht auch schon beim Gießen im Herd auf den nach oben liegenden Flächen, es ist dazu also nur nötig, das Eisen auf Rotglut zu erhitzen und dann der Abkühlung an ruhiger Luft zu überlassen. Der Wechsel von Oxydations- und Reduktionsperioden ist nur zur Erhaltung der geeignetsten Temperatur erforderlich. Auch während der Oxydationsperiode bildet sich Oxyduloxyd, wenn die Temperatur so niedrig gehalten wird, daß es zur Oxydbildung nicht kommt.

Die Mindesttemperatur ist etwa 650°, besser ist die oben angegebene Temperatur von 850—900°. Die Eisenoberfläche soll möglichst rein und die Luft möglichst staubfrei sein, die Temperatur des Ofens ist durch Meßinstrumente zu kontrollieren. Auch der Gasdruck im Ofen ist von großem Einfluß. Der Einfluß des Staubes zeigte sich früher beim Inoxydieren von Kochtöpfen an der verschiedenen Farbe von Außen- und Innenflächen. Nur die vor Staub geschützten Innenflächen zeigten die reine blaue Farbe, während die dem Staub ausgesetzten Außenflächen mißfarbig grau oder auch rötlich wurden.

Dieser Unterschied ist bei neueren Inoxydöfen nicht mehr wahrnehmbar. Der wesentliche Unterschied alter und neuer Öfen besteht darin, daß die letzteren eine größere Wandstärke (51 cm statt 25 bis 38 cm) haben, daß der Gaserzeuger vom Ofen getrennt ist, der Gasabzugkanal vom Boden an die Seite des Ofens verlegt, an Stelle der Gasschieber Glockenventile angeordnet, die Haupttüre mit Sand abgedichtet und die Schaulöcher mit konischen statt zylindrischen Bolzen verschlossen sind. Das Anheizen eines neuen Ofens erfordert mindestens 2, besser 3—4 Wochen, während welcher Zeit die Temperatur ganz allmählich auf Rotglut zu steigern ist. War der Ofen nur zeitweise außer Betrieb gesetzt, genügen zum Anheizen 2—4 Tage.

Bei 900° erhält die Inoxydschichte die reinste Farbe und den höchsten Glanz, bei höherer Temperatur bildet das Inoxyd leicht Blasen und blättert ab. Die am besten gebeizten und trocken gescheuerten Waren (jedenfalls soll die Oberfläche möglichst gleichmäßig sein und nicht neben metallisch reinen Teilen unverletzte Gußhaut zeigen) werden gleichmäßig verteilt in den angeheizten Ofen eingeschoben, der Gasdruck im Ofen ist niedrig zu halten (Messung durch Zugmesser) und der Gehalt der Gase an freiem Sauerstoff gleichfalls (Gasuntersuchung mit Buntebürette, Orsatapparat od. dgl.). Der zur Bildung des Oxyduloxyds erforderliche Sauerstoff wird durch die Kohlensäure und den Wasserdampf der Heizgase geliefert. Auch der Kohlensäuregehalt soll nicht zu hoch, der Kohlenoxydgehalt nicht zu niedrig sein, während der Reduktion soll Kohlensäure überhaupt nicht auftreten. Plötzliches Eindringen freien Sauerstoffs bewirkt ein Aufflammen im Ofen, durch das das Inoxyd leicht abspringt, deshalb muß der Übergang von der Reduktions- zur Oxydationsperiode und zum Ausziehen der Beschickung möglichst langsam erfolgen, von der Oxydation zur Reduktion soll man schnell übergehen.

Die Dauer einer Inoxydierung beträgt etwa 3—4 Stunden. Ein Ofen mittlerer Größe von etwa 4,5 m^3 Nutzraum liefert täglich etwa 4 Einsätze von 500—2000 kg Gußwaren bei einem Kohlenverbrauch von etwa 500—600 kg. Bei guter Ausnutzung des Ofens beträgt der Kohlenverbrauch etwa 25—30% des Beschickungsgewichts. Die Kosten eines solchen Ofens sind etwa 7000 M., zur Bedienung sind 1 Meister und 2—3 Arbeiter nötig. Die Schichten, die $^1/_2$—2 mm Stärke erreichen, widerstehen den atmosphärischen Einwirkungen wie auch der Einwirkung von reinem alkalischem oder salzhaltigem Wasser sehr gut, ebenso mechanischer Abnutzung.

Bei Kochgeschirren, die innen emailliert und außen inoxydiert werden, ist die Schicht nur etwa 0,02 mm dick, es genügt dann eine Oxydationszeit von etwa 5 Minuten bei 750° und eine Reduktionszeit von 5—8 Minuten bei 800—850°, wobei auch gleichzeitig das Email schmilzt.

Neben diesem von Bover und Barff stammenden Verfahren werden nach einem anderen von Barff stammenden Verfahren die rotglühenden Gegenstände überhitztem Dampf ausgesetzt. Die Stärke des so erzielten Überzuges hängt von der Temperatur des Dampfes und von der Dauer der Einwirkung auf das Eisen ab; der Überzug ist sehr hart und haftet fest. Setzt man das zu schützende Eisen in einem auf 260° erhitzten Raum nur 5 Stunden lang den Einwirkungen überhitzter Dämpfe aus, so erhält man eine Oberfläche, die weder im Zimmer noch bei Einwirkung der Feuchtigkeit rostet. Steigert man die Hitze während 6—7 Stunden auf 650°, so widersteht die Oberfläche selbst der Feile und kann ohne Nachteil beliebig lange der Atmosphäre ausgesetzt werden. Das Eisen wird durch die Behandlung schwarz, seine Oberfläche erleidet aber sonst keinerlei Veränderungen.

Die Kosten der Einrichtung bringen es mit sich, daß diese Verfahren nur im Großbetrieb ausgeführt werden können. Durch Versuche ist festgestellt worden, daß die Festigkeit des Eisens durch den Inoxydierungsprozeß nicht mehr beeinträchtigt wird als eben durch das Ausglühen an und für sich. Hinsichtlich der Haltbarkeit der Oberflächenschicht bei hoher Belastung wurde festgestellt, daß sich dieselbe an Schmiedeeisenstäben durchschnittlich bei einer Spannung von 2012 kg in Gestalt kleiner Blättchen ablöste, daß dagegen bei Gußeisenproben ein Ablösen selbst bei der Bruchbelastung nicht eintrat.

Zur Erzielung eines besseren Aussehens werden die Gegenstände meist noch mit Drahtbürsten gekratzt und geölt.

Der Inoxydierungsprozeß von Ward beruht auf Erhitzung der Eisengegenstände bei gleichzeitiger Anwendung von Silikaten. Die Silikatmasse wird mit der Bürste aufgestrichen oder die Gegenstände in dieselbe eingetaucht. Der Überzug trocknet rasch, wird bei entsprechender Erhitzung flüssig und saugt sich in die Poren des Metalls ein. Nach dem Erkalten bildet er einen dichten, gleichmäßigen, mattschwarzen Überzug, der dem Einfluß der Atmosphäre gut widersteht und auch fest auf der Oberfläche haftet. Durch Zusatz von Metallsalzen, wie sie zum Färben von Glas verwendet werden, zu der kieselsauren Masse lassen sich verschiedene Färbungen der Oberflächenschicht erzielen.

V. Färbungen durch Bildung von Schwefeleisen.

Eine Anzahl anderer Schwarzfärbungen des Eisens beruht auf der Bildung von Schwefeleisen (FeS, Ferrosulfid).

Nach Buchner bestreicht man den Gegenstand mit Schwefelbalsam (Balsam sulfuris terebinth.) oder mit einer Lösung von Schwefel in Terpentinöl, die man durch Kochen auf dem Wasserbade herstellt, oder einer durch Verreiben hergestellten Paste von 20 Teilen Talg und 1 Teil Schwefelblumen, läßt bei gelinder Wärme auftrocknen und erhitzt dann stärker, ohne es zur Entflammung, durch die die Färbung fleckig werden würde, kommen zu lassen.

Auch das Bestreichen bzw. Eintauchen in Sulfitablauge und nachfolgendes starkes Erhitzen ist zur Herstellung von Schutzüberzügen auf Eisen vorgeschlagen worden.

VI. Eisenfärbungen in Salzschmelzen.

Ein anderes Verfahren, Eisen schwarz zu färben, ist das Eintauchen in ein geschmolzenes Gemisch von 4 Teilen Ätznatron und 1 Teil Salpeter. Statt dieses Schmelzflusses kann man auch geschmolzenes Kalium- oder Natriumnitrit (salpetrigsaures Kalium oder Natrium) oder Gemische von Nitrit und Nitrat (Salpeter) verwenden.

Zu den Verfahren, bei denen das Eisen in eine schmelzflüssige Masse eingetaucht wird, gehört auch das Dr. Aug. Prettner in Spandau durch DRP. 298207 geschützt gewesene Orthomanverfahren, nach dem in Schmelzen, die aus Alkalichromat und Chromsäure oder Alkalisalzen der Polychromsäuren bestehen, Oxydschichten gebildet werden sollen, die Chromoxyd enthalten.

Verfasser unterzog mit seinen Schülern diese Färbeverfahren einer Nachprüfung, die zu folgenden Ergebnissen führte:

Ein Unterschied zwischen der Verwendung von Kali- oder Natronsalzen war nicht festzustellen, man wird also die billigeren Natronsalze verwenden.

Eine Nitrat- (Salpeter-) Schmelze, ohne weitere Zusätze, ist zum Heller- oder Dunklerblau-Anlassen von Stahl und Eisen geeignet, nur bei sehr starker Überhitzung über den Schmelzpunkt erzielt man eine magere Schwarzfärbung, für diese sind aber andere Salzschmelzen geeigneter.

Eine Nitritschmelze (salpetrigsaures Natrium oder Kalium) liefert ohne weitere Zusätze bei niedrigeren Temperaturen satte, glänzende Schwarzfärbungen, ist also weit besser geeignet als die Nitratschmelze.

Mischungen von Nitrat mit Nitrit liefern um so bessere Schwarzfärbungen, je höher der Nitritgehalt ist. Da der Preisunterschied beider Salze nicht sehr erheblich ist, liegt kaum Veranlassung vor, solche Mischungen zu verwenden.

Natriumhydroxyd- (Ätznatron-) Schmelze färbt Eisen und Stahl mattgrau bis rostbraun, die Färbung ist aber rauh, meist fleckig und schlecht haftend, infolge ihrer porösen Beschaffenheit auch wenig schützend. Kleinere Zusätze von Ätznatron zur Nitratschmelze und auch zur Nitritschmelze geben mattschwarze Färbungen, aber gleichfalls von lockerem Gefüge. Zusammensetzungen, wie sie in Fachzeitschriften empfohlen worden sind, z. B. 80% Ätznatron und je 10% Natriumnitrat und Natriumnitrit, sind kaum zu empfehlen; zur Erzielung einer mattschwarzen Färbung genügen 5—10% Ätznatron, Zusätze über 25% sind auf Grund der Versuche zu verwerfen, zumal auch der geringe Preisunterschied das Verfahren nicht wesentlich verbilligt.

Ein Zusatz von 5—10% Mangansuperoxyd (Braunstein) in Pulverform zur Nitratschmelze liefert dunkelblauschwarze Färbungen. Bei Verwendung von Kaliumpermanganat genügen schon Zusätze von 1 bis 5%, wodurch der Preisunterschied ausgeglichen wird. Diese Zusätze steigern auch die Wirkung der Nitritschmelze noch etwas, man erhält damit schön tiefschwarze Färbungen.

Natriumsuperoxyd in Zusätzen von etwa 5% zur Nitratschmelze liefert tiefschwarze Färbungen, bei höheren Zusätzen von etwa 10% wird die Färbung mattschwarz, ähnlich wie bei Ätznatron, aber glatter und dichter. Man macht besser häufigere kleinere Zusätze, als einen größeren Zusatz auf einmal. Da Natriumsuperoxyd in Berührung mit organischen Stoffen Selbstentzündungen und Explosionen hervorrufen kann, ist beim Arbeiten mit diesem Stoff wie bei der Aufbewahrung desselben große Vorsicht geboten, man wird deshalb, wenn man mit anderen Mitteln auskommt, auf seine Verwendung besser verzichten.

Auch Zusätze von 5—10% Natriumperborat verbesserten die Wirkung der Nitratschmelze und lieferten tief blauschwarze bis mattschwarze Färbungen, nicht ganz so gut waren die Wirkungen bei gleich hohen Zusätzen von Natriumperchlorat.

Die gleichen Zusätze steigerten auch die Wirkung der Nitritschmelze noch etwas, da der Preis der zuletzt genannten Chemikalien aber wesentlich höher ist, wird man meist den Braunsteinzusatz verwenden.

Entgegen den Angaben der obengenannten Patentschrift konnten mit Zusätzen von Chromverbindungen (geprüft wurden Zusätze von Chromoxyd, Chromat, Bi- und Polychromaten und Chromsäure) keine günstigen Ergebnisse erzielt werden. Teils konnte man mit den Bädern wegen Entwicklung giftiger Gase und starker Schaumbildung überhaupt nicht arbeiten, im übrigen waren die Ergebnisse nicht besser als mit den obengenannten Zusätzen. „Gemischt oxydische" Überzüge, von denen die Patentschrift spricht, konnten in keinem Fall festgestellt werden. In den abgelösten Oxydschichten waren höchstens Spuren von Chrom nachweisbar, wie sie trotz mehrfacher Behandlung mit heißem Wasser noch in Poren in Form von Resten der Salzschmelzen zurückbleiben können, die aber nicht als Nachweis von Chromoxyden als wesentlicher, den Schutzwert der Färbung beeinflussender Bestandteil angesehen werden konnten.

Über die Ausführung solcher Färbungen in Salzschmelzen ist noch zu sagen, daß die Schmelzen mehr oder weniger stark über den Schmelzpunkt der Salze erhitzt werden müssen, so daß auch die Schmelzpunktunterschiede der Salze oder Salzgemische keine Rolle spielen, daß die Schmelzen und ihre Einzelbestandteile meist hygroskopisch sind, also Wasser aus der Luft anziehen und deshalb in verschlossenen Gefäßen aufzubewahren sind und beim Verspritzen Kleidung, Holz usw. leicht entzünden. Man arbeitet deshalb am besten mit Asbestkleidung oder -schürzen und Schutzbrille, bedeckt die Arbeitstische mit Blech und muß, um Verspritzen zu vermeiden, die Gegenstände vor dem Eintauchen sorgfältig trocknen. Zum Einschmelzen sind Eisengefäße von genügender Wandstärke zu verwenden, damit diese nicht durchbrennen, besonders, wenn man durch Kohlenfeuerung erhitzt, da die Kohlen in Berührung mit den Schmelzen explosionsartig verbrennen.

Bei genügender Überhitzung der Schmelze genügt meist eine Eintauchdauer von $^1/_2$ bis höchstens 1 Minute, dickwandige Gegenstände kühlen natürlich die Schmelze ab und müssen so lange eingetaucht werden, bis sie die Temperatur der Schmelze angenommen haben. Kleine Gegenstände können in Sieben eingetaucht werden. Wie die Gegenstände nicht feucht eingetaucht werden dürfen, dürfen sie auch nicht mit Öl oder Fett behaftet sein. Daß man nicht gehärtete oder hartgezogene Teile, die nicht ausgeglüht werden dürfen, in Salzschmelzen färben darf, ist selbstverständlich.

Nach dem Eintauchen sind die Gegenstände in kaltem Wasser abzulöschen, zur besseren Entfernung von Salzresten aus den Poren und zum schnelleren Trocknen kann man noch in heißem Wasser nachspülen. Dann trocknet man am besten noch im Trockenofen oder auf einer heißen Platte und taucht in säurefreies Öl oder geschmolzenes Paraffin.

Dem Färben in Lösungen gegenüber hat das Färben in Salzschmelzen den Nachteil, daß der Verlust an anhaftendem Salz größer ist, besonders bei kleinen Massenartikeln, die in Sieben eingetaucht werden, oder Hohlkörpern.

VII. Färbung in Natronlauge mit Oxydationsmitteln.

Wenn die Färbung in Salzschmelzen der hohen Erhitzung oder des starken Salzverlustes wegen nicht anwendbar oder unwirtschaftlich ist, kann man sich besser der Färbeverfahren bedienen, die statt Schmelzen siedende Natronlauge mit Zusatz von Oxydationsmitteln verwenden. Die Arbeitstemperatur liegt hier meist bei 150° und überschreitet auch bei weiterem Einkochen der Lauge nicht 180 bis höchstens 200°, Temperaturen, die die Härte nicht wesentlich vermindern. Wenn auch diese Laugen schon hochkonzentriert sind, sind sie doch dünnflüssiger als Schmelzen, so daß auch die Spülverluste weniger empfindlich sind, um so mehr als man sie dadurch sehr herabmindern kann, daß man in einem Gefäß vorspült, dessen Wasser dem Färbebad zum Ersatz des verdampfenden Wassers wieder zugesetzt wird.

Ein Nachteil des Verfahrens darf allerdings nicht unerwähnt bleiben: Natronlauge verwandelt sich durch Aufnahme der Kohlensäure der Luft ziemlich rasch in Natriumkarbonat (Soda) und wird dadurch unwirksam. Man muß deshalb die Behälter, wenn sie außer Gebrauch sind, luftdicht abdecken, nachdem man durch Auffüllen von Wasser wieder die ursprüngliche Konzentration hergestellt hat. Man kann auch die aufgenommene Kohlensäure durch Zugabe von gelöschtem Kalk als unlöslichen kohlensauren Kalk ausfällen und dadurch wieder das Natriumkarbonat in das wirksame Natriumhydroxyd zurückverwandeln.

Auch diese Verfahren wurden von dem Verfasser und seinen Schülern einer Überprüfung unterzogen.

Im Fachschrifttum waren über dieses Färbeverfahren folgende Angaben zu finden:

Dr. Th. Mauermeyer (dies. Buch 1. Aufl. S. 142): In 50 cm^3 möglichst konzentrierter Natronlauge wird eine Messerspitze Natriumsuperoxyd eingerührt und zum Sieden erhitzt, Stahlband färbt sich gleichmäßig schwarz, wenn auch die Färbung nicht kräftig ist; außer Schwarz lassen sich auch Anlauffarben erzeugen.

Buchner (Die Metallfärbung, 4. Aufl. 1935): Wenn man Eisen oder Stahl in heiße, konzentrierte Natronlauge einlegt, so findet infolge der Einwirkung des Luftsauerstoffs und der Wirkung des Alkalis durch Bildung von Eisenoxyduloxyd Schwarzfärbung statt. An Stelle des Luftsauerstoffs verwendet man sauerstoffabgebende Stoffe: Salpeter, salpetrigsaures Natrium, Natriumsuperoxyd usw. Beispiel: In 100 cm^3 35—40proz. Natronlauge trägt man ungefähr 5—10 g Natriumsuperoxyd ein und erhitzt zum Sieden.

Man löst 400 g Ätznatron in 600 g Wasser auf und setzt 10 g Salpeter und 10 g Natriumnitrit zu. Die Lösungen werden erhitzt und kochen bei einer Temperatur von 120—130°, durch allmähliches Verdampfen von Wasser steigt der Siedepunkt bis 180—200°. Die Schwarzfärbung erfolgt innerhalb 15—30 Minuten.

Einige weitere Angaben beziehen sich auf die nachfolgend genannten Patente: DRP. 292603 (1915), B. Guerini in Brescia: Verfahren zum Oxydieren der Oberfläche von eisernen Gegenständen, dadurch gekennzeichnet, daß diese mit einer warmen alkalischen Natriumpikratlösung behandelt werden. Ausführungsform: 100 Gewichtsteile Wasser, 84 Gewichtsteile Ätznatron, 16 Gewichtsteile Pikrinsäure, Temperatur etwa 150°, Färbedauer etwa 10 Minuten, Farbe glänzendbraun. DRP. 368548 (1922), Wilhelm Utendörfer in Köln: Verfahren zum Schwärzen von Eisen und Stahl, dadurch gekennzeichnet, daß die zu schwärzenden Stücke mit einer mäßig erwärmten Lösung behandelt werden, die aus gelösten Natriumsalzen von Nitrophenolen und Gallussäure und im Überschuß zugesetztem Alkali besteht. — Während nach dem erstgenannten Verfahren nur eine braune Farbe erreicht wird, wird die Färbung durch Zusatz von Gallussäure tiefblauschwarz. Das Zusatzpatent 391800 sagt: Ein derartiges Bad kann infolge des Gehalts an Gallussäure durch unsachgemäße Behandlung leicht unbrauchbar werden, auch ist die Bereitung des Bades wegen der Explosionsgefahr, die durch die Gallussäure nur wenig herabgesetzt wird, an bestimmte Vorschriften gebunden. Es genügt ein Zusatz von 2—5% von Sachariden oder Polysachariden (z. B. Melasse od. dgl. zuckerhaltige Stoffe), um die Gefährlichkeit der Nitrophenole zu beheben und das Bad unempfindlicher zu machen, die Schwarzfärbung soll dadurch auch dauerhafter und glänzender werden.

DRP. 375198 (1918), Dr. A. Mai, München: Verfahren zum Brünieren von Eisen, Stahl, Legierungen und festen Lösungen derselben mittels alkalischer heißer Bäder unter Zusatz von Oxydationsmitteln, dadurch gekennzeichnet, daß man den Bädern gebrannten und gelöschten Kalk oder ähnlich wirkende Mittel zusetzt, welche die Erzeugung von Ätzalkali in statu nascendi bewirken und die Karbonatbildung verhindern, — daß man die Gußhaut vor der Behandlung mit einer anorganischen Säure entfernt —, daß man den brünierten Gegenstand nach Entfernung aus dem Bad mit einem Lösemittel für den Kalk od. dgl. Zusatz, z. B. verdünnter Essigsäure, abspült.

Die Patentschrift gibt weiter an: Als Oxydationsmittel können sowohl die meisten anorganischen Oxydationsmittel, wie z. B. Bichromat, Permanganat, Nitrate, Nitrite, Superoxyde, Chlorate usw., als auch organische Oxydationsmittel, wie z. B. aromatische Nitroverbindungen (nitrierte Baumwolle, Nitrophenol, Nitrotoluol usw.) verwendet werden. Je nach Konzentration und Eisensorte können tiefschwarze bis bronze- und messingfarbene Überzüge erzeugt werden. Wenn man z. B. 100 Raumteile 33proz. Natronlauge mit 3 Raumteilen Salpeter und etwas gebranntem Kalk versetzt und das Bad auf 120—130° erhitzt, kann man in 15—30 Minuten poliertes Eisen schwarz brünieren. In Lauge höherer Konzentration mit etwas mehr Salpeter auf 180—200° erhitzt, kann man poliertes Eisen in 5 Minuten braun färben. Tiefere Töne erhält man, wenn man vorher in einer anorganischen Säure, z. B. Salzsäure, einige Minuten beizt. Die Entfernung von letzten Kalkspuren geschieht mit verdünnter Essigsäure, worauf man nochmals mit Wasser spült, trocknet und mit Öl einreibt, lackiert oder firnißt.

Das Zusatzpatent 376669 sagt, daß es sich herausgestellt hat, daß die Brünierung in frisch angesetzten Bädern sich nicht so leicht und durchgreifend vollzieht als in älteren Bädern, in denen von den angewendeten Oxydationsmitteln, wie Salpeter, Kaliumpermanganat, Natrium- oder Kaliumdichromat usw., deren Abbauprodukte, wie salpetrigsaures Natron, mangansaures Natrium, Natrium- oder Kaliumchromat usw., vorhanden sind und gibt an, daß man diese und zur Erhöhung der Wirkung geringe Mengen eines Eisensalzes z. B. Eisennitrat zusetzen soll, z. B. auf 100 kg Natronlauge ungefähr 2 kg Salpeter, 100 g Natriumnitrit und etwa 50 g Eisennitrat, wobei man durchweg sattere Töne erzielt.

Nach dem Zusatzpatent 375198 werden zur Erzielung hellerer Töne von Gelb bis Bronzefarben die Gegenstände vor zu rascher Einwirkung des Bades durch Eintauchen in sehr verdünnte Kupfersulfatlösung oder durch Anlaufenlassen z. B. im Luftbad bis zur blauen Anlauffarbe geschützt. Dabei arbeitet man zweckmäßig mit Laugen höherer Konzentration (bis zur Sättigung) bei Temperaturen von etwa 180 bis 200°.

Diese Patente sind erloschen; nach einem neueren Patent 575634 soll der Kalk, der zugesetzt wird, um das durch die Kohlensäure der Luft sich bildende kohlensaure Alkali wieder in Ätzalkali zu überführen, unter vollständigem oder teilweisem Luftabschluß gelöscht werden, um den Kalkverbrauch, die Häufigkeit des Regenerierens, die Schlammbildung und die durch diese hervorgerufene Fleckenbildung einzuschränken. Die Zweckmäßigkeit dieses Verfahrens ist nicht recht einleuchtend.

Schließlich ist noch Dr. T. Rondelli in Turin und Qu. Sestini in Bergamo das DRP. 347934 (1920) erteilt worden. Dieses schützt ein Verfahren, bei dem die Oxydation mittels eines heißen konzentrierten Alkalibades erfolgt, das ein Schwermetalloxyd in Lösung enthält, dadurch gekennzeichnet, daß das Oxyd eines Metalls benutzt wird, das sich, wie z. B. Blei, gegenüber dem Eisen elektronegativ verhält, ... ferner, daß dem alkalischen Bade ein Alkalizyanid oder Oxydationsmittel, z. B. Nitrate zugesetzt werden.

Als Ausführungsbeispiel nennt die Patentschrift ein Bad, das hergestellt wird, indem man 22 g Bleiglätte in einer bei etwa 120° siedenden Ätznatronlösung unter Umrühren löst. Die Lösung wird auf einer Temperatur von 120—130° gehalten, die Erhitzung kann aber je nach Beschaffenheit der Oberfläche fortgesetzt werden, bis der Siedepunkt auf 135—140° steigt. Die Bleikonzentration kann innerhalb gewisser Grenzen wechseln, z. B. können 20—30 g Bleiglätte im Liter angewendet werden, für manche Zwecke erweist sich aber eine erheblich niedrigere Konzentration, z. B. 5—10 g/l, als zweckmäßig. Der Alkalizyanidzusatz wird in der Patentschrift zu 10—20 g/l angegeben. Brieflich gab seinerzeit Prof. Sestini folgende Badzusammensetzung an: 50proz. Natronlauge, 3% Bleiglätte, 2% Zyankalium, 10% Natriumnitrat.

Nach Angabe der Patentschrift wird die Oberfläche gebräunt und gleichzeitig mit einem kristallinischen, nicht anhaftenden Niederschlag von metallischem Blei bedeckt, wenn dieser Niederschlag sich nicht weiter vermehrt, ist der höchste Grad der Oxydation erreicht. Das reduzierte Blei wird von dem Boden des Bades und aus dem Spülgefäß wiedergewonnen und kann wieder in Oxyd übergeführt werden. Die Gefäße für das Bad können aus Porzellan oder aus Eisen mit einer Kupfer- oder Bleiauskleidung bestehen.

Auf die Nachprüfung von Verfahren, die mit Explosionsgefahr verbunden sind, wurde zunächst verzichtet, zumal schon frühere Versuche ergeben hatten, daß die nach diesen Verfahren erzielten Färbungen nicht besser waren, als die mit ungefährlichen Verfahren erhaltenen.

Kurz vor Abschluß der Arbeiten erschien noch die Patentschrift 613762 (Guerini): Verfahren zum Brünieren durch alkalische Nitrophenole und Oxydationsmittel enthaltende Bäder, dadurch gekennzeichnet, daß als Oxydationsmittel Bleidioxyd zugesetzt wird, wobei zum Teil wesentlich niedrigere Siedetemperaturen angegeben werden. Zur Ausführung des Verfahrens, das in einer Vereinigung des erstgenannten Guerinischen Verfahrens mit dem Rondelli-Sestinischen besteht, sollen am besten 60 Teile Ätznatron oder ammoniakalisches kaustisches Natron (58 Teile Ätznatron, 2 Teile Ammoniak, spez. Gew. 0,88) in 100 Teilen Wasser gelöst werden; hierzu setzt man allmählich unter dauernder Bewegung der kochenden Flüssigkeit 2 Teile Trinitrotoluol oder Trinitrophenol und danach 0,8 Teile Bleidioxyd, endlich im erkalteten Zustande noch 2,95 Teile Salpetersäure. Zur Färbung von Eisen in dem bei 130—145° siedenden Bade sollen ungefähr 20 Minuten, für die gewöhnlichen Stahlsorten und die Kohlenstoffstähle $^1/_2$ Stunde, für Spezialstähle und Gußeisen ungefähr 1 Stunde nötig sein. Wenn man den Anteil an Bleidioxyd und der Nitroverbindung erhöht und den an Salpertersäure und Ammoniak ermäßigt, soll man eine durchsichtige und glänzende Brünierung erhalten, im umgekehrten Falle eine matte Brünierung. Für nichtrostende Stähle soll der Gehalt an Bleidioxyd unter starker Verminderung des Ätznatrongehalts erhöht werden, z. B. soll ein Bad, das solche Stähle bis mit 10% Chromgehalt angreift, wie folgt zusammengesetzt werden: 100 Teile Wasser, 16,65 Teile Ätznatron, 2,33 Teile Natrium- oder Kaliumnitrat, 2 Teile Bleidioxyd. Dieses Bad soll bei 105° sieden. Die Oxydationswirkung des neuen Bades soll bedeutend besser als die der älteren Bäder sein, es soll gleichmäßige Färbungen geben und Gußeisen ebenso schnell brünieren wie gewöhnliches Eisen. Nach den Angaben der Patentschrift enthält das Sonderbad für nichtrostende Stähle also keine organischen Nitroverbindungen, was nach Fassung des Patentanspruchs aber wohl auf einer fehlerhaften Angabe beruhen dürfte.

Geprüft wurden verschiedene Laugenkonzentrationen und verschieden hohe Zusätze von Natrium- bzw. Kaliumnitrat und -nitrit, andere in Frage kommende Oxydationsmittel und die Wirkung sonstiger Zusätze. Dabei zeigte sich zunächst bei den Versuchen mit Lauge geringerer Konzentration, daß die im Fachschrifttum angegebenen Färbezeiten von 20—30 Minuten und mehr richtig waren, nach so langer Erhitzung war aber die Lauge konzentrierter geworden; wurde sofort diese konzentriertere Lauge verwendet, so war die zur Erzielung einer guten Schwarzfärbung nötige Zeit weit kürzer, es genügten manchmal 1 bis 2 Minuten, höchstens waren 5—10 Minuten nötig. Weiter zeigte sich übereinstimmend bei allen geprüften Oxydationsmitteln, daß schon ein geringer Zusatz dieser zur Lauge, schon weniger als 10 g/l, zur Erzielung einer Schwarzfärbung ausreicht, wenn die Lauge genügend konzentriert und der Siedepunkt genügend hoch ist, daß aber bei zu niedriger Laugekonzentration und zu niedrigem Siedepunkt die Erhöhung des Oxydationsmittelzusatzes die Wirkung kaum verbesserte. Entgegen den Angaben des Fachschrifttums wurden mit 33proz. Lauge, die bei 120° siedet, niemals Färbungen erzielt, die Laugen wirkten erst, wenn sie so weit eingedampft waren, daß der Siedepunkt auf 140—150° gestiegen war, was reichlich 50proz. Lauge entspricht. Die Reaktionsgeschwindigkeit wurde noch größer bei Temperaturen von 180—200°, obwohl dann oft die später erwähnten Störungen auftraten.

Für die späteren Versuche wurden deshalb meist Lösungen von 150 g Ätznatron in 100 cm^3 Wasser verwendet. Es deckt sich das auch mit der Angabe verschiedener Gebrauchsanweisungen, nach denen die

Lauge eingedampft werden muß, bis sie eine Temperatur von nahezu 150° erreicht. Das Arbeiten mit so hochkonzentrierter Lauge bringt aber viele Unannehmlichkeiten mit sich. Die später notwendig werdende Zugabe von Wasser muß mit äußerster Vorsicht geschehen, da die Lauge dabei stark schäumt und aufspritzt, auch wird die Beobachtung des Fortschreitens der Färbung durch die anhaftende schnell erstarrende Lauge erschwert, wenn man auch die Spülverluste, wie schon oben gesagt, dadurch niedrig halten kann, daß man das erste Spülwasser zum Auffüllen des eindampfenden Bades benutzt. Dabei bedient man sich in manchen Betrieben eines Blechtrichters, der in die Lauge eintaucht, und verwendet genügend tiefe, nur bis etwa zur halben Höhe gefüllte Gefäße, um die Gefahr des Herumspritzens der heißen Lauge zu verringern.

Es wurden deshalb verschiedene andere Oxydationsmittel angewendet, um zu prüfen, ob man mit einem derselben vielleicht mit weniger konzentrierter Lauge arbeiten kann.

Versuche mit Natriumsuperoxyd lieferten nur zum Teil gute Färbungen, oft wurden die Färbungen fleckig, was darauf zurückzuführen ist, daß das Oxydationsmittel schnell verpufft, zum großen Teil schon auf der Oberfläche der Lauge. Ähnliche unbefriedigende Erfolge gaben die Versuche mit Natriumperborat und Natriumpersulfat, zum Teil wurden nur Anlauffarben erzielt. Natriumperchlorat wirkte schneller, gab aber rauhe, grün- und braunfleckige Färbungen. Auch Kaliumpermanganat zersetzte sich sehr schnell und gab nur leichte magere Braunfärbung.

Vergleichende Versuche mit Nitrat und Nitrit zeigten, daß Nitrit anfangs etwas schneller wirkt und meist glänzendere Färbungen gibt, während die Färbungen mit Nitratzusatz häufiger mattschwarz ausfielen. Bäder, die nur mit Nitrit angesetzt waren, versagten aber schneller und lieferten dann nur braune, meist fleckige Färbungen.

Für die weiteren Versuche wurde deshalb ein Zusatz von 10 g Natriumnitrat aufs Liter Lauge verwendet, der vollkommen genügt. Um die Bäder länger haltbar zu machen, kann man 20 oder 30 g/l nehmen, sofern man es nicht vorzieht, von Zeit zu Zeit einen neuen Zusatz zu machen; mit 100 g/l, wie in einer Patentschrift angegeben, waren die Erfolge im Durchschnitt eher schlechter als besser.

Bei dem in der Patentschrift 376669 angeführten Zusatz von Eisennitrat konnten wir keine erhebliche Verbesserung der Wirkung feststellen, soweit es sich um kohlenstoffarmes Eisen handelt, höchstens eine mehr mattschwarze Färbung, eine unbedeutende Verbesserung der Wirkung war nur bei kohlenstoffreichem Stahl vorhanden. Ein Zusatz eines als Katalysator viel verwendeten Vanadiumsalzes war wirkungslos.

Die von Sestini angewendeten Zusätze von Bleiglätte und Zyankalium wurden zunächst einzeln auf ihre Wirkung geprüft, außer Bleiglätte noch Bleisuperoxyd. Beim Zusatz von 10—30 g/l Bleiglätte war die Wirkung kaum besser, bei Zusatz von Bleisuperoxyd anfangs sogar weniger gut (Färbungen wurden leicht fleckig), später wirkte Bleisuperoxyd wie Bleiglätte. Ein Zusatz von Zyankalium allein gab auch kaum bessere, höchstens etwas gleichmäßigere Färbungen. Beide Zusätze zusammen gaben aber von allen bis dahin unternommenen Versuchen die besten Ergebnisse.

Es wurden nun an Stelle von Zyankalium Harnstoff und Ammoniumnitrat als Zusätze verwendet. Mit einem Zusatz von 20 g/l Harnstoff zu der 10 g/l Salpeter enthaltenden Lauge wurde Eisen schon bei etwa 125° in 20 Minuten tiefmattschwarz gefärbt, Stahl glänzend schwarz. Bei 140° wurden die Färbungen in 5 Minuten erzielt. Der Zusatz von Ammoniumnitrat wirkte anfangs ähnlich wie Harnstoff, das Ammoniumnitrat wurde aber sehr schnell zersetzt. Noch besser wurden die Färbungen bei Verwendung von Bleiglätte und Harnstoff. Vergleichsversuche mit dem Sestinischen Bad, Zyankalium und Bleiglätte, zeigten, daß die Wirkung von Harnstoff deutlich besser ist als die von Zyankalium. Die günstige Wirkung muß auf die Ammoniakentwicklung zurückgeführt werden.

Nach den Angaben der Patentschrift 613762 von Guerini (Pikrinsäure) erhielten wir schon vor dem Zusatz von Salpetersäure in reichlich 15 Minuten eine glänzend tiefschwarze Färbung, nach dem Salpetersäurezusatz versagte das Bad anfangs, nach Zusatz von Ätznatron erhielten wir bei 140° in 3 Minuten Grauschwarz, in 5 Minuten Tiefschwarz, nach längerem Sieden (bis zu 1 Stunde) Schwarzbraun. Die Ergebnisse waren also gut, doch erzielten wir auch mit Bädern ohne Pikrinsäure gleich gute Erfolge.

Schließlich setzten wir dem Bad, bestehend aus 150 g Ätznatron, 10 g Natriumnitrat und 100 cm^3 Wasser nach Gerbsäure zu. Dadurch wurde die Wirkung des Bades gleichfalls verbessert, die Färbungen wurden tiefer schwarz und glänzender als ohne diesen Zusatz. Es genügt schon ein kleiner Zusatz, nicht über 5 g/l, bei zu hohem Zusatz schäumt das Bad zu stark.

Die im Zusatzpatent 375198 empfohlene schwache Verkupferung durch Eintauchen in Kupfersulfatlösung können wir nicht empfehlen, schon der schwächste Kupferanlauf führte zum Versagen der Färbung.

Im allgemeinen ergaben die Versuche noch, daß schwaches Anbeizen der Oberfläche, z. B. mit Essigsäure, die Färbung verbessert, zu starkes Beizen, z. B. mit Salzsäure, aber schlechte Färbungen gibt. Bei sehr hoher Temperatur und sehr stark konzentrierter Lauge überziehen sich die Gegenstände mit einer braunen bis grünlichen Schicht über der schwarzen Färbung, die oft sehr fest sitzt und sich nicht entfernen läßt. Wenn man braun statt schwarz färben will, kann also eine Temperatur von 180—200° angewendet werden, wenn man schwarz färben will, bleibt man am besten zwischen 150 und 160°, bei Anwendung der Zusätze von Harnstoff und Bleioxyd oder Gerbsäure kann man mit längerer Beizdauer auch schon oberhalb 130° Schwarzfärbungen erzielen.

Wenn sich auf Grund der Versuche auch nicht eine bestimmte Zusammensetzung des Bades als anderen erheblich überlegen angeben läßt, vielmehr mit verschiedenen Bädern annähernd gleiche Wirkungen zu erzielen sind, kann man als eine günstige Zusammensetzung folgende nennen:

1,5 kg Ätznatron (Natriumhydroxyd),
1 l Wasser,
25—50 g Salpeter (Natrium- oder Kaliumnitrat),

bei einem neu angesetzten Bade kann man noch 5—10 g Natrium- oder Kaliumnitrit zugeben. Zur Verbesserung der Wirkung des Bades kann entweder noch ein Zusatz von 20—30 g Bleiglätte (Bleioxyd) und 20 g Harnstoff oder auch ein Zusatz von nicht mehr als höchstens 5 g Gerbsäure gemacht werden.

Nach der Färbung wird am besten in heißem Wasser, das zum Auffüllen des Färbebades verwendet wird, vorgespült, nach gründlichem Nachspülen gut getrocknet und in heißes Öl getaucht.

VIII. Phosphatrostschutzverfahren.

Die Phosphatverfahren sind in erster Linie Schutzverfahren, die Färbung ist unansehnlich grau, durch Färbung der Phosphatschicht mit wasser-, öl- oder spirituslöslichen Farbstoffen läßt sich die Schicht aber tiefschwarz färben, auch bildet sie einen guten Haftgrund für Lack- und ähnliche Anstriche. Obwohl schon seit Jahrzehnten bekannt, sind diese Verfahren erst in den letzten Jahren vervollkommnet worden und in umfangreichere Anwendung gekommen.

1. Coslettisieren und ältere Verfahren.

Thomas W. Coslett behandelte 1907 Eisengegenstände in einer kochenden verdünnten Lösung von Phosphorsäure; bei dem später als Coslettisieren bezeichneten Verfahren verwendete man eine Paste, die hergestellt wurde, indem man käufliche Phosphorsäure mit der gleichen Menge kochenden Wassers versetzte und Zink darin auflöste. 290 g Zink in 1 l der verdünnten Säure. Von dieser Paste wurden 15 g in 1 l kochendem Wasser gelöst und die Eisengegenstände etwa 2 Stunden in die kochende Lösung getaucht. Die Patente 209805 und 248856 sehen auch die Verwendung von Eisenphosphaten allein oder neben Zinkphosphaten vor. Richards ließ sich 1913 ein Bad schützen, das durch Auflösen von Mangansuperoxyd, später besser Mangankarbonat in Phosphorsäure hergestellt wurde, Allen verwendete 1916—18 saure phosphorsaure Salze des Kalziums und Magnesiums, Oeschger die Dämpfe der Metaphosphorsäure und Schmidding Phosphorsäure an Stelle von Metallphosphaten, der Oxydationsmittel wie Wasserstoffsuperoxyd und Kaliumchlorat zugesetzt wurden. Ein neueres Coslett 1928 erteiltes Patent 467729 schützt den Zusatz von Borsäure oder einem Borat wie Borax, durch den die Behandlungszeit von $1^1/_2$ Stunde auf wenige Minuten herabgesetzt und Gleichförmigkeit und Haftvermögen der Schutzschicht erhöht werden sollen, wobei sich der Schutzanspruch auch auf die anodische Behandlung in dieser Lösung erstreckt, unter Verwendung von Stahl- oder Zinkkathoden. Cole wurde 1930 durch DRP. 496933 eine Lösung von Phosphaten der vier Metalle Aluminium, Zink, Eisen, Chrom mit Zusätzen von Diammoniumphosphat, Borax oder Kaliumbichromat geschützt, die 3° Bé spindeln soll, aber eine Behandlungszeit von 1—1$^1/_2$ Stunden erfordert.

2. Parkerisieren.

Die heute vorwiegend zur Anwendung kommenden Phosphatschutzverfahren sind das Parkerisieren, Bonderisieren und Atramentieren. Bei dem ursprünglichen Parkerverfahren wurden Eisenfeilspäne in Phosphorsäure gelöst und die Gegenstände $^1/_2$—3 Stunden in der verdünnten, nahezu kochenden Lösung behandelt; heute wird das Parkersalz fertig zur Auflösung in Wasser geliefert.

Die chemische Grundlage der Verfahren beruht darauf, daß die Phosphorsäure eine dreibasische Säure ist, d. h. drei durch Metall ersetzbare Wasserstoffatome hat. Die primären Schwermetallphosphate, bei denen nur eins dieser Wasserstoffatome durch Metall ersetzt ist, sind leicht löslich, die sekundären, bei denen zwei ersetzt sind, sehr schwer, und die tertiären, bei denen alle drei Wasserstoffatome durch Metall ersetzt sind, praktisch unlöslich. Eine primäre, etwas überschüssige Phosphorsäure enthaltende Metallphosphatlösung bildet bei Berührung mit Eisen durch die überschüssige Phosphorsäure etwas primäres Eisenphosphat, das bei gesteigertem Verhältnis der freien Säure zum Phosphat in der ursprünglichen Lösung durch Störung des Gleichgewichts zur Bildung von sekundären und tertiären Phosphaten führt, die sich festhaftend auf der Eisenoberfläche niederschlagen. Bei diesen Vorgängen tritt Wasserstoffentwicklung ein, das Aufhören der Wasserstoffentwicklung zeigt die Beendigung des Prozesses an.

Das Parkerverfahren hat nun eine Reihe von Verbesserungen erfahren, die darauf beruhen, daß man die Wirkung der verschiedenen Metallphosphate, den Einfluß von Konzentration und Temperatur geprüft hat und die Salze zur Herstellung des Bades fertig liefert. Durch die Verwendung fertiger Salze wird die Herstellung und Regenerierung des Bades erleichtert und auch erreicht, daß nicht durch Abweichungen in der Zusammensetzung des Bades das Eisen angegriffen wird.

Das Patent 463778 schützt: Verfahren zum Bereiten oder Regenerieren eines phosphathaltigen Rostschutzbades, dadurch gekennzeichnet, daß man Phosphate, mit Vorteil stark saure lösliche Phosphate des Eisens in Ferroform oder aber Orthophosphate des Mangans, Zinks oder Kadmiums für sich oder in Mischung in das Lösungsmittel oder Bad einträgt, . . . ein primäres Phosphat eines oder mehrerer Metalle der elektrochemischen Spannungsreihe von Mangan bis Eisen einschließlich in Wasser auflöst, . . . daß man von einer Eisenmanganlegierung, z. B. Ferromangan ausgeht . . . die Verbindung aus einer 60—75proz. Phosphorsäurelösung auskristallisieren läßt und daß man eine entsprechende Lösung einige Zeit auf geeignete Temperatur erhitzt (aufkocht), um sie als Rostschutzbad gebrauchsfertig zu machen.

Das DRP. 504568 schützt zur Herstellung des besonders geeigneten Manganphosphats die Weiterbehandlung der Lösung von Ferromangan in Phosphorsäure unter Oxydationsmöglichkeit, wodurch man wasserunlösliches Ferriphosphat erhält, während das Manganophosphat nicht oxydiert und somit wasserlöslich bleibt.

Da sich gezeigt hat, daß eine besonders beständige und widerstandsfähige Rostschutzhülle dann erhalten wird, wenn der Gehalt an unlöslichen Manganophosphaten in der Hülle mindestens die Hälfte des Gehalts an unlöslichen Eisenphosphaten beträgt, wobei die Hülle zu ungefähr $^6/_7$ aus tertiären, weit weniger löslichen und nur zu $^1/_7$ aus sekundären Phosphaten besteht, schützt das DRP. 508785 ein Bad, in dem das Verhältnis der Phosphate so bemessen ist und regeneriert wird, daß eine derart zusammengesetzte Rostschutzhülle entsteht.

Ein weiteres Patent (564361) schützt das Imprägnieren der Schutzschichten mit Ölen, denen Quellkörper wie Leim, Agar od. dgl. zugesetzt sind, ein anderes (570990) den Zusatz kolloidaler Kieselsäure, z. B. durch mehrstündiges Kochen der Metallphosphatlösung mit Sand, um die Lösung auf Gegenstände, die nicht getaucht werden können, aufspritzen oder aufstreichen zu können.

Ausführung: Die Einrichtung zur Ausführung des Verfahrens besteht nur in einem geschweißten Stahlblechbehälter mit Heizschlangen und Haken und Drahtkörben zum Einhängen größerer, sowie drehbaren durchlochten Trommeln zum Einsetzen kleinerer Eisenteile, diese Trommeln machen 1—2 Umdrehungen in der Minute. Die Dauer des Prozesses, etwa $^1/_2$—1 Stunde, ist von der Art und Oberflächenbeschaffenheit der Gegenstände abhängig. Hört die Wasserstoffentwicklung auf, werden die Stücke herausgenommen, in heißem Wasser gespült, worauf größere Gegenstände durch die aufgenommene Wärme trocknen, dünnwandige bringt man am besten in einen Trockenschrank. Das verdampfende Wasser muß natürlich ersetzt und der Salzgehalt von Zeit zu Zeit auf Grund einer einfachen Titration mit Natronlauge aufgefrischt werden.

Die Anlagen werden im allgemeinen in der Größe von 150, 350 und 1000 l Badinhalt geliefert. Die Gegenstände kommen mit hell- bis dunkelgrauer Farbe aus dem Bade und werden durch Tauchen, Streichen oder Spritzen mit Ölen oder Lacken fixiert, wodurch die aus feinsten Kristallen bestehende Schicht gegen mechanische Verletzungen widerstandsfähiger gemacht wird, die Korrosionsfestigkeit durch Füllung der Poren erhöht wird und auch verschiedene Farbtöne erzielt werden können. Auch gewöhnliche Farb- und Lackanstriche haften auf der Phosphatschicht besser als auf der glatten Metallfläche und auch besser als auf mechanisch, z. B. mit dem Sandstrahl, mattierten Flächen, das soll sich auch bei Unterwasseranstrichen gezeigt haben. Glitzernde, grobkristalline Schichten haben geringere Rostschutzwirkung und auch vermindertes Saugvermögen gegenüber matten, feinkristallinen.

Eigenschaften der Schutzschicht: Härte, Elastizität, Festigkeit, Magnetismus des phosphatierten Werkstoffs bleiben unverändert, auch werden die Maße der Teile nur wenig verändert, da die Schicht sehr dünn ist (ohne Fixierung 0,005—0,01 mm) und diese Stärke noch durch die anfängliche Lösung von Eisen ausgeglichen wird. Das wird natürlich bei Fixierung durch Lacke anders und Fixierung durch Öle gibt nicht immer ausreichenden Rostschutz. Nicht widerstandsfähig ist die Schicht gegenüber stärkerer oder dauernder schleifenden oder schabenden Abnutzung. Bei Dehnung über 2%, also auch bei stärkerer Biegung und bei Erhitzung auf 300—400° nimmt der Rostschutz stark ab. Mangelhafte Vorreinigung vermindert denselben ebenfalls, obwohl leichter Flugrost nicht schadet. Bei neuen Bädern ist er auch geringer, erst vom 3. bis 4. Einsatz ab arbeitet das Bad normal und gleichmäßig. Die beste Schutzwirkung wird erzielt, wenn das Verhältnis des Phosphatgehalts zur freien Säure 8:1 beträgt, auch die Temperatur des Bades hat großen Einfluß auf die Rostschutzwirkung des Überzugs, beim Sinken der Badtemperatur von 98 auf 92° wurde diese auf die Hälfte vermindert.

Als günstigste Konzentration ist ein Gehalt von 3 kg auf 100 l, nach einem willkürlichen Meßverfahren als 30 Punkte bezeichnet, ermittelt worden. Das kristallwasserhaltiges primäres Manganphosphat und freie Phosphorsäure enthaltende Bad verarmt allmählich an Mangan und freier Phosphorsäure und reichert sich mit Eisen bis zu einem Sättigungswert von 2 g/l beim 30-Punkte-Bad an, es muß, wie schon gesagt, auf Grund einer Titration mit $^{n}/_{10}$ Natronlauge von Zeit zu Zeit frisches Salz zugesetzt werden. Es bildet sich auch ein Schlamm, der aus Mangan- und Eisenphosphaten besteht. Die leichte Oxydierbarkeit der Ferrophosphate zu den unlöslichen Ferriphosphaten war auch der Grund, weshalb die ursprünglichen, nur Eisenphosphate enthaltenden Bäder ungeeignet waren. Zinkphosphate, wie sie Coslett verwendet, liefern mehr Schlamm als Manganphosphate.

3. Atramentieren.

In gleicher Weise arbeitet man beim Atramentverfahren, für das eine mit Wasser zu verdünnende Lösung „Atramentol“ geliefert wird.

4. Kurzverfahren.

Der Hauptnachteil dieser Verfahren war die lange Behandlungsdauer, die man auf verschiedene Weise abgekürzt hat.

a) Bichromatverfahren. Ein Kurzverfahren, durch DRP. 583349 geschützt, ist das Bichromatverfahren, bei dem die Teile 10—15 Minuten normal geparkert und ohne Spülung 5 Minuten in eine kochende Lösung die 5% Kaliumbichromat (nach der Patentschrift -chromat) oder nach der Patentschrift auch 1—3 g freie Chromsäure im Liter enthält, eingehängt werden.

b) Mangannitratverfahren. Beim Mangannitratverfahren wird dem Bade ein Zusatz von 5% Mangannitrat gegeben, wodurch in 20 Minuten derselbe Rostschutz erzielt werden soll wie in 1 Stunde im gewöhnlichen Parkerbad.

c) Bonderverfahren. Beim Bonderverfahren hat man durch einen kleinen Zusatz von Metallsalzen, die durch Ausscheidung eines edleren Metalls Lokalelemente bilden, die Zeit zur Herstellung des in Verbindung mit Ölen, Lacken und Farbanstrichen einen ausgezeichneten Rostschutz bildenden Phosphatüberzugs auf 2—5 Minuten herabgedrückt. Ein entsprechendes Kurzverfahren ist auch für das Atramentieren entwickelt worden.

Die Vorbereitung geschieht wie bei anderen Verfahren durch Beizen und Entfetten, über die weitere Ausführung, die Kosten der Verfahren und die Prüfung des Schutzwertes geben die Druckschriften der liefernden Firmen Auskunft.

5. Fehler bei der Herstellung von Phosphatüberzügen.

Nach Macchia (Korrosion u. Metallschutz 1936 Heft 8) können fehlerhafte Überzüge zunächst auf ungenügende Vorbereitung der Oberflächen, z. B. mangelhafter Entfettung beruhen. Auf nur mit Säuren gebeizten Oberflächen bilden sich fleckige, grobkristalline, weniger gut schützende Schichten, die Flächen sollen nach dem Beizen mit Sand gescheuert werden. Kratzer halten aber leicht Sandteilchen zurück, wodurch auch mangelhaft phosphatierte Stellen entstehen, die man mit Sand abscheuern und neu phosphatieren muß. Die Gegenstände dürfen sich im Bade nicht überdecken, sie müssen überall ausreichend mit der Lösung in Berührung kommen. Beim Phosphatieren in durchlochten Trommeln entstehen bei zu hoher Umdrehungszahl Riefelungen, weiße bis hellgraue, 1—2 Hundertstel Millimeter schwächere Stellen.

Wenn sich Schlamm, der namentlich bei zu hoher Temperatur aufgewirbelt wird, auf der Oberfläche abscheidet, entsteht eine weiße, pulverige Schicht, die sich auch zwischen die Phosphatkristalle lagert. Man entfernt sie durch Bürsten. Bei zu niedriger Temperatur (unter 98°) wird der Prozeß verlängert und der Schutzwert vermindert.

Mangelhafte Überzüge entstehen auch bei unrichtigem Verhältnis zwischen freier und gebundener Phosphorsäure. Bei zu hohem Gehalt an freier Säure erhält man Phosphatschichten mit geringerem Schutzwert, ähnlich auch bei zu niedrigem Säuregehalt. Die besten Ergebnisse wurden erzielt, wenn der Gesamtphosphorsäuregehalt 7—7,5 mal so groß als der Gehalt an freier Phosphorsäure war. Zu hoher Säuregehalt erfordert lange Tauchzeit, zu niedriger verursacht starke Schlammbildung. Zu konzentrierte Lösung führt zu unnötigem Chemikalienverbrauch. Der normale Gehalt an freier Säure soll 2,5—3% sein. Sehr schädlich ist Arsengehalt, schon über 0,005%; er kennzeichnet sich durch rötliches Aussehen der Oberfläche und kann mit Hilfe von Eisen ausgefällt werden.

IX. Sonstige Verfahren zur Färbung und zum Schutze des Eisens.

Zum Stahlgraufärben kann auch die S. 32 beschriebene Arsenbeize benutzt werden, doch verursachen Reste der stark salzsauren Beize, die in Poren zurückbleiben, leicht späteres Rosten; vorzuziehen ist der Arsenniederschlag aus dem elektrolytischen Bad, S. 33.

Erwähnt sei ferner die elektrolytische Oxydierung S. 42.

1. Verfahren mit Verkupferung.

Andere Verfahren beruhen auf der Ausscheidung von Kupfer, entweder durch galvanische oder Eintauchverkupferung und Färbung dieses Kupferniederschlages.

Man verkupfert nach Heß die Eisengegenstände, indem man sie etwa 10 Sekunden in eine Lösung legt, die man erhält, wenn man 10 g Kupfervitriol in 250 cm^3 Wasser, 15 g Zinnchlorür in 20 g Salzsäure und 100 cm^3 Wasser löst, beide Lösungen vermischt und auf 1 l verdünnt.

Nach gutem Abspülen kommen die Gegenstände 2—3 Minuten in eine unter Erwärmen hergestellte Lösung von 1,5 kg Natriumthiosulfat (meist unterschwefligsaures Natron genannt) in 1 l Wasser, dem man nach dem Erkalten 75 g reine Salzsäure zusetzt. Wirkt die Lösung nach längerem Gebrauche nicht mehr, so setzt man etwas Salzsäure nach. In der zweiten Lösung werden die Gegenstände schwarz, durch Bildung von Schwefelkupfer. Man spült gut, trocknet und poliert unter Umständen leicht. Namentlich für Nadeln und andere kleinere Artikel wird dieses Verfahren angewandt.

Nach einem anderen Verfahren bestreicht man die schwach erwärmten Eisenteile mit einer ziemlich konzentrierten Lösung von Kupfernitrat oder Mangannitrat, der man zweckmäßig Alkohol zusetzt, damit sie besser benetzt und erhitzt bis zum Schwarzwerden. Auch die Chloratbeize (S. 77) kann man dazu benutzen.

Eisenkunstguß hat man wie folgt gefärbt: Die Gegenstände wurden sorgfältig gereinigt, am besten mit einem feinen Sandstrahl mattiert, in eine der S. 28 beschriebenen Verkupferungsflüssigkeiten getaucht, mit heißem Wasser gut gespült und dann mit einer Schwefelleberlösung durch Eintauchen oder auch durch Bepinseln schwarz gefärbt. Hierzu verwendet man zweckmäßig eine Lösung von 6 g Schwefelleber (Schwefelkalium) und 20 g Salmiaksalz (Chlorammonium) in 1 l Wasser. Nach dem Schwarzfärben wird gut gespült, am besten in heißem Wasser, dann in Sägespänen getrocknet. Zur Nachbehandlung empfiehlt sich eine Auflösung von Asphaltlack in Kumol, die sich mit dem Pinsel äußerst fein verteilen läßt, rasch trocknet und nicht den Eindruck einer Lackierung erweckt. Der Asphaltlösung kann man auch noch einen feinen Farbstoff, z. B. Umbra, Kienruß oder Kasselerbraun beimischen, um den Farbton zu verändern und die Wirkung der Färbung noch zu steigern. Mit einer solchen Farbstofflösung kann man auch kleine Fehlstellen decken, zu letzterem Zwecke kann man auch der Asphaltlösung neben Farbstoff etwas Feinsilberschliff beimischen.

2. Färbung mit seleniger Säure.

Zur Erzielung einer glänzend schwarzen Färbung wird empfohlen: 60 g selenige Säure, 100 g Kupfervitriol und 4—6 g Salpetersäure auf 1 l Wasser. Blauschwarz soll die Färbung werden, wenn man statt 60 g seleniger Säure 100 g nimmt. Die erste Lösung etwa im Verhältnis 1:10 verdünnt, oder eine mit Salzsäure angesäuerte verdünnte Lösung von seleniger Säure soll eine dunkelgraue Färbung geben.

3. Färbung mit organischen Farbstoffen.

Die Anwendung organischer Farbstoffe, die mit Metalloxyden bzw. Metallsalzen sog. Farblacke bilden, schützte das DRP. 223085 von Albert Lang in Karlsruhe. Die Gegenstände werden entweder mit einer ein wasserlösliches Anilinsalz enthaltenden Eisenchloridlösung angerostet und dann mit Chromsäure behandelt, oder vorher mit Eisenchlorid- und Chromsäurelösung behandelt und dann in eine Mischung von Anilin und Leinöl gebracht.

Färbungen mit Molybdatlösungen siehe unter Zink.

4. Ätzen und Färben.

Unter den neueren patentierten Verfahren sind die DRP. 496113, 551208 und 556685 von Dr. L. Rostosky (Erfinder G. Güllich) zu erwähnen, Ätzmittel zur gleichzeitigen Färbung, bestehend aus einem Gemisch von Säuren und Selenverbindungen der Schwermetalle: bzw. Ersatz der Selenverbindungen ganz oder teilweise durch Tellurverbindungen neben der Verwendung von Salzsäure und Verfahren zur Oberflächenbehandlung insbesondere Schwärzung von Eisen und Stahl durch Oxydation, gekennzeichnet durch die Verwendung von schwefliger Säure oder sauer reagierenden Sulfitlösungen und deren Verwandten, wie Polythionaten oder Thiosulfaten, evtl. mit Zusatz von Oxydationsmitteln wie Wasserstoffsuperoxyd oder Persalzen oder Katalysatoren wie Vanadylsalzen. Als Beispiel gibt die Patentschrift an: 50 g Natriumtetrathionat, 5 g Wasserstoffsuperoxyd (30proz.), 0,2 g Vanadylsulfat, 10 g Natriumbisulfat, 1 l dest. Wasser.

5. Chromatverfahren.

Einige Verfahren, die mehr als Schutz- als als Färbeverfahren anzusehen sind, bedienen sich der Chromsäure und ihrer Salze, z. B. werden nach dem DRP. 556116 kaliumbichromathaltige Lösungen zur Herstellung einer Schutzschicht auf der Innenseite von Heizrohren verwendet, nach einem amerikanischen Patent der Western Electric Cie. werden Schutzschichten durch kathodische Behandlung in der Lösung eines Chromats oder Dichromats bei so niedriger Spannung, daß kein Chrom abgeschieden wird, erzeugt, und nach dem DRP. 485622 der Metals Protection Corp. in Indianapolis sollen die Gegenstände anodisch etwa 5 Minuten mit etwa 1 Amp/dm² Stromdichte in einer Lösung von 200 g Chromsäure und 3 g Schwefelsäure im Liter behandelt werden, um die festhaftende braune Schutzschicht zu erzeugen. Bei 13—100 g Schwefelsäuregehalt im Liter soll sich die Schutzschicht durch einfaches Tauchen in die auf 38—65° erhitzte Lösung herstellen lassen.

6. Brünieren von nichtrostendem Stahl.

Die Brünierung von nichtrostenden Stählen verursacht naturgemäß besondere Schwierigkeiten, die man u. a. durch einen Eisenüberzug durch elektrolytischen Niederschlag oder nach dem Metallspritzverfahren zu beheben gesucht hat (beides patentiert). Unmittelbare Verfahren sind das nach DRP. 554280 der Schoeller-Bleckmann-Werke A.G. in Wien, nach dem zuerst in 10proz. Oxal- oder Zuckersäurelösung gebeizt, hierauf in 1proz. Sulfid- oder Polysulfidlösung und schließlich noch in 5proz. Kaliumpermanganatlösung gefärbt werden soll. Ein Verfahren von R. Weihrich, der Poldihütte, durch DRP. 594962 geschützt, verwendet eine warme, wässerige Lösung von Natriumthiosulfat, Natriumhydrosulfit oder eines Alkalisalzes der Dithion- bzw. einer Polythionsäure, der Säure, vornehmlich Schwefelsäure, zugesetzt wird. Zuvor können die Gegenstände einem künstlichen Oxydationsvorgang durch angesäuerte Lösungen von Schwermetallchloriden (also die eingangs genannten Brünierbeizen) unterworfen und Wasserdämpfen ausgesetzt werden. Man kann Konzentrationen von 50—500 g Natriumthiosulfat bzw. des Alkalisalzes einer der genannten Säuren je Liter Wasser mit Zusatz von 10—200 cm³ Schwefelsäure 1:1 (spez. Gew. 1,4) oder Salzsäure, konz. (spez. Gew. 1,19), die am besten der auf 30—90° erwärmten Lösung zugesetzt wird, verwenden. Besonders empfohlen wird eine Lösung von 200 g Natriumthiosulfat und 50 cm³ Schwefelsäure in 1 l Wasser, bei mindestens 30° C.

7. Oxalsäure- und ähnliche Schutzverfahren.

Verschiedene Verfahren bedienen sich auch der Oxalsäure und ihrer Salze zur Herstellung von Schutzüberzügen. Man taucht z. B. nach einem amerikan. Patent in eine Lösung von 50 g Eisenoxalat und 25 g Oxalsäure je Liter bis zur Bildung einer feinkörnigen Oberflächenschicht, spült und trocknet.

Nach DRP. 621890 behandelt man mit Lösungen von Oxalsäure oder anderen zweibasischen Karbonsäuren oder Oxydikarbonsäuren oder Sulfonsäuren unter Zusatz von Beschleunigungsmitteln und anderen Zusätzen bei erhöhter Temperatur.

Ein anderes Schutzverfahren für Eisen besteht darin, daß auf der Oberfläche eine Ferrosiliziumschicht erzeugt wird, in dem man das Eisen auf etwa 950° erhitzt mit Siliziumchloriddämpfen oder Ferrosiliziumpulver behandelt.

Eine derartige Behandlung ist besonders als Vorbehandlung für Farb- und sonstige Anstriche geeignet.

C. Färbung der Edelmetalle und Edelmetall-Legierungen.

I. Färbung des Silbers.

Der Werkstoff.

Das Silber ist ein Metall von schön weißer Farbe und hohem Glanze. Es wird vom Sauerstoff der Luft und vom Wasser weder in der Kälte noch bei höheren Temperaturen angegriffen. Seine schöne Farbe und hohe Politurfähigkeit, gute Haltbarkeit, leichte Verarbeitbarkeit in Verbindung mit seinem durch verhältnismäßig seltenes Vorkommen bedingten höheren Werte haben dem Silber eine bevorzugte Anwendung für kostbarere Geräte und ein weites Anwendungsgebiet als Münzmetall gesichert.

Das Silber legiert sich mit Kupfer, Gold und vielen anderen Metallen. Münz- und Gebrauchssilber wird meist mit Kupfer legiert.

Versuche, anlaufbeständige Silberlegierungen herzustellen, sind bisher daran gescheitert, daß diese Legierungen keine gute Verarbeitbarkeit zeigten, nach dem heutigen Stand besteht auch keine Aussicht auf eine Lösung dieser Aufgabe, obgleich einige Legierungen in beschränktem Maße in Anwendung gekommen sind, die anlaufbeständiger sind als die gebräuchlichen Silber-Kupfer-Legierungen.

In Japan benutzt man zu Stichblättern, Vasen, Tafelgeräten und anderen kunstgewerblichen Gegenständen, namentlich Tauschierarbeiten eine Kupfer-Silber-Legierung mit 30—50% Silbergehalt, die den Namen Schibuischi führt und durch Sieden in einer Kupfervitriol, Grünspan und Alaun in Wasser gelöst enthaltenden Beize eine schöne grünlichgraue Färbung annimmt (siehe den letzten Teil dieses Abschnitts).

Die Widerstandsfähigkeit gegen trockene und feuchte Luft wurde schon erwähnt, leicht angegriffen wird dagegen das Silber von den in der Luft enthaltenen Schwefelverbindungen, Schwefelwasserstoff und Schwefelammonium, auch von manchen organischen Schwefelverbindungen und gelösten Sulfiden. Diese verwandeln es in Schwefelsilber, das braun bis schwarz gefärbt ist.

Beim Anlaufen des Silbers wirken neben den Schwefelverbindungen Schwefelwasserstoff und Schwefelammonium der Sauerstoff und die Feuchtigkeit der Luft mit, auch Ammoniak und Schwefeldioxydgehalt der Luft. Eingehend untersucht wurde die Frage von Fischbeck, Tübingen.

Hat sich ein Anlauf von Schwefelsilber gebildet, so kann man ihn durch Abreiben mit einem Gemisch von Schwefeläther und feingeschlämmtem Kaolin abputzen oder durch Abreiben oder Eintauchen mit einer verdünnten Zyankalilösung entfernen. Da im letzteren Falle die Gegenstände leicht matt werden, empfiehlt Stockmeier eine Lösung von 30 g Zyankalium und 1 g Zinkzyanid in 1 l Wasser zu verwenden.

Es sind verschiedene Versuche gemacht worden, die Silberoberfläche zu passivieren, z. B. durch Behandlung mit freien oder gebundenen Halogenen, auch mit Quecksilberdämpfen oder galvanischen Niederschlägen von Silber-Quecksilber-Legierungen. Am wirksamsten ist von diesen Verfahren noch die kathodische Behandlung in einer Kaliumdichromatlösung bei einer Spannung, bei der noch kein Chrom abgeschieden wird, nach einem älteren amerikan. Patent der Western Electric Comp. Nach den DRP. 572342 und 592710 hat man versucht, die elektrolytische Behandlung durch einfaches Tauchen zu ersetzen, ist aber schließlich zu einer elektrolytischen Vorbehandlung in einem entsprechende Salze enthaltenden Entfettungsbade übergegangen. Das DRP. 630934 empfiehlt kathodische Behandlung in einem Elektrolyten, der neben Chromsäure oder Chromaten Säuren wie Schwefel- oder Salzsäure enthält, bei Zimmertemperatur oder erhöhter Temperatur 1 bis 5 Minuten bei 5—7 Volt Spannung. Alle diese Verfahren gewähren aber nur vorübergehenden Anlaufschutz etwa für das Schaufenster, nicht für den Gebrauch, auch treten häufig statt des braunen Anlaufs weiße Flecken auf. Nach einer Patentanmeldung soll kathodisch in Lösungen von Uran-, Molybdän- oder Wolframsalzen behandelt werden.

Beim künstlichen Färben der Silbergegenstände handelt es sich in der Hauptsache um zweierlei:

1. Dem mit Kupfer legierten Silber, dessen Farbe durch den Kupfergehalt um so mehr beeinträchtigt wird, je höher dieser ist und das sich beim Glühen mit einer braunen bis schwarzen Oxydschicht überzieht, eine rein weiße Farbe zu geben: Weißsieden; 2. den hohen Glanz des blanken Silbers abzustumpfen und die im Laufe der Zeit von selbst eintretende Veränderung der Oberfläche von Anfang an zu erzielen: Altsilber oder wie man diese Färbung oft auch nennt „oxydiertes Silber", obwohl die Färbung nicht aus Oxyden, also Sauerstoffverbindungen besteht.

Andere Färbungen des Silbers finden sehr wenig Anwendung.

1. Weißsieden.

Das Weißsieden beruht darauf, daß das Kupfer aus der Oberfläche herausgelöst wird, so daß eine Feinsilberschicht entsteht. Die Lösungsmittel dürfen natürlich nicht auch das Silber lösen. Man verwendet meist verdünnte, 2—10proz. Schwefelsäure, wie der Name Weißsieden schon sagt, kochend. Da diese Kupfer und Kupferoxydul aber nur schwer löst, muß dieses vorher durch Glühen in Kupferoxyd verwandelt werden. Das Glühen und Sieden ist unter Umständen mehrmals zu wiederholen, doch darf man nicht zu stark glühen.

Andere zum Weißsieden vorgeschlagene Lösungen sind 100 g Kaliumbisulfat oder 30 g Weinstein und 60 g Kochsalz in 1 l Wasser.

Wenn Oxydieren durch Glühen nicht angängig ist, kann man der Schwefelsäure Kaliumpermanganat oder auch Eisenchlorid zusetzen, oder man verwendet eine kalte Vorbeize aus 44proz. Salpetersäure, in die die Teile 2—3 Sekunden getaucht werden, vor dem Weißsieden in verdünnter Schwefelsäure.

In jedem Falle liefert das Weißsieden nur eine sehr dünne Feinsilberschicht, man zieht deshalb gegenwärtig allgemein eine stärkere galvanische Feinsilberauflage vor.

2. Altsilberfärbung.

Unter Altsilber, sog. „oxydiertes" Silber, versteht man die Abtönung der Silbergegenstände mit in den Tiefen sitzenden grauen, bläulichen oder braunen Färbungen, während die Höhen wieder blank gerieben werden.

a) Verschiedene Verfahren. Auf rein mechanischem Wege erzielt man solche Färbungen, wenn man die silbernen oder versilberten Gegenstände mit einem dünnen Brei aus 6 Teilen Graphit, 1 Teil Rötel und Terpentinöl bestreicht, nach dem Trocknen mit einer weichen Bürste abbürstet und die erhabenen Stellen mit einem in Spiritus getauchten Lappen blank reibt.

Auch die Arsenbeize (s. S. 32) und der Lüstersud (S. 57) können verwendet werden, ferner kann man, wenn dies auch kostspieliger ist, eine verdünnte wässerige oder alkoholische Platinchloridlösung aufreiben oder aufbürsten, diese gibt ein besonders schönes, tiefes Schwarz. Man kann 1 g Platinchlorid in $^1/_4$ l Wasser lösen und $^1/_8$ l Alkohol zusetzen. Andere Mittel sind Eisenchloridlösung oder Brom-, Chlorwasserstoff-, selenige Säure usw.

b) Färbung durch Schwefelsilber. Meist wird jedoch die Altsilberfärbung durch Erzeugung von Schwefelsilber ausgeführt: Man löst in 1 l Wasser etwa 10 g Schwefelleber, andere verwenden eine Lösung von 5—25 g Schwefelleber und 10 g kohlensaurem Ammonium oder von 25—50 g Schwefelammonium in 1 l Wasser.

Eine dieser Lösungen wird auf etwa 80° erhitzt und die Waren an Drähten eingetaucht, größere Gegenstände werden auch mit der Lösung übergossen oder abgebürstet. Man erhält zunächst Anlauffarben und schließlich einen blaugrauen festhaftenden Überzug. Nach gutem Spülen mit Wasser trocknet man in Sägespänen und kann nun die Färbung in verschiedener Weise abschattieren. Am schnellsten geschieht dies durch Abreiben der Höhen mit feinem Bimssteinpulver, doch wirken mit diesem groben Mittel abgetönte Färbungen leicht roh. Bei Anwendung feinerer Mittel wie Schlämmkreide mit Wasser zu einem Brei angerührt und Nachreiben mit einem trockenen Leder ist die Wirkung besser, da die Tönungen weniger scharf abgesetzt sind, sondern besser verlaufen, aber man hat damit natürlich mehr Arbeit. Auch mit einer verdünnten Zyankalilösung kann man die Schwefelsilberschicht, da wo die Gegenstände weiß erscheinen sollen, leicht ablösen.

Kupferreiche Legierungen müssen vor der Anwendung dieser Färbung erst weißgesotten werden, versilberte Waren dürfen nicht zu schwach versilbert werden, die Lösung kann um so stärker genommen werden, je stärker die Versilberung ist, die Färbung haftet aber um so fester, je langsamer ihre Bildung vor sich geht. Statt des oben angegebenen Zusatzes von kohlensaurem Ammonium zu einer Lösung von Schwefelleber (Schwefelkalium) oder Schwefelammonium, nehmen andere auch Chlorammonium statt Schwefelkalium, auch Schwefelnatrium, Schwefelkalzium, diese Abänderungen der Vorschrift sind aber nicht von Bedeutung. Schließlich erzielt man die Färbung auch, indem man die Gegenstände den Dämpfen von Schwefelammonium oder Schwefelwasserstoffgas, das man durch Übergießen von Schwefeleisen mit verdünnter Salzsäure erhält, aussetzt.

c) Färbung mit der Wanderkathode. Um nicht bei größeren Gegenständen die ganze Oberfläche färben zu müssen, während die Färbung ja nur in den Tiefen sitzen bleiben soll, verwendet man die Wanderkathode. Man taucht einen mit dem negativen Pol einer Stromquelle verbundenen und mit einem Lappen umwickelten Bogenlampenkohlenstift in die Sulfidlösung und fährt damit über die zu färbenden Stellen des mit dem positiven Pol verbundenen Gegenstandes. Es handelt sich hier also um eine elektrolytische Färbung an der Anode.

d) Französische Altsilberfärbung. Die Schwefelsilberfärbung hat einen Stich ins Blaue, bräunliche Tönungen erzielt man mit der französischen Altsilberfärbung, zu der zwei Lösungen erforderlich sind: eine

Lösung von 1200 g Eisenchlorid in 1 l Wasser und eine Lösung von 20 g Ätznatron in 1 l Wasser.

Die vorher gut entfetteten Gegenstände werden einige Sekunden in die Eisenchloridlösung getaucht, die das Silber an der Oberfläche in Chlorsilber verwandelt. Nach gutem Abspülen mit Wasser bringt man nun in einem Messingdrahtsieb oder in Berührung mit Zink etwa 15 Sekunden lang in die Ätznatronlösung, in der das Chlorsilber im Kontakt mit Zink oder Zinklegierungen zu pulverigem Silber reduziert wird. Die braungraue Färbung kann nun in derselben Weise wie die Schwefelsilberfärbung abgetönt werden.

3. Sonstige Silberfärbungen.

Schwarzfärbung: Zur Schwarzfärbung des Silbers können die vorbeschriebenen, Schwefelverbindungen enthaltenden Lösungen dienen, nur daß das Abreiben der Färbung von den Höhen fortfällt. Um ein tiefes Schwarz zu erzielen, kann man die Gegenstände vorher in einer Quickbeize leicht verquicken.

Braunfärbung: Hierzu kann die vorbeschriebene französische Altsilberfärbung oder auch eine Lösung von 100 g Kupfervitriol und 50 g Chlorammonium in 1 l Essig, schließlich auch eine mit Schwefelsäure versetzte Lösung von seleniger Säure dienen, in der sich Selensilber bildet.

Rotfärbung: Rotfärbung erzielt man nach Sperry wie folgt: Die Lösung von 9,72 g Uranylnitrat in 1,13 l Wasser wird kurz vor der Verwendung mit einer Lösung von 9,72 g rotem Blutlaugensalz in 1,13 l Wasser vermengt. Man gibt hierzu 283 g Essigsäure und 2,268 l Wasser und erwärmt. Alle diese Färbungen sind nicht sehr haltbar, auch liegt wohl kaum ein Bedürfnis vor, Silber rot zu färben.

Grünfärbung erzielt man durch längeres Eintauchen in eine Lösung von 3 Teilen Salzsäure, 1 Teil Wasser und 1 Teil Jod, oder 35,5 g Jod und 35,5 g Jodkalium in ungefähr 3,5 kg Wasser. Man löst zuerst in etwa 0,5 kg Wasser, verdünnt und wendet die Lösung siedend an. Im Tageslicht wird die Färbung schiefergrau.

Verschiedene Färbungen mit Hilfe des elektrischen Stromes s. S. 40.

Zur Graufärbung eignet sich der Arsenniederschlag S. 32, zur Schwarzfärbung auch der Molybdänsesquioxydniederschlag, auch das Platin- oder Palladiumschwarz S. 36 u. 37.

Eine sehr schöne Färbung erhält man durch schwache Vergoldung und Durchreiben des Silbers auf den erhabenen Stellen des Gegenstandes.

Dunkle Tönung erhält man nach einer Patentanmeldung von Heraeus, indem man die Gegenstände bei 60—70° in die Lösung von Palladiumchlorür oder eines Doppelsalzes, wie z. B. Natriumpalladiumchlorür, eintaucht.

II. Färbung des Goldes.

Der Werkstoff.

Das Gold dürfte dasjenige Metall sein, welches die Aufmerksamkeit des Menschen zuerst auf sich gelenkt hat, und das Streben der Alchemisten, Gold aus anderen Stoffen herzustellen, hat nicht nur unsere chemischen Kenntnisse im allgemeinen erheblich gefördert, sondern auch die ältesten Rezepte der Metallfärbung hervorgebracht, so finden sich z. B. solche in dem aus dem 3. Jahrhundert n. Chr. stammenden Leydener Papyrus, der ältesten uns erhaltenen chemischen Rezeptsammlung, wennschon es sich hier wohl mehr um Kniffe der ägyptischen Metallarbeiter zur bewußten Nachahmung und Verfälschung der Edelmetalle handelt, die erst später im alchemistischen Sinne umgedeutet wurden.

Gold ist ein glänzendes gelbes Metall, es wird weder von trockener Luft noch von Feuchtigkeit angegriffen, auch weder von verdünnten noch konzentrierten Säuren gelöst. Gelöst wird es von Flüssigkeiten, die freies Chlor abscheiden, z. B. schon von Chlorwasser, insbesondere aber von einer Mischung von Salzsäure und Salpetersäure, die man deshalb Königswasser nennt, außerdem von Zyankaliumlösung.

1. Verschiedenfarbige Legierungen.

Durch das Legieren mit anderen Metallen wird auch die Farbe des Goldes in weitgehendem Maße geändert.

Am häufigsten legiert man Gold mit Kupfer (rote Karatierung), durch Legieren mit Silber erhält man hellere Farben (weiße Karatierung), die Legierung mit beiden Metallen nennt man gemischte Karatierung.

Zur Herstellung von Tauschierungen (Einlegearbeiten) sind noch andere Legierungen in Anwendung, z. B.:

hochrot	66,7%	Gold	33,3%	Kupfer				
,,	50 %	,,	50 %	,,				
,,	33,3%	,,	66,7%	,,				
blaßrot	60 %	,,	20 %	,,	20 %	Silber		
,,	66,7%	,,	26,6%	,,	6,7%	,,		
rosa	75 %	,,	5 %	,,	20 %	,,		
hochgelb	50 %	,,	12,5%	,,	37,5%	,,		
,,	53 %	,,	21,7%	,,	25,3%	,,		
,,	53 %	,,	14,5%	,,	32,5%	,,		
schwefelgelb	85,7%	,,	— %	,,	14,3%	,,		
blaßgelb	33,5%	,,	— %	,,	66,5%	,,		
blaugrün	50 %	,,	— %	,,	50 %	,,		
meergrün	60 %	,,	— %	,,	40 %	,,		
grünlich	66,6%	,,	— %	,,	33,3%	,,		
,,	75 %	,,	— %	,,	25 %	,,		
,,	85,5%	,,	— %	,,	14,5%	,,		
,,	60 %	,,	15 %	,,	25 %	,,		
,,	74,6%	,,	9,7%	,,	11,4%	,,	4,3%	Kadmium
,,	75 %	,,	— %	,,	12,5%	,,	12,5%	,,
,,	75 %	,,	— %	,,	16,6%	,,	8,4%	,,
hochgrün	72,8%	,,	9,4%	,,	18,8%	,,		
grau	72,5%	,,	— %	,,	27,5%	,,		
graublau	75 %	,,	25 %	Eisen				
,,	50 %	,,	50 %	,,				
,,	80 %	,,	20 %	,,				
dunkelgrau	94 %	,,	6 %	,,				
hellgrau	95,5%	,,	4,5%	,,				
engl. Weiß	75 %	,,	10 %	Kupfer	10%	Silber	5%	Eisen
violett	50 %	,,	50 %	Aluminium				
rosa violett	78 %	,,	22 %	,,				
blau ,,	80 %	,,	20 %	,,				
rosa ,,	90 %	,,	10 %	,,				

In Japan ist eine Schakudo oder Schakdo genannte, häufig antimonhaltige Gold-Kupfer-Legierung mit 1—7% Goldgehalt im Gebrauch, die sich in einer siedenden Lösung von Kupfervitriol, Alaun und Grünspan bläulichschwarz färbt (siehe den letzten Teil dieses Abschnittes).

Zum Vergolden verwendet man verschieden legiertes Blattgold und den zerriebenen Abfall desselben, das Muschelgold (Malergold, Goldbronze). Theobald macht über die verwendeten Legierungen (Das Metall, 1918, S. 300) folgende Angaben:

Farbe	Tausendteile			Farbe	Tausendteile		
	Gold	Silber	Kupfer		Gold	Silber	Kupfer
Reines Scheidegold	990	5	5	Lichtgelb	910	20	70
Dukatengold . . .	975	15	10	Orangegold, hell .	880	25	95
Dukatengold hell .	975	20	5	Zitrongold, dunkel	750	15	235
Dukatengold 23karätig . . .	950	30	20	Zitrongold	700	20	280
				Zitrongold, hell . .	600	30	270
Rotgold	950	—	50	Grüngold, dunkel .	570	30	400
Orangegold extra fein . . .	940	30	30	Grüngold, dunkel .	540	30	430
				Grüngold	450	—	550
Orangegold extra dunkel . .	925	35	40	Grüngold, hell . .	400	—	600
				Grüngold, hell . .	350	—	650
Orangegold	920	45	35	Grüngold, hell . .	300	—	700

2. Das ältere Färben des Goldes.

Das eigentliche Färben des Goldes (heute kaum mehr angewendet) beruhte darauf, daß man an der Oberfläche die Legierungsmetalle Kupfer und Silber durch Auflösen entfernte, wobei sich auch etwas Gold löst, das sich aber als dünne Schicht reinen Goldes wieder auf der Oberfläche niederschlägt.

Die wesentlichen Bestandteile der Farbmischung sind ein Alkalinitrat und Kochsalz sowie Salzsäure, manchmal ein sauer reagierendes Sulfat (Alaun oder Ferrisulfat), welches etwas Salpetersäure und Salzsäure in Freiheit setzen soll, wodurch sich Königswasser bildet. Es hat sich aber gezeigt, daß verdünntes Königswasser sich nicht verwenden läßt, da sich eine unlösliche Schicht von Chlorsilber bildet, die nur durch Bürsten entfernt werden kann, während es bei den in der Praxis gebräuchlichen Farbmischungen durch das überschüssige Kochsalz gelöst wird. Deshalb eignen sich zu dieser Art des Färbens auch nur silberarme Legierungen, sog. Farbgold.

Die Farblösung besteht aus 4 Teilen Salpeter, reichlich 2 Teilen Kochsalz und etwa 3 Teilen starker Salzsäure.

Die zu färbende Ware wird sorgfältig gereinigt, und zwar geschieht dies durch Abkochen in mit Borax gesättigtem Wasser und nachheriges Schwarzglühen in frischem Holzkohlenfeuer, um alle fettigen Bestandteile völlig zu entfernen. Die Gegenstände dürfen dann aber nicht mehr mit den Händen angefaßt werden, denn schon der Handschweiß erzeugt Flecke. Man bindet daher die Ware schon von Anfang an mit einem Feinsilber- oder Platindraht zusammen, der dann bei den verschiedenen Handlungen als Handhabe dient. Es empfiehlt sich ferner, die Waren vor dem Eintauchen in die Farbe in stark verdünnter Schwefelsäure abzukochen. Die so gereinigten Gegenstände werden nun an dem erwähnten Feinsilber- oder Platindraht in die kochende Farblösung $1^1/_2$ Minuten eingehängt und leicht bewegt.

Will man bei niedrigerem Goldgehalte trotzdem eine bessere Farbe erzielen, so nimmt man etwas mehr Salzsäure, doch muß dann mit der größten Vorsicht gefärbt werden.

3. Sonstige Verfahren zum Färben des Goldes.

Auch durch Verquicken in der Quickbeize, Abrauchen und Kratzen oder durch Auftragen eines Breies von Borax und Wasser, Erhitzen bis zum Schmelzen des Borax und Ablöschen in verdünnter Schwefelsäure werden Goldwaren gefärbt.

Auf der Bildung von Legierungen auf der Oberfläche beruhen (neben dem schon genannten Verquicken) folgende Verfahren:

Man taucht in eine der nachfolgenden Lösungen oder bürstet sie auf, erhitzt gleichmäßig bis zum Schwarz- bzw. Braunwerden und beizt nach dem Erkalten in verdünnter Schwefelsäure, Salzsäure oder Essig.

Gelbe Färbung: Aus 6 g Kalisalpeter, 2 g Eisenvitriol und 1 g Zinkvitriol stellt man eine konzentrierte Lösung her.

Rötlichgrüne Färbung: 3 g Kalisalpeter, 3 g Chlorammonium, 9 g Grünspan, 3 g Eisenvitriol, 30 g Wasser.

Grüne Färbung: 12 g Kalisalpeter, 4 g Eisenvitriol, 2 g Zinkvitriol, 2 g Alaun, 20 g Wasser.

Glühwachs: Dieses wurde aufgetragen, abgebrannt, gespült und mit Essig oder stark verdünnter Salpetersäure gekratzt, abermals gespült, getrocknet und poliert. Auch das Glühwachsen ist kaum mehr in Anwendung.

Rotes Glühwachs: 32 Teile gelbes Wachs, 3 Teile roter Bolus, 2 Teile Grünspan, 2 Teile Alaun.

Gelbes Glühwachs: 96 Teile gelbes Wachs, 48 Teile Zinkvitriol, 15 Teile gebrannter Borax.

Das Wachs wird geschmolzen, die anderen Stoffe fein gepulvert eingerührt.

Die Metalle werden reduziert und legieren sich mit dem Golde.

Heute sind alle diese Verfahren verdrängt worden durch das Färben mit Hilfe galvanischer Goldlegierungsniederschläge, die Rot- oder Grünvergoldung mit kupfer- oder silber-, manchmal auch arsenhaltigen Bädern.

4. Patinieren.

Gewöhnlich färbt man Goldwaren durch Einreiben von in Tuben käuflichen schwarzen, braunen oder grünen Farbstoffen in die Gravuren oder sonstigen Vertiefungen, also nicht chemisch, sondern durch mechanische Metallfärbung.

III. Färbung des Platins und der Platinmetalle.

Die Bildung von Platinschwarz und Palladiumschwarz ist schon im Abschnitt „Elektrolytische Metallfärbung" beschrieben worden. Platinfolie wird wie Platinschwamm bei 420—450° im Sauerstoffstrom zu

Platinoxydul, durch blauschwarze Färbung erkennbar, oxydiert. Andere Färbungen des Platins sind nicht bekannt. Für Altfärbungen sind die Molybdänsesquioxyd- und Arsenniederschläge (siehe Abschn. V) verwendbar, auch der Lüstersud (Abschn. VI).

IV. Färbung japanischer edelmetallhaltiger Legierungen.

Obwohl die japanischen Legierungen Schakudo und Schibuizi als Hauptbestandteil Kupfer enthalten, bei uns auch keine Anwendung finden, sollen sie doch der besonderen Beachtung wegen, die gerade japanische Metallarbeiten im Kunstgewerbe gefunden haben, an dieser Stelle kurz behandelt werden. Die nachstehenden Angaben sind einer Arbeit, die Prof. Denzo Uno, Kioto, in der Techn. Hochschule in Aachen ausgeführt hat (Korrosion u. Metallschutz 5. Jg., 1929, Heft 6), entnommen.

1. Färbung von Schakudo.

Man unterscheidet beim Schakudo drei Sorten, mit 5—7%, 2—4% und etwa 1% Gold. Die Japaner erschmelzen es unter Verwendung des japanischen Rohkupfers „Nigurome", das Verunreinigungen von Antimon, Arsen, Nickel und Eisen in metallischer Form oder als Oxyde enthält; Uno zeigte aber, daß man auch vom billigeren Elektrolytkupfer ausgehen kann. Mit siedenden Lösungen, die in der Hauptsache Kupfersalze enthalten (S. 86), färben sich Legierungen unter 1% Gold braun, Legierungen von 1—2% schwach blau bzw. schwarz, Legierungen von 2—6% schön dunkelblau, solche mit 7% violett, mit 8% rotviolett, über 8% hellviolett, über 7% Gold zu verwenden ist also zwecklos.

Schakudo besteht aus Mischkristallen, die bei der Erstarrung aus dem Schmelzfluß Neigung zur Seigerung zeigen. Der zuerst erstarrende kupferreiche Bestandteil färbt sich violett, während der goldreiche Bestandteil unter dem Mikroskop hellorange erscheint. Wird die Legierung 5 Stunden bei 1030° angelassen, so homogenisiert sich das Gefüge und es entstehen große, einheitliche Mischkristalle; bei der Färbung zeigt sich aber, daß jetzt die Korngrenzensubstanz stärker angegriffen wird als die Kristallmitten. Wiederholt man aber nach der Homogenisierung die Kaltbearbeitung und das Anlassen dreimal nacheinander, so wird der Kristallit kleiner und man kann bei 500°, der Rekristallisationstemperatur des Schakudos, vollkommen gleichmäßig färben und auch den Grenzgoldgehalt von 0,5—10% erweitern. Bei seinen Versuchen mit verschiedenen Korrosionsmitteln fand Uno, daß die künstliche Färbung nicht auf Kupfersalzlösungen beschränkt werden kann, daß man mit wässerigen Lösungen von Haloiden und Sulfaten auch im kalten Zustand dunkelblau färben kann, Säuren, Alkalien und Oxydationsmittel sich aber nicht zur Färbung eignen. Im allgemeinen wirken die Korrosionsmittel besser, wenn die Legierung schwer zu lösen ist.

Für den Färbevorgang gibt Uno folgende Erklärung: Anfangs wird Kupfer teilweise zu Kupferoxydul oxydiert, wobei die Färbung infolge Interferenzerscheinungen zwischen der dünnen Oxydulschicht und der unveränderten Legierung orange erscheint. Wird die Oxydulschicht dicker, so wird die Färbung allmählich rot, wenn sich Kupferoxyd bildet, infolge Interferenz blau. Im Gegensatz zu von anderen Autoren ausgesprochenen Ansichten fand Verfasser, daß beim Färbevorgang weder Lösung von Kupfer noch Gegenwart von Kolloiden nötig ist, er führt die Färbung auf Kontaktwirkung zwischen Kupfer- und Goldatomen zurück, womit auch im Einklang steht, daß die Färbung bei niedrigem Goldgehalt langsam, aber auch bei hohem Goldgehalt (Tammannsche Einwirkungsgrenzen) schwer erfolgt, schwer lösende Mittel am besten färben und das Schakudo bei örtlicher Abnutzung in der Luft oder im Wasser seine Färbung von selbst wieder gewinnt.

2. Färbung von Schibuizi.

Schibuizi ist eine beliebte Schmucklegierung, die gewöhnlich 20 bis 25% Silber enthält, also $^1/_4$ des Gesamt- oder des Kupfergehalts, daher der Name. Bei der Färbung wird es gewöhnlich grünbraun oder hellgrau. Uno prüfte Legierungen mit 6—72% Silber, um den günstigsten Silbergehalt festzustellen. Legierungen mit 6—10% Silber korrodieren braun, die von 11% Silber ab nehmen grüne Farbe an, die Legierung mit 17% korrodiert intensiv grün, die mit 29% am stärksten grün. Die Legierungen über 30% Silber nehmen allmählich gelbe statt grüne Töne an, durch mäßiges Polieren erhalten sie aber eine hellgraue Farbe.

Die Legierung besteht aus einem kupferreichen Mischkristall, der wie beim Schakudo korrodiert, und einem aus kupferreichen und silberreichen Mischkristallen bestehenden Eutektikum, dessen silberreicher Mischkristall schwer korrodiert; die Farbe steht deshalb in Beziehung zum Flächenverhältnis zwischen primärem Mischkristall und Eutektikum, sie ändert sich durch Kaltbearbeitung, durch die der Anteil an dem schwer zu färbenden Eutektikum vergrößert wird. Die Legierung mit 6% Silber nimmt nach der Kaltbearbeitung schwachgrüne Töne an, die mit 7—13% Silber tiefgrüne wie die mit 17%, aber die Legierungen von 16% Silber an korrodieren allmählich immer gelber, wie diejenigen von 30% an.

Bei der Rekristallisation wird der Anteil des Eutektikums vergrößert gegenüber dem primären Mischkristall, damit die Korrosion ungleichmäßiger, beim Abschrecken von 750° aber die Kernzahl des primären Mischkristalls größer, die Verteilung des Eutektikums und damit die Korrosion gleichmäßiger. Ebenso verhalten sich gegossene Legierungen.

Man färbt im allgemeinen das Schibuizi mit wässerigen Lösungen von Kupfersalzen, kann aber auch andere Korrosionsmittel, z. B. Chloride, Sulfate, Nitrate, verwenden, nicht so gut Säuren und Oxydationsmittel, wobei wie beim Schakudo die am besten wirken, die die Legierung schwer oder gar nicht lösen.

Die Bildung der Farbe erklärt Uno wie folgt: Der primäre Mischkristall korrodiert orange, dann hellbraun und graublau, der kupferreiche Bestandteil des Eutektikums ebenso. Das Eutektikum erscheint erst gelb, dann hellgrün, da der silberreiche Bestandteil sehr schwer korrodiert. Silberreichere Legierungen zeigen gelbe Farbtöne, silberärmere braune, Legierungen mit dem günstigsten Silbergehalt schön grünliche. Die durch Polieren verlorengehende Farbe kommt allmählich von selbst wieder. Die Oberfläche wird oft von einer matten Schicht überzogen, nach deren Entfernung die Farbe wiedererscheint.

Auch beim Schibuizi erklärt Uno die Bildung der Färbung durch Kontaktoxydation, in diesem Falle durch die Silberatome.

3. Drei- und Mehrstofflegierungen.

Bei der Untersuchung von Drei- und Mehrstofflegierungen auf Schakudo- und Schibuizibasis zeigte sich, daß Schakudo durch den Zusatz dritter Metalle in den Grenzen bis zu 5% mit Ausnahme des Eisenzusatzes feinkristalliner wird und schneller korrodiert, die Legierungsmetalle, die unedler als Kupfer sind, befördern die Korrosion auch elektrochemisch, dem Kupfer in der Spannungsreihe nahestehende oder edlere Legierungsbestandteile korrodieren ähnlich wie Schakudo. Im allgemeinen färben sich Legierungen mit 5% dritter Metalle blauer als Schakudo, die mit unedleren Metallen aber schlechter, eutektische und kaltbearbeitete Legierungen trotz der kleinen Korngröße schwerer.

Ähnlich war der Erfolg bei den Mehrstofflegierungen auf Schibuizibasis, die goldhaltige Legierung korrodiert schöner, nach der Kaltbearbeitung korrodierten die Legierungen mit binärem Eutektikum hellfarbiger, die ternäreutektischen mit edleren Legierungsbestandteilen als Kupfer besser.

Allgemein ergibt sich also aus den Versuchen, daß durch Kornverfeinerung, Homogenisierung, Rekristallisation, Abschrecken die Färbung gleichmäßiger, durch große Kristalle kontrastreicher wird.

D. Färbung des Zinks und der Zinklegierungen.

Der Werkstoff.

Das Zink ist ein verhältnismäßig weiches Metall, die Farbe ist weiß mit einem Stich ins Blaugraue.

Das Handelszink ist meist mit Kadmium, Eisen, Blei, seltener mit Zinn (bei Verwendung von Altzink vom Zinnlot herrührend), Kupfer, Arsen, Antimon, Silizium, Schwefel, Kohlenstoff und Chlor verunreinigt.

Neuerdings stellt man Elektrolytzink mit über 99,99% Reinheit her, bei dessen Verwendung man auch Legierungen mit weit besseren Eigenschaften als früher erhält.

Spritzgußlegierungen enthalten meist einige Hundertteile Kupfer und Aluminium, beide Zusätze steigern die Festigkeit und Härte und geben ein feineres Gefüge.

Der frische Bruch des gegossenen, wie die Oberfläche frisch polierten Zinks zeigen starken Glanz, der sich an trockener Luft auch ziemlich gut hält, an feuchter Luft bildet sich dagegen schnell eine Schicht von Zinkhydroxyd bzw. durch die Mitwirkung der Kohlensäure der Luft Zinkhydroxydkarbonat oder basisch-kohlensaurem Zink. Dieses bildet aber eine zusammenhängende dichte Oberflächenschicht, die das darunterliegende Metall vor weiterer Oxydation schützt. So kommt es, daß Zinkgegenstände den Einwirkungen der Luft und auch des Wassers recht gut widerstehen. Unreines Zink ist weniger widerstandsfähig als reines. Säuren und auch Alkalien (Kali-, Natronlauge und Ammoniak) lösen das Zink sehr leicht.

Zinkgegenstände bedürfen in vielen Fällen nicht nur eines schützenden, sondern auch eines Überzugs, der ihnen ein besseres Aussehen gibt. Soweit man dafür nicht einen Lackanstrich oder einen stärkeren galvanischen Niederschlag eines anderen Metalles wählt, kann man dabei der Forderung, werkstoffgerecht zu bleiben, nicht nachkommen, denn alle chemischen Färbungen des Zinks beruhen auf der Ausscheidung eines anderen Metalls, meist des Kupfers auf der Oberfläche, das gleichzeitig oder nachträglich in eine farbige oder schwarze chemische Verbindung verwandelt wird.

Soweit das Zink erst mit Hilfe des elektrischen Stromes stärker verkupfert oder vermessingt wird, kommen für die Färbung alle diejenigen Kupfer- und Messingfärbungen in Frage, die mit nicht zu stark wirkenden Mitteln ausgeführt werden, bei denen also nicht zu befürchten ist, daß die zur Färbung benutzte Lösung den Niederschlag ablöst, statt ihn zu färben. Zum Graufärben kommt das galvanische Arsen- und evtl. das Antimonbad in Anwendung, zur Schwarzfärbung das Schwarznickelbad.

Über 100 Vorschriften zur Färbung von Zink wurden im Auftrage des Zinkwalzwerksverbandes in der Lehrwerkstatt der Staatl. Fachschule Gmünd durch den Verfasser einer Nachprüfung unterzogen. Viele Vorschriften waren nur unwesentlich voneinander verschieden, z. B. die Kupferstreichen und viele Braun- und Schwarzfärbungen, andere gaben wenig zu empfehlende Färbungen oder waren ganz unbrauchbar, so daß ihre Wiedergabe hier unterbleiben kann.

I. Kupfer-, Messing- und Bronzefärbung.

Die Streichverkupferung ist S. 29 schon angeführt, man kann auch zur Färbung von Zink Weinsäure oder Weinstein zusetzen, der Kupferniederschlag wird dann etwas heller als aus der ammoniakalischen Lösung.

Auch zyankalische Lösungen können zur Anstreich- oder Eintauchverkupferung verwendet werden, da sie keinen Vorteil bieten, wird man diese giftigen Lösungen aber vermeiden.

Tombak- oder messingfarbene Niederschläge erhält man, wenn man der weinsäurehaltigen Streichverkupferung 30—100 g/l Chlorammonium zusetzt. Man versetzt dabei am besten die Lösung mit Schlämmkreide oder bürstet sie mit einer weichen Messingbürste auf, muß aber schnell abspülen und trockenreiben, da die Verkupferung sonst eine braune Farbe annimmt.

Auch die in Abschnitt V angeführten Verzinnungen, Versilberungen und Vergoldungen ohne Strom können auf Zink angewendet werden.

II. Braunfärbungen.

Wenn man die Anstreichverkupferung nicht schnell spült und trocknet, sondern die Verkupferungslösung oder besser die mit Chlorammonium versetzte Lösung antrocknen läßt, färbt sich die Verkupferung im ersten Fall durch Oxydation braun, während sich im zweiten Fall zunächst Chlorür bildet, das sich unter der Einwirkung des Lichtes in Kupferoxydul verwandelt. Weiter werden empfohlen eine verdünnte Lösung von Kupferchlorid in Wasser, in Ammoniak oder in Essig. Zur Braunfärbung der vorher erzeugten Verkupferung dienen auch Lösungen von 4 Teilen Grünspan in 11 Teilen Essig, von Kupferchlorid in Essig oder von 15 Teilen Grünspan und 20 Teilen Weinstein in der eben ausreichenden Menge Wasser.

Diese Verfahren erwiesen sich als brauchbar, aber nicht besser als das vorbeschriebene, man kann mit ihnen aber grünliche Patina herstellen.

Auch die zur Grünpatinierung von verkupfertem Zink empfohlene Lösung von je 250 g Chlorammonium und kohlensaurem Ammonium in 1 l Wasser, die man wiederholt aufbürstet und antrocknen läßt, färbt zunächst braun.

Galvanisch verkupfertes Zink kann auch in der Permanganatbeize (S. 70), besonders auch in dem Beutelschen Braunbad mit Kaliumchlorat (S. 71) braun gefärbt werden, nicht aber nur mit Anstreichverkupferung verkupfertes.

III. Graufärbungen.

Zum Graufärben (Altzink) verwendet man eine je nach dem gewünschten Farbton mehr oder weniger konzentrierte, mit Salzsäure leicht angesäuerte Eisenchloridlösung (nicht über 50 g Eisenchlorid und 10 g Salzsäure je Liter) oder auch eine Lösung von 30 g Chromalaun und 30 g unterschwefligsaurem Natron (Natriumthiosulfat) in 1 l Wasser, die man mit 25 g Schwefelsäure versetzt, filtriert und auf 60—80° erwärmt. Die zu färbenden Gegenstände werden in eine der Lösungen eingetaucht, gespült und getrocknet.

Das erste Verfahren ist das einfachere und gab auch die besseren Erfolge.

Auch durch kurze Einwirkung der Schwarzbeizen und nachträgliches Bearbeiten mit Bürsten erzielt man graue Färbungen.

IV. Schwarzfärbungen.

Die Schwarzfärbung des Zinks dürfte von allen künstlichen Färbungen am meisten zu empfehlen sein, abgesehen davon, daß sie bei manchen Anwendungen schon aus Zweckmäßigkeitsgründen geboten ist. Zu ihrer Ausführung gibt es wieder eine große Zahl von Vorschlägen, die sich aber häufig nicht wesentlich unterscheiden.

Das zweckmäßigste Verfahren ist die Färbung mit der auch zum Braunfärben der Bronze angewandten Chloratbeize (siehe S. 77), auch in der vom Verfasser für Kadmiumfärbung abgeänderten Zusammensetzung (siehe dort). Die entfetteten Gegenstände werden mit feinem Sand und verdünnter Salzsäure gescheuert, mit Wasser gut gespült und mit heißen Sägespänen oder fettfreien Lappen getrocknet. Nun werden die Gegenstände mit Bürsten oder Pinseln mit der Chloratbeize gleichmäßig bestrichen, kleinere Gegenstände auch in die Beize eingetaucht oder in mit der Beize getränkten Sägespänen im Rollfaß gerollt. Sie färben sich erst kupferrot, dann schwarz. Ist die schwarze Färbung erreicht, so spült und trocknet man.

Auch die Kaliumpermanganatbeize (S. 70) ist zum Schwarzfärben von Zink geeignet.

Nach dem DRP. 230982 (erloschen) der „Allgemeinen Elektrizitätsgesellschaft Berlin" taucht man die zu färbenden Gegenstände in kaltem oder angewärmtem Zustande in die Lösung eines Kobaltsalzes oder pinselt eine solche auf, worauf man schwächer oder stärker erhitzt. Das Verfahren ist unter Umständen mehrmals zu wiederholen. Die Färbung ist je nach der Anzahl der Tauchungen und der Höhe der Temperatur braun bis schwarz.

Ebenso kann man eine Kupfernitratlösung aufpinseln und erhitzen.

Eine aus Mangansuperoxyd bestehende Färbung, die widerstandsfähiger als die aus Kupferoxyden bestehende sein soll, erhält man nach Neumann mit einer Lösung von salpetersaurem Mangan vom spezifischen Gewicht 1,125 (5—6 Teile auf 100 Teile Wasser, je nachdem das Salz trockener oder feuchter ist). Die Gegenstände werden eingetaucht oder die Lösung mit Pinsel, Schwamm, Bürste od. dgl. möglichst gleichmäßig aufgetragen und über Kohlenfeuer, Gas- oder Spiritusflamme erst langsam angetrocknet, dann stärker erhitzt, bis die schwarze Farbe erscheint. Nach Abbürsten der nicht haftenden Teile des Überzugs wird das Verfahren 7—8mal wiederholt, schließlich wird gefirnißt.

Mit einer Lösung von 90 g Antimonchlorür (Spießglanzbutter) in 1 l Weingeist, der man 60 g Salzsäure zusetzt und die man mit Pinsel oder Bürste dünn aufträgt, kann man Zink auch schwarz färben. Die Lösung wird mit einem Lappen abgewischt und das Auftragen wiederholt, worauf man, ohne zu spülen, an einem warmen Ort auftrocknen läßt und dann mit Leinöl abreibt. Besonders zu empfehlen ist diese Färbung aber nicht.

Auch in einem mit Schwefelsäure angesäuerten Schwarznickelbad soll man Zink durch Tauchen schwarz färben können, doch ist die Färbung mit Strom vorzuziehen.

Empfohlen wird weiter eine Lösung von 10% seleniger Säure und 0,1—0,5% Kochsalz.

Nach dem DRP. 564483 färbt man Zink-Aluminium-Kupfer-Legierungen mit 95—97% Zinkgehalt durch 10 Sekunden langes Eintauchen in eine Mischung gleicher Teile einer 10proz. Kupfersulfatlösung und einer $^{1}/_{120}$proz. Pikrinsäurelösung.

Das Schwarzfärben mit einer verdünnten Lösung von Platinchlorid, die man aufstreicht (1 Teil Platinchlorid in 12 Teilen Wasser, der man, damit sie besser an der Oberfläche haftet, 1 Teil Gummi arabicum zusetzen kann), dürfte des hohen Preises des Platinsalzes wegen kaum in Anwendung kommen.

V. Grüne Patina.

Schon die vorstehend angegebenen Anstreichverkupferungen geben, wenn man die Lösung wiederholt antrocknen läßt, unter Umständen eine grüne Patina.

Grüne Patina erhält man ohne vorherige Verkupferung auch, indem man mit einer verdünnten Lösung von salpetersaurem Kupfer und nachdem das Zink hierdurch vollständig verkupfert ist, mit einer Lösung von kohlensaurem Ammonium bestreicht. Bei Anwendung stark verdünnter Lösungen soll die Färbung recht gut haltbar werden, sind die Lösungen zu konzentriert, wird sie schwarz.

Es werden noch eine ganze Anzahl Lösungen für die Grünpatinierung von Zink vorgeschlagen, die Nachprüfung ergab aber, daß sie nur auf stark galvanisch verkupfertem Zink eine gute Patina liefern. Ohne diese Vorverkupferung schlägt immer die weiße Farbe sich bildender Zinksalze durch, so daß man nur eine weißlichgraue Farbe mit einem grünlichen Schimmer erhält. Eine bessere Grünfärbung erhielt Verfasser nach folgendem Verfahren:

Die Zinkbleche werden nach einem der unter Schwarzfärbung angegebenen Verfahren oder auch mit der unter Graufärbung angegebenen Eisenchloridlösung grundiert, dann mehrmals mit einer Lösung von Kalium- oder Natriumchromat oder -dichromat betupft, die man auftrocknen läßt.

VI. Dunkelblaufärbung.

Dunkelblau färbt man durch Eintauchen in eine Lösung von 60 g Nickelammoniumsulfat und 60 g Chlorammonium in 1 l Wasser. Diese Färbung leitet über zu den Lüstersuden, sie wird zuerst gelb, bei längerem Eintauchen braun, violett, indigoblau und schwarzblau.

VII. Lüsterfärbungen.

Von den S. 55 angeführten Lüstersuden liefert der am häufigsten verwendete, Natriumthiosulfat und Bleiazetat, auf Zink meist nur eine graue Färbung, besser sind die Kupfersalze enthaltenden Lüstersude zu verwenden, z. B. das von Beutel angegebene Irisbad: In 1 l Wasser werden 36 g Kupfervitriol und 30 g Weinstein eingetragen, worauf man nach tüchtigem Umrühren 150 g Ätznatron zusetzt.

Die zu färbenden Gegenstände müssen sehr sorgfältig gereinigt und möglichst glänzend poliert sein. Man taucht sie entweder in das kalte Bad oder streicht dieses mit einem Schwamm auf. Es entsteht zunächst eine Verkupferung, die dann bunt anläuft, hauptsächlich treten die Farben grün, rot, violett und braun auf. Sie verändern sich bei längerem Liegen und werden braun, auch durch Lackieren bzw. Zaponieren verändern sie sich. Die bunten Farben sind die Farben dünner Blättchen des sich hier bildenden Kupferoxyduls, daher der Einfluß der Lackierung, die die Schichtendicke vergrößert.

VIII. Marmorähnliche Färbung, schiefergraue Färbung.

100 g Kupfervitriol, 100 g Nickeloxydulammonsulfat und 100 g Kaliumchlorat werden in 6 l destilliertem Wasser gelöst, die Gegenstände in die auf etwa 60° erwärmte Lösung eingetaucht, gespült, getrocknet und mit einem mit Öl befeuchteten Lappen poliert. Man kann hierzu auch die vorstehend beschriebenen Schwarz- und Graufärbungen benutzen, wenn man auf eine fleckige Färbung hinarbeitet.

Eine schiefergraue Färbung erhält man, wenn man die Bleche zuerst mit einem ganz wenig mit Bohnerwachs oder auch Öl behafteten Lappen leicht überstreicht und dann mit verdünnter Kupfernitratlösung behandelt.

IX. Chromatverfahren.

Aus Nordamerika kam die sog. „Dichromattauchung" zum Schutze des Zinks. Nach Morgan und Lodder wird 5—20, meist 10 Sekunden bei Zimmertemperatur in eine angesäuerte Natrium- oder Kaliumdichromatlösung getaucht. Bei höherer Temperatur wirkt das Bad zu schnell, wobei man schlechter haftende Zinkchromatschichten erhält. Mit der Tauchzeit wachsen zwar Schichtdicke und Tiefe der Färbung, doch sind dünnere Filme vorzuziehen, weil sie schneller trocknen und an scharfen Kanten einen besseren Widerstand gegen Abnützung zeigen. Notwendig ist nach der Behandlung gründliches Spülen und schnelles Trocknen, am besten in einem Strom kalter Gebläseluft.

Eine Patentschrift der New Jersey Zinc Comp. (DRP. 614567) macht über ein derartiges Chromattauchverfahren folgende Angaben: Bekannt ist, Metalle in einer sauren, neben freier Schwefelsäure und Salpetersäure und in Schwefelsäure gelöster Zellulose und Salizylsäure, Kupfer- und Zinknitrat, sowie etwa 12 g/l Kaliumbichromat enthaltenden Lösung zu färben, auch die Korrosionsbeständigkeit des Zinks durch Tauchen in eine angesäuerte, nur 5 g/l Kaliumbichromat enthaltende Lösung zu erhöhen. Hierbei wird aber weder eine Färbung noch die Bildung eines sichtbaren Überzugs erzielt, während nach dem geschützten Verfahren sichtbare, einen wirksamen Schutz gewährende und zugleich zur Verschönerung dienende Überzüge erzeugt werden, sowohl auf Zink und Kadmium wie auf vorwiegend aus diesen Metallen bestehenden Legierungen. Das Verfahren ist gekennzeichnet dadurch, daß die Gegenstände der Einwirkung einer sauren Lösung ausgesetzt werden, die auf 1 l Wasser mindestens so viel sechswertiges Chrom enthält, wie 25 g freier Chromsäure oder der gleichen Menge eines Chromats oder Bichromats entspricht und die außerdem Anionen mindestens einer Mineralsäure, wie Schwefelsäure, Salzsäure oder Salpetersäure, enthält. Diese können in Form der freien Säuren oder deren Salzen, auch Salzen verschiedener Säuren, zugesetzt werden. Als Beispiele werden angegeben Lösungen mit etwa 25—300 g/l Natrium- oder Kaliumbichromat und 1,7—87 g/l SO_4, ansteigend mit der Chromsäuremenge, und Lösungen, die auf 1 l Wasser neben etwa 17—200 g oder mehr, vorteilhaft etwa 34—200 g CrO_3 in Form eines Chromats oder Bichromats und zwischen 1,7 und 140 g SO_4, in Form freier Schwefelsäure, gegebenenfalls unter gleichzeitigem Vorhandensein eines Sulfats enthalten.

X. Phosphatverfahren (Granodisieren).

Die American Chemical Paint Co. hat ein dem Parkerisieren ähnliches Schutzverfahren für Zink ausgearbeitet. Die Gegenstände aus Zink oder Zinklegierungen bzw. verzinktem oder auch verkadmiertem Eisen, entfettet und, wenn möglich gebürstet, werden in ein erwärmtes

Phosphatbad, dessen Temperatur am besten auf 77° gehalten wird, getaucht, bis die Wasserstoffentwicklung aufhört, dann in kaltem und heißem Wasser gespült. Gewöhnlich genügt eine Tauchzeit von 10 bis 15 Sekunden. Die Temperatur des Bades soll 82° nicht übersteigen, da eine Überhitzung kristallinische Struktur der Schutzschicht, die aus ternärem Zinkphosphat besteht, hervorruft. Die Chemikalien werden unter dem Namen Granodine geliefert (2 l auf 10 l Wasser), sie bestehen wahrscheinlich aus primärem und sekundärem Zinkphosphat, unter Umständen mit Zusatz anderer Schwermetallphosphate. Auf Eisen wird die Zinkphosphatschicht unter Verwendung einer anderen Granodinenummer elektrolytisch mit Wechselstrom, etwa 12 Amp/dm^2, gleichzeitig mit der Verzinkung erzeugt.

Als Wannen können heizbare Stahlblechwannen oder ausgebleite Wannen verwendet werden. Die auch als Lithoformüberzüge bezeichneten Schichten sind wasser- und witterungsbeständig, blättern nicht ab und geben einen guten Haftgrund für Farb- und Lackanstriche. Bei Gegenständen, die man nicht tauchen kann, kann der Auftrag auch mit dem Pinsel oder durch Spritzen erfolgen.

Über elektrolytische Verfahren zur Färbung und zum Schutze des Zinks und der Zinklegierungen siehe Abschnitt III.

XI. Färbungen mit Molybdatlösungen.

Diese für Zink und verschiedene andere Metalle anwendbaren Färbungen, die je nach Schichtdicke die Regenbogenfarben durchlaufen und schließlich braun und tiefschwarz werden, beruhen auf der Ausscheidung von Molybdänsesquioxyd, zum Teil zugleich mit Schwermetallverbindungen. Soweit man sich dabei des elektrischen Stromes bedient, wurden sie schon in Abschnitt III behandelt. Durch verschiedene Patentanmeldungen und eine Untersuchung über die Schutzwirkung dieser Färbungen (Beck u. Völker: Das Verhalten gefärbter Zinkbleche bei Wechseltauchbeanspruchung. Z. Metallkde. 1934 Heft 3) wurde Verfasser veranlaßt, auch diese Verfahren nachzuprüfen.

Man kann Molybdänsesquioxydniederschläge ohne Verwendung des elektrischen Stromes durch einfache Tauchverfahren erzielen. Hierfür wird empfohlen eine Lösung von 5—20 g/l Ammoniummolybdat, die durch Zusatz von Ammoniak eben ammoniakalisch gemacht werden soll oder eine ebensolche Lösung statt mit Ammoniak mit Natriumthiosulfat in etwa der halben, höchstens der gleichen Konzentration wie Ammoniummolybdat versetzt. Die zweite Lösung wurde von Beutel angegeben, sie ist der ersten vorzuziehen, da es sehr schwer ist, ein Bad, das erhitzt werden muß, „eben ammoniakalisch" zu halten. Man erhält übrigens auch Färbungen auf Zink und anderen Metallen in einer Ammoniummolybdatlösung ohne jeden weiteren Zusatz. Auch hierauf hat Pacz nachträglich ein Patent genommen.

Es soll zunächst auf das umfassendste der Aladar Pacz geschützten Tauchverfahren, DRP. 480995 und die weiteren Pacz-Patente näher eingegangen werden.

In der ersten Patentschrift wird gesagt, daß das Verfahren zum Färben von Eisen, Stahl, Zinn, Aluminium, Blei, Magnesium, Zink und Kadmium verwendbar ist. Welches Alkalimolybdat verwendet wird, soll gleichgültig sein, Zusätze, die mit dem Molybdat Komplexverbindungen bilden, sollen aber bessere Ergebnisse liefern. Die Patentschrift nennt hier Salze der Oxalsäure, Fluoride und Doppelfluoride, Aluminiumchlorid, Polysilikate, Ammoniumsulfat und verstärkte Ansäuerung durch Molybdänsäure, Wolframsäure oder Borsäure. Bei Zusatz von Oxalat soll auf 1—10 g Molybdat 5—10 g Oxalat aufs Liter zugesetzt werden, mindestens soviel wie Molybdat, verdünnte Lösungen sollen härtere und dichtere Niederschläge geben als konzentriertere. Bei Zusatz von Fluoriden soll Natriumsilikofluorid am geeignetsten sein, auch Natriumfluorid aber verwendbar sein und neben Silikofluorid bei Zinn und Eisen die Wirkung vervollständigen, auch kann ein Alkalikarbonat zugesetzt werden, das mit dem Silikofluorid reagiert, z. B. 2 g Natriumsilikofluorid, 2 g Alkalikarbonat, 2 g Molybdat im Liter. Ein Zusatz von 5 g/l Aluminiumchlorid auf 1 g/l Molybdat soll besonders bei Blei und Bleilegierungen, auch bei Eisen bessere Ergebnisse zeigen. Polysilikate, durch Zugabe von Kieselsäure zu einer Natriumsilikatlösung hergestellt, z. B. 2 g Molybdat und 0,2 g Polysilikat im Liter, sind, heiß angewendet, zum Färben von Eisen geeignet, besonders von leicht verkupfertem Eisen, wobei nachträgliches Kochen in Kalium- oder Natriumchromat- bzw. -bichromatlösung empfohlen wird. Der Zusatz von Ammoniumsulfat wird besonders zum Färben von Zink und Kadmium empfohlen. Die verstärkte Säuerung erzielt man durch Zusatz von $^1/_{10}$ bis $^1/_4$ des Molybdatgehalts an den obengenannten Säuren.

Ein Zusatzpatent schützt den Zusatz von Zinksalzen bei der Färbung von Aluminium und dessen Legierungen, durch den der Färbevorgang verlangsamt werden soll, um die einzelnen Farben besser festhalten zu können. Dabei soll sich Natriummolybdat besser als Ammoniummolybdat bewährt haben, z. B. 5 g Natriummolybdat, 3 g Natriumfluorid und 12 g Zinksulfat in $1^1/_2$ l Wasser, auf 50—70° erwärmt. Zur Veränderung des Farbtons können Kupfer-, Nickel-, Kobalt- oder Mangansalze zugesetzt werden. Ein den Zusatz von Antimonsalzen schützendes Patent ist erloschen, ebenso ein Patent, das ein Phosphatschutzverfahren unter Verwendung von Molybdatzusätzen behandelt. Das DRP. 562110 schützt die Färbung von Zink und Kadmium mit schwach sauren Lösungen von Molybdänsäure und neutralen oder schwach sauren Salzen dieser Säure mit geringen Zusätzen von Kupfer-, Nickel-, Kobalt- und Wolframsalzen, wobei man mit verhältnismäßig alkalimolybdatarmen Lösungen von etwa 2 g/l schon bei gewöhnlicher Temperatur in wesentlich kürzerer Zeit Färbungen erhält. Auf Aluminium soll man nach DRP. 480720 in einer Lösung, die ein Fluorsilikat, ein Salz der Eisengruppe außer Eisen, ein Alkalisalz und gegebenenfalls eine Molybdänverbindung als Katalysator enthält, einen gesprenkelten Überzug erhalten.

Später hat sich H. Tichauer in Maison Lafitte eine Anzahl Molybdatbäder zum Färben von Zink durch Patente schützen lassen. Während

Pacz bei seinen Verfahren einen im Verhältnis zum Molybdatgehalt nur kleinen Zusatz von Schwermetallsalzen macht, kehrt Tichauer das Verhältnis um. Nach DRP. 613024 soll der Gehalt an Schwermetallsulfat größer als der Gehalt an Ammoniummolybdat sein, der erste bis 5%, der zweite nur bis 2%, bei der Verwendung von Ammoniummolybdat und Nickelsulfat wird das Verhältnis 1:2,5 empfohlen. Nach DRP. 615911 wird zum Auffrischen des Bades saures weinsaures Kalium (Weinstein), bis zu 3 g/l zugesetzt, nach DRP. 615815 können an Stelle der Sulfate andere Schwermetallsalze und an Stelle des Ammoniummolybdats andere Molybdate verwendet werden, und nach DRP. 615665 wird Ammoniumchlorid in Höhe von 2—10 g/l zugesetzt.

Die Molybdatfärbungen entstehen gewöhnlich, indem sie die Regenbogenfarben in der Reihenfolge messinggelb, goldgelb, grün, karmesinrot, blau durchlaufen, worauf sie braun und schließlich schwarz werden. Die Irisfarben sind schwer voneinander zu trennen und finden deshalb wohl auch weniger Anwendung, obwohl man sie sehr schön und leuchtend herstellen kann. Technisch wertvoller sind die braunen und schwarzen Farben, die sehr beständig sind und auch (siehe oben) einen gewissen Schutz gewähren.

Verfasser unterzog diese Angaben einer Nachprüfung und versuchte Verbesserungen der nicht unter Patentschutz stehenden Verfahren zu finden, mit folgenden kurz zusammengefaßten Ergebnissen:

Pacz hat anscheinend den Hauptwert auf die Erzielung von Irisfarben gelegt, die man nach den Vorschriften seiner Patente auch gut herstellen kann. Verfasser hatte allerdings mehr die Herstellung gut deckender und schützender brauner bis schwarzer Färbungen im Auge, wobei die Angaben der Patentschriften keine erheblichen Vorteile gegenüber gewöhnlichen Molybdatlösungen boten. Auch das umgekehrte Verhältnis von Molybdat und Zusatz nach den Tichauer-Patenten gibt gute Färbungen. Oxalsäurezusatz gab gute Färbungen schon im kalten Bade auf Zink, auf Eisen im heißen Bade. Natriumoxalatzusatz besonders schöne Irisfarben. Borsäurezusatz war besonders bei der Eisenfärbung von Vorteil. Der Zusatz von Natriumfluorid und -silikofluorid zeigte einen kleinen Vorteil bei der Färbung von Zinn, Blei und Kadmium, auf anderen Metallen waren die erzielten Erfolge weniger gut. Aluminiumchloridzusatz war günstig bei der Färbung von Aluminium, auch bei Zinn und Blei, nicht bei Eisen; Aluminiumsulfatzusatz war nicht vorteilhaft. Natriumthiosulfatzusatz (patentfrei) gab gute auf Zink tiefschwarze, auf Eisen dunkelbraunschwarze, auf Aluminium braun- bis grauschwarze Färbungen, das Bad war ziemlich unempfindlich gegen die während des Gebrauchs eintretenden Veränderungen in der Zusammensetzung, Ammoniakzusatz gab aber ein gegen diese Veränderungen empfindlicheres Bad. Es wurde schon gesagt, daß die Ammoniummolybdatlösung ohne Zusatz auch gute Färbungen gibt. Verbessern konnte Verfasser die Wirkungen durch Zusatz von Natriumazetat bis zu 20 g/l bei 20 g/l Molybdatgehalt, ein höherer Zusatz verminderte die Haltbarkeit der Beize. Diese Lösung gibt tiefschwarze Färbungen auch auf Zink, Aluminium und Eisen. Aluminiumazetat wirkte nicht günstig, kolloidales Aluminiumhydroxyd kann also nicht als Ursache der günstigen Wirkung von Aluminiumchlorid angesehen werden, sehr günstig wirkte aber ein Zusatz von Ammoniumchlorid oder auch Kochsalz, Ammoniumsulfat dagegen zeigte keinen Vorteil gegenüber den mit Natriumazetat versetzten Bädern.

Versuche, die beste Konzentration zu ermitteln, boten Schwierigkeiten, da die günstigste Beizdauer nicht genau festzustellen ist. Die Beizdauer verminderte sich mit zunehmender Verdünnung bis zu einer Konzentration von 30 g/l Ammoniummolybdat, stieg dann bei weiterer Konzentrationsverminderung zwischen 20 und 10 g/l langsam, unter 10 g/l schnell an, in Lösungen mit 2,5 g/l wurde die Färbung in einer halben Stunde nur braun, nicht mehr schwarz. Die niedrigen von Pacz angegebenen Konzentrationen können sich deshalb nur auf die Erzeugung bunter, nicht auf die Erzeugung schwarzer Färbungen beziehen. Es empfiehlt sich also in Übereinstimmung mit älteren Angaben die Ammoniummolybdatkonzentration zwischen 10 und 20 g/l zu nehmen.

Versuche, den günstigsten Natriumazetatzusatz zu ermitteln, zeigten, daß dieser Zusatz die Beizdauer erheblich vermindert, von 6 Minuten Beizdauer bis zur Erzielung einer schwarzen Färbung bei 1 g Zusatz, bis 1 Minute bei 30 g/l Zusatz; ein so hoher Zusatz führte aber zur schnellen Zersetzung der Molybdatlösung, so daß man den Zusatz zweckmäßig auf 5—10 g/l beschränken wird.

Wenn sich mit dem Zusatz von Natriumazetat auch Aluminium gut färben ließ, wurde doch bei Aluminium mit einem Zusatz von Ammoniumchlorid noch ein weit besserer Erfolg erzielt, schon 1—2 g/l hatten eine günstige Wirkung, ein höherer Zusatz als 15 g/l bewirkte allerdings eine gewisse Aufrauhung der Aluminiumoberfläche, so daß man über diese Grenze nicht hinausgehen wird, man wird am besten 5—10 g/l Ammoniumchlorid zusetzen. Wichtig ist dabei gutes Spülen nach der Färbung, um Nachwirkungen von Chloridresten, die in den Poren sitzen bleiben, zu verhüten, gebeiztes Aluminium wird vor der Färbung zweckmäßig mit einer Drahtbürste gekratzt.

Zur Färbung von Zinn, Blei, Kadmium und deren Legierungen sind die Molybdatlösungen gleichfalls brauchbar, wenn auch nicht so gut wie zur Färbung von Zink und Aluminium, auch Eisen läßt sich, wenn auch meist nur dunkelbraun, bei Anwendung der oben genannten Zusätze färben.

Die Angabe von Pacz, daß es gleichgültig ist, welches Alkalimolybdat man verwendet, konnte Verfasser nicht bestätigen, nur bei Aluminium war Natriummolybdat etwas überlegen, sonst ist in allen Fällen Ammoniummolybdat vorzuziehen. Chloridzusatz wirkt auch bei der Färbung anderer Metalle beschleunigend und vertiefend. Mit Zusatz von Oxydationsmitteln wie Wasserstoffsuperoxyd (Patentanm. versagt) wurde nur eine geringfügige Beschleunigung erzielt. Ammoniumfluoridzusatz kann bei der Färbung von Eisen und Aluminium einen kleinen Vorteil bieten. Molybdänsäure färbt nur gelbbraun. Die verzögernde Wirkung, die ein Zusatz von Zinksulfat ausüben soll, konnte

Verfasser auch nicht feststellen, Bäder mit dem Zusatz lieferten aber schön gleichmäßige Färbungen auf Zink.

In Salzsäure gebeiztes Zink und in Phosphorsäure gebeiztes Eisen färben sich schneller und dunkler. Bäder der Tichauerschen Zusammensetzung sind auch zur grauen bis schwarzen Färbung von Aluminium geeignet, Eisen färbt sich aber nur schlecht haftend irisierend grau.

Molybdatfärbungen in den Irisfarben veränderten sich oft bei starker Sonnenbestrahlung, Wind und Wetter ausgesetzt werden auch die dunklen Färbungen auf Zink leicht grau durch aus den Poren ausblühende Zinkverbindungen. Durch Ölen, Wachsen oder Zaponieren läßt sich das verhindern, auch sehen so verfärbte Bleche noch immer besser aus als unbehandelte Zinkbleche. Aluminiumfärbungen halten sich gut, Eisenfärbungen durch Molybdatlösungen haben aber nur einen sehr geringen Schutzwert.

XII. Färbung mit organischen Farbstoffen.

Zinkgegenstände, die nach dem Chromat- oder Phosphatverfahren vorbehandelt sind, lassen sich auch mit organischen Farbstoffen färben. Zur Vorbehandlung für solche Färbungen wird auch empfohlen, die Gegenstände in eine kaltgesättigte Lösung von Oxalsäure einzuhängen, bis die Gasentwicklung aufhört, zu spülen und dann in die Farbstofflösung zu bringen.

E. Färbung von Kadmiumniederschlägen.

Der Werkstoff.

Der Kadmiumniederschlag hat sich als Rostschutz sehr gut bewährt und zeichnet sich vor dem Zinkniederschlag nicht nur durch seine Widerstandsfähigkeit gegen Alkalien und verdünnte Säuren, mit Ausnahme der Salpetersäure, sondern auch durch seine schöne, silberähnliche Farbe aus. Es wurde deshalb mehrfach der Wunsch geäußert, verkadmierte Waren altsilberähnlich und anders zu färben, wozu die zum Färben des Silbers meist verwendeten Sulfidlösungen (Schwefelleber oder Schwefelammonium) nicht brauchbar und das zur Altsilberfärbung manchmal verwendete Platinchlorid zu teuer ist.

I. Verwendbarkeit bekannter Färbebäder.

Von den zur Färbung anderer Metalle verwendeten Färbebädern waren fast alle nicht brauchbar, nur mit einer Lösung von Schlippschem Salz (Natriumthioantimoniat) und einem mit Ammoniak angerührten Brei von Goldschwefel (Antimonpentasulfid) wurden magere, nicht sehr schöne Färbungen erzielt, Altfärbungen auch mit einer Eisenchloridlösung.

II. Schwarzfärbung mit Chloratbeizen.

Erfolg ließ die sog. Chloratbeize (s. S. 77, Kupfersulfat und Kaliumchlorat) erwarten, da sie auch zur Färbung des dem Kadmium ähnlichen Zinks verwendet wird; die übliche Zusammensetzung gab aber keine festhaftenden Überzüge. Die Wirkung dieser Beize beruht auf der Ausscheidung von Kupfer auf der Oberfläche des zu färbenden Gegenstandes, das, wahrscheinlich unter vorübergehender Bildung von Kupferchlorür, namentlich im Licht in dunkelbraunes Kupferoxydul und schwarzes Kupferoxyd verwandelt wird. Wie nach der Stellung des Kadmiums in der Spannungsreihe zu erwarten war, wurden bei Verminderung der Kupferkonzentration besser haftende Färbungen erhalten, doch war die Farbe stumpfgrau; sie wurde besser beim Erhitzen der Beize. Da Kadmium von verdünnter Schwefelsäure kaum, von verdünnter Salzsäure etwas mehr, von verdünnter Salpetersäure aber stark angegriffen wird, war zu erwarten, daß Kupferchlorid an Stelle des Kupfersulfats bessere, Kupfernitrat noch bessere Erfolge geben würde, was die Versuche auch bestätigten. Als die günstigste Zusammensetzung erwies sich: 60 g Kaliumchlorat und 35—40 g Kupfernitrat im Liter. Dieses Bad liefert auch bei gewöhnlicher Temperatur bei kurzem Eintauchen des verkadmierten Gegenstandes, auch beim Aufpinseln, wenn es sich nur um stellenweises Abtönen im Altsilbercharakter handelt, einen tiefschwarzen, festhaftenden Überzug. Zur Erzielung einer gleichmäßigen, tiefschwarzen Färbung sind also die Gegenstände gut entfettet und gespült, naß in die kalte Lösung einzutauchen, wenn nötig mit einer weichen Bürste abzubürsten, nochmals kurz einzutauchen, gut zu spülen und nach dem Trocknen, wie bei Metallfärbungen üblich, mit einer über Wachs gestrichenen Bürste abzubürsten oder zu zaponieren.

Das Kaliumchlorat kann auch durch eine äquivalente Menge Natriumchlorat (etwa 52 g) ersetzt werden.

Schwarzfärbungen lassen sich auch durch Aufpinseln und Auftrocknenlassen von verdünnten Lösungen von Kupferchlorid, Eisenchlorid, Grünspan usw. herstellen, doch sind die Ergebnisse weniger gut und sicher als bei Verwendung der genannten Lösung.

III. Schwarz- und Braunfärbung mit Permanganatbeizen.

Es war nun anzunehmen, daß auch die Permanganatbeize (S. 70) in ähnlicher Weise abgeändert zur Färbung von Kadmium, besonders zur Braunfärbung, verwendbar ist. Auch hier wurden mit Ersatz des Kupfersulfats durch Kupfernitrat bessere Erfolge erreicht, wennschon eine gute gleichmäßige Braunfärbung nicht so leicht herzustellen ist wie mit der Chloratbeize eine Schwarzfärbung. Als günstigste Zusammensetzung erwies sich: 10—15 g Kupfernitrat und 2,5 g Kaliumpermanganat im Liter. Die Lösung muß auf mindestens 60°, besser nahe zum Sieden erhitzt werden, die Gegenstände müssen längere Zeit eingetaucht werden und kommen meist irisierend und fleckig aus dem Bade, eine gleichmäßig braune Färbung ist erst durch trockenes Kratzen mit einer weichen Messingdrahtbürste zu erzielen, wenn nötig mehrmaliges Nachfärben nach dem Kratzen. Mit konzentrierteren Lösungen bekommt man eine gute Schwarzfärbung, aber im Gegensatz zur Chloratbeize nur in heißer Lösung, so daß zur Schwarzfärbung die Chloratbeize vorzuziehen ist.

Bei den Versuchen ein tieferes Braun zu erhalten, schlug die Farbe zu schnell in Schwarz um, was darauf zurückgeführt werden konnte, daß das Kadmium das Kupfer stärker ausfällt als Messing, dadurch mehr Schwefelsäure und infolgedessen Sauerstoff entwickelt wird. Durch Zusatz von etwas Kupferkarbonat, das durch Bewegen der zu färbenden Gegenstände in der Lösung schwebend erhalten wurde, das frei werdende Schwefelsäure bindet und zugleich der Lösung wieder Kupfer an Stelle des beim Färbevorgang ausgeschiedenen zuführt, war es leichter, solche dunklere Braunfärbungen zu erzielen.

Da aber diese Färbungen beide auf der Ausscheidung von Kupfer beruhen und dadurch, wie die späteren Korrosionsversuche auch bestätigten, eine Verminderung der Schutzwirkung des Kadmiumüberzugs zu erwarten war, wurden nun weitere Versuche unternommen, um besondere Verfahren zur Färbung von Kadmiumniederschlägen, also solche durch Bildung von Kadmiumverbindungen zu finden. Hier kam zunächst das schön braune Kadmiumoxyd und unter Umständen das als gelbe Farbe bekannte Kadmiumsulfid in Frage.

Es wurden zuerst Versuche mit Kadmiumnitrat gemacht, das beim Erhitzen weiße blasige Massen bildet, die unter Entweichen brauner Dämpfe in dunkelbraun gefärbtes Kadmiumoxyd übergehen, der hohe Sauerstoffdruck macht aber dabei die Erzielung eines gut haftenden zusammenhängenden Niederschlags unmöglich. Die sonst in der Metallfärbung verwendeten Oxydationsmittel, Kaliumchlorat, Kaliumpersulfat versagten; auch Natriumchlorat, das leichter löslich ist als Kaliumchlorat und deshalb die Anwendung weit konzentrierterer Lösungen ermöglicht, lieferte keinerlei Färbung. Dagegen konnten Braunfärbungen erhalten werden durch Lösungen von Kaliumpermanganat, denen an Stelle des Kupfernitrates der vorhin beschriebenen Beize, größere Mengen von Kadmiumnitrat zugesetzt wurden, besonders wenn etwas Eisensulfat oder etwas Eisenchlorid zugegeben wurde. Das Eisen wirkt katalytisch.

Wie bei den anderen Versuchsreihen wurden auch hier zuerst Sulfate und Chloride an Stelle des Nitrates verwendet, das Nitrat gab aber die besten Erfolge. Wie bei der zur Färbung der Kupferlegierungen dienenden Permanganatbeize lassen sich auch bei dieser Beize durch Veränderung der Konzentration, der Temperatur, der Dauer der Einwirkung und der Nachbehandlung bzw. Zwischenbehandlung durch Kratzen usw. recht verschiedene Farbtöne erzielen. Von der für Kupferlegierungen verwendeten Beize unterscheiden sich aber die für die Färbung verkadmierter Waren geeigneten Lösungen durch erheblich höhere Konzentration, längere Dauer des Färbevorganges, also wesentlich langsamere Einwirkung auf das Metall und die Notwendigkeit hocherhitzte, am besten siedende Lösungen zu verwenden. Bei den ersten Versuchen steigerten wir die Kaliumpermanganatkonzentration bis zu 320 g/l, die Kadmiumnitratkonzentration bis 250 g/l; so hoch konzentrierte Lösungen sind natürlich der Spülverluste wegen teuer im Gebrauch; man spült deshalb in einem kleinen Gefäß mit Wasser vor und benutzt dieses Spülwasser zum Ersatz des verdampfenden Wassers der Beize.

Jedenfalls konnten wir, bevor wir den Zusatz eines Eisensalzes machten, nicht wesentlich unter 160 g/l bleiben, die Kadmiumnitratkonzentration mußte zur Erzielung messinggelber und hellgelbbrauner Färbungen mindestens 50 g/l, besser etwas höher, zur Erzielung dunklerer Braunfärbungen mindestens 100 g/l, besser 200—250 g/l sein, also etwa:

160 g Kaliumpermanganat,
60—250 g Kadmiumnitrat, je nach dem gewünschten Farbton,
1 l Wasser.

Durch den Zusatz von 5—10 g Eisensulfat oder Eisenchlorid konnten wir aber schon mit 16 g/l, also zehntelmolarer Kaliumpermanganatkonzentration, in wesentlich kürzerer Zeit als in der eisenfreien Beize Braunfärbungen herstellen. Das tiefste Dunkelrotbraun wurde zuerst in der Lösung von 320 g Kaliumpermanganat, 100 g Kadmiumnitrat, 20 g Eisenchlorid und einigen Tropfen Salpetersäure je Liter erzielt, aber auch Lösungen von 60 g Kaliumpermanganat, 100 g Kadmiumnitrat und 5 g Eisensulfat liefern bei 5—7 Minuten langem Eintauchen fast schwarzbraune Färbungen.

Versuche, Färbungen von Kadmiumgelb (Kadmiumsulfid) zu erhalten, waren ohne Erfolg. Die für andere Metalle verwendeten Sulfidbäder versagen auf Kadmium; aber auch nach einem zur Herstellung von Kadmiumgelb verwendeten Verfahren mit überlagertem Wechselstrom erzielte man keinen haftenden Überzug.

IV. Korrosionsbeständigkeit der Färbungen.

Bei der Prüfung der Korrosionsbeständigkeit durch atmosphärische Exponierung, Salzsprühregen und Tauchprobe in 20proz. Kochsalzlösung erwiesen sich, wie zu erwarten war, bei der Salzsprüh- und Tauchprobe die unter Verwendung von Kupfersalzen schwarz gefärbten Proben weniger haltbar als die Braunfärbungen ohne Verwendung von Kupfersalzen und die nicht gefärbten gleich stark verkadmierten Bleche, dagegen hielten sich auch die in der Chloratbeize schwarz gefärbten Bleche bei der atmosphärischen Exponierung über 2 Jahre recht gut.

Auch das unter Zink beschriebene Chromatverfahren ist auf verkadmierte Waren anwendbar.

F. Färbung des Zinns.

Der Werkstoff.

Das Zinn, schon seit dem Altertum bekannt, ist ein Metall von silberweißer Farbe und bei gewöhnlicher Temperatur von recht großer Widerstandsfähigkeit gegen Luft und Wasser, auch destilliertes Wasser.

Legierungen von Zinn mit Antimon und kleineren Mengen Kupfer oft auch Blei, nennt man Weißmetalle (Lagermetalle).

Legierungen, die 90—92% Zinn, 8—9% Antimon und bis zu 3% Kupfer enthalten, sind unter dem Namen Britanniametall bekannt. Sie sind von bläulichweißer Farbe, gegen chemische Einflüsse ebenso widerstandsfähig wie reines Zinn und trotz größerer Härte doch geschmeidig genug, um sich durch Drücken, Pressen usw. verarbeiten zu lassen.

Die Möglichkeit Zinn zu färben, besteht wohl, man macht aber selten davon Gebrauch, weil bei den meisten Zinngegenständen schon der Gebrauch ständiges Blankhalten notwendig macht und auch die Farbe des blanken Zinns so schön und warm ist, daß man sie durch Färben kaum verbessern kann.

Obwohl sich Zinn, wie schon gesagt wurde, recht gut hält, verliert es doch nach längerer Zeit seinen Glanz und überzieht sich mit einer feinen grauen Patina. Die künstliche Nachahmung dieser Patina beruht jedoch meist auf der Ausfällung anderer Metalle durch das sich an der Oberfläche lösende Zinn aus den zum Färben verwendeten Lösungen.

I. Altzinnfärbungen.

Die Lösung von Platinchlorid 1 : 10 erzeugt bei wiederholtem Aufpinseln einen warmen sapiabraunen Ton, bei öfterer Wiederholung auch eine grauschwarze Färbung, letztere wird auch durch Eisenchloridlösung hervorgebracht, verdünnte Palladiumchloridlösung gibt blauschwarze Färbung.

Altzinnfärbung erzielt man nach Stockmaier durch Aufpinseln einer mit Salzsäure verdünnten Chlorantimonlösung (Liquor stibii chlorati). Nach dem Auftrocknen reibt man mit Öl ab.

Weiter werden empfohlen:

24 g Grünspan,
6 g Chlorammonium,
40 g Essig,
1 l Wasser

mit Salz- oder Salpetersäure stark angesäuert.

Oder 5 g Wismutnitrat in
50 cm^3 Salpetersäure gelöst,
80 g Weinsäure

mit Wasser verdünnt auf 1 l bzw. nach Stockmaier:

3 g Wismutnitrat in
100 cm^3 Salpetersäure 1,4 gelöst,
10 g Weinstein,
40 g Salzsäure,
1 l Wasser.

Die Färbung wird stahlgrau, behandelt man nun mit einer Anreibeversilberung, so erhält man eine silbergraue Färbung.

II. Bronzeähnliche und andere Färbungen.

Bronzeähnliche Färbungen erhält man nach Buchner wie folgt: Man bestreicht die Gegenstände mit einer Lösung von

50 g Kupfervitriol,
50 g Eisenvitriol in
1 l Wasser,

läßt trocknen, bürstet mit einer weichen Bürste und Polierrot, trägt eine Lösung von 1 Teil Grünspan in 4 Teilen Essig auf, läßt wieder trocknen und bürstet mit der Wachsbürste.

Auch die früher beschriebenen Eintauch- bzw. Anreibeverkupferungen sind für diesen Zweck brauchbar. Z. B. kann man Weinstein mit verdünnter Kupfervitriollösung befeuchten und die Zinngegenstände damit abreiben.

Zur Erzeugung indirekter Färbungen verkupfert oder vermessingt man zuerst mit oder ohne Strom (s. Abschnitt V) und färbt dann wie Kupfer bzw. Messing. Auch die Arsen- und Schwarznickelbäder lassen sich zum Färben von Zinn verwenden.

Verwendbar sind zur Färbung von Zinn auch die unter Zink beschriebenen Molybdatfärbungen, obwohl nicht so gut und vielseitig wie für Zink.

Recht wirkungsvolle Schmückung der Oberfläche von Zinngegenständen erzielt man auch durch Ätzung.

III. Färbungen von Weißblech.

Moirierung (moirée metallique) erhält man, indem man bis zum Schmelzen erhitzt und rasch abkühlt, dann die so entstandenen Kristallbildungen durch Ätzen mit einer Mischung von 2 Teilen Salzsäure, 1 Teil Salpetersäure und 3 Teilen Wasser sichtbar macht. Der Beize kann man auch noch etwas doppeltchromsaures Kali zusetzen.

Benetzt man die Bleche mit verdünnter Salzsäure und taucht in eine Lösung von 80 g Natriumthiosulfat in 1 l Wasser, so erhält man eine in verschiedenen Farben spielende Kristallisation.

Zum Schreiben bzw. Zeichnen auf Weißblech benutzt man eine verdünnte Lösung von salpetersaurem Kupfer oder eine Lösung von 60 Teilen Kupfervitriol und 30 Teilen Kaliumchlorat in 700 Teilen Wasser, der man noch die Lösung von 0,5 Teilen Anilinblau in 250 Teilen starken Essig zusetzt.

IV. Färbung mit organischen Farbstoffen.

Die Zinngegenstände werden nach dem englischen Patent 416608 zunächst elektrolytisch oxydiert, gespült und in eine schwachsaure wässerige Lösung von Anilin, Alizarin oder Anthrazen getaucht, dann zaponiert od. dgl. Verfahren zur elektrolytischen Schwarzfärbung s. S. 40.

G. Färbung des Bleies.

Der Werkstoff.

Das metallische Blei ist schon seit alten Zeiten bekannt, da es sich aus seinen Erzen leicht gewinnen läßt. Seine charakteristischen Eigenschaften sind sein verhältnismäßig hohes spezifisches Gewicht 11,4, seine leichte Schmelzbarkeit und schließlich seine Weichheit und Bildsamkeit. Zu diesen Eigenschaften kommt als vierte die gute Haltbarkeit den meisten chemischen Einflüssen gegenüber. In der Schmelzhitze, auch bei gewöhnlicher Temperatur an der feuchten Luft, oxydiert sich das Blei sehr schnell, die sich bildende Oxydschicht ist aber dicht, so daß sie ein weiteres Fortschreiten der Oxydation hindert.

Man legiert das Blei, um ihm eine größere Härte zu geben, mit anderen Metallen und nennt solches legiertes Blei Hartblei. Am häufigsten wird das Blei mit Antimon legiert.

Das Blei hat früher in der Großplastik eine bedeutende Rolle gespielt, bedeutende Bleiskulpturen sind z. B. in Wien, Salzburg und Versailles. Die Versailler Bleiskulpturen waren anfänglich vergoldet, doch sagt Roche, die Naturpatina jener Skulpturen sei jetzt, nachdem das Gold ziemlich vergangen, von einer Schönheit, die in ihrer Eigenart der Patina der Bronze gleichzuachten ist. Bleiskulpturen mit höherem Zinngehalt haben sich viel weniger gut erhalten.

I. Schwarzfärbung.

Bei den Gegenständen der Kleinplastik und des täglichen Gebrauchs wird aber ein schützender und verschönernder Oberflächenüberzug meist am Platze sein.

Direkte Metallfärbungen des Bleies sind kaum bekannt. Die natürlichen Verbindungen des Bleies sind meist weiß oder gelb und dabei schlecht haltbar, da sie durch den in der Luft enthaltenen Schwefelwasserstoff in schwarzes Schwefelblei verwandelt werden. Eine Schwarzfärbung durch Erzeugung einer Schicht dieses Schwefelbleies oder Bleisulfids erzielt man mit einer erwärmten Lösung von (gelbem) Mehrfachschwefelammonium. Auch mit der Arsenbeize oder durch Platinchloridlösung läßt sich Blei abtönen, das letztere Mittel kommt aber des hohen Preises wegen nicht in Frage.

II. Färbung mit Hilfe galvanischer Niederschläge.

Meist wird das Blei mit einem galvanischen Niederschlag überzogen, der dann evtl. gefärbt wird. Es kommt dann in erster Linie der Kupferniederschlag aus dem zyankalischen Bad bzw. der Messingniederschlag in Frage.

III. Irisierende Färbungen und andere.

Zur Färbung von Bleigegenständen können auch die beim Einhängen der Waren als Anoden in eine Bleilösung sich bildenden Oxyde dienen, die unter dem Namen der Nobilischen Farbringe bekanntgeworden und im Abschnitt II beschrieben sind, ferner, wenn auch weniger gut als für Zink die unter Zink beschriebenen Molybdatfärbungen und unter Umständen auch die Permanganatbeize (S. 70).

H. Färbung von Nickel, Neusilber und sonstigen Schwermetallen und Legierungen.

Das Nickel, ein an trockener und feuchter Luft auch gegenüber Schwefelwasserstoff und Schwefelammonium sehr gut haltbares, weißes Metall, wird kaum gefärbt, da es eben seiner glänzenden beständigen Farbe wegen geschätzt und zum Überziehen anderer Metalle verwendet wird.

Altfärben kann man es mit der Arsenbeize oder durch Einlegen in chlorammoniumhaltiges gelbes Schwefelammonium. Auch der Lüstersud findet Anwendung zum Färben von Nickel oder vernickelten Gegenständen, ferner die Molybdänsesquioxydfärbungen.

Für Neusilber (Alpaka, Argentan) und ähnliche Nickellegierungen gilt das über Nickel Gesagte.

Zur Schwarzfärbung von Neusilber wird eine Arsenbeize nachstehender Zusammensetzung empfohlen: In 1 l Salzsäure werden 60 g arsenige Säure heiß gelöst, dann 60 g Kupfersulfat, 12 g Eisenchlorid, 12 g Kupferlaktat, 6 g Ammoniumchlorid und 9 g Natriumthiosulfat zugesetzt. Die Gegenstände sollen wiederholt in die kalte Lösung getaucht, in kaltem Wasser gespült, in Zyankalilösung getaucht und wieder gespült werden.

Beizen für Nickel, Neusilber und Monelmetall sind im IV. Abschnitt dieses Buches beschrieben.

Elektrolytisch kann man Nickel und Nickellegierungen am besten durch den Schwarznickel- oder Schwarzchromniederschlag färben, der letztere ist auch die einzige für Chrom anwendbare Färbung.

Bei Besprechung einzelner Färbeverfahren ist schon mehrfach ihre Verwendbarkeit bzw. Nichtverwendbarkeit auf andere Kupferlegierungen erörtert worden. Insbesondere kommen das Schwarzfärbungsverfahren mit salpetersaurem Kupfer, das Persulfatverfahren und die Färbung mit der Arsenbeize für Aluminiumbronze, Manganbronze, Phosphorbronze, Siliziumbronze, Arsenkupfer usw. in Frage, für Duranametall soll man mit salpetersaurem Kupfer nur einen braunen Ton, einen schwarzen dagegen mit salpetersaurem Silber erhalten.

Einen grünen patinaähnlichen Ton auf Duranametall erhält man, wenn man die Gegenstände über schwach erhitztes Ammoniak hält.

Auch von den Braun- und Grünfärbungsverfahren sind manche auf obige Legierungen anwendbar.

J. Färbung des Aluminiums und der Leichtmetallegierungen.

I. Aluminium und Aluminiumlegierungen.

Der Werkstoff.

Das Aluminium ist ein Leichtmetall, und zwar gehört es zur Gruppe der Erdmetalle. Da es etwa 7,3% von den Bestandteilen der Erdrinde ausmacht, also einer der verbreitetsten Grundstoffe ist, verbreiteter als selbst das Eisen, so wird es mit eintretender Knappheit an Schwermetallen zum wichtigsten metallischen Rohstoff werden.

Das Aluminium ist in reinem polierten Zustande bläulichweiß, überzieht sich aber an der Luft mit einer grauen Schicht von Oxyd, die jedoch das darunterliegende Metall vor weiterer Einwirkung der Luft schützt, so daß es als recht gut haltbar zu bezeichnen ist. Auch gegen Wasser ist es sehr widerstandsfähig, weniger gegenüber Salzlösungen, die gewöhnlich an einzelnen Stellen besonders starken Angriff hervorrufen (Lochfraß). Aluminiumsalze sind jedoch nicht giftig. Aluminium ist wie Zink in Säuren und auch in Alkalien löslich.

Das Handelsaluminium hat heute meist eine Reinheit von über 99%, ganz anders verhalten sich aber beim Färben oft die zahlreichen Aluminiumlegierungen, deren Verhalten sich nach den Hauptbestandteilen Kupfer, Zink, Silizium, Magnesium und Mangan, zum Teil auch Nickel, Antimon, Titan usw. richtet.

Das Aluminium und die vorwiegend aus Aluminium bestehenden Legierungen zeichnen sich vor dem Eisen durch leichte Verarbeitbarkeit und auch gute Haltbarkeit aus, sie verlieren aber an der Luft ihren Glanz, und die Farbe des Metalls an sich ist für viele Verwendungen wenig oder gar nicht geeignet; die Frage nach geeigneten Färbeverfahren wird deshalb oft gestellt.

1. Vorbehandlung.

Bei den Versuchen des Verfassers zeigte sich, daß bei der Vorbehandlung durch Beizen, sowohl saure wie alkalische, die Aluminiumfärbungen häufig fleckig wurden, gleichmäßige Färbungen erzielt man leichter, wenn man die gebeizten Gegenstände noch mit Drahtbürsten leicht kratzt, oder auch, statt zu beizen, sandelt oder mit Bimsmehl bürstet.

Es sind im Fach- und Patentschrifttum eine große Zahl von Färbevorschriften zu finden. Die Mehrzahl der mit einfachen Mitteln auszuführenden Verfahren gibt aber wenig befriedigende Erfolge, auch haben sie an Bedeutung durch die Verfahren zur anodischen Oxydierung des Aluminiums (s. Abschn. V) und die nahezu unbegrenzte Möglichkeit, diese Oxydschichten verschiedenartig zu färben, verloren.

In manchen Fällen kann man eine in gleicher Weise weiter färbbare, allerdings nur dünne Oxydschicht durch das MBV-Verfahren der Erftwerke (**M**odifiziertes **B**auer-**V**ogel-Verfahren) herstellen. Dieses einfache Verfahren, das ohne Anwendung elektrischen Stromes arbeitet, versagt leider auf den sehr viel verwendeten kupferhaltigen Aluminiumlegierungen.

2. MBV-Verfahren.

Nach dem MBV-Verfahren taucht man die Aluminiumgegenstände in eine auf 90—100° erhitzte Lösung von 50—80 g kalzinierter Soda (Natriumkarbonat) und 15 g Natriumchromat im Liter oder 60 g des fertig bezogenen MBV-Salzes ein, bis sich ein gleichmäßiger hell- bis dunkelgrauer Überzug gebildet hat, spült in Wasser und stellt sie zum Trocknen auf. Zur Erhöhung der Schutzwirkung kann man noch etwa 15 Minuten in eine auf etwa 90° erhitzte 3—5proz. Lösung von Natronwasserglas tauchen, in Wasser spülen und an der Luft trocknen lassen. Weiter verbessern kann man die mit Wasserglas imprägnierte Schutzschicht noch durch Ausglühen am besten an einer offenen Flamme. 10 l Bad genügen zur Oxydation von etwa 30 m^2 Oberfläche. Gegenstände, die man nicht tauchen kann, kann man etwas anwärmen und mit einem Brei aus 10 Teilen Natriumchromat, 4 Teilen kalzinierter Soda, 4 Teilen Ätzkali und 10—15 Teilen Wasser bestreichen, den man nach 10—15 Minuten langer Einwirkung mit Wasser abspritzt. Die Eintauchdauer soll mindestens 5—10 Minuten, besser $^1/_2$—1 Stunde betragen, die Schutzschicht wird dann etwas stärker, allerdings auch rauher.

Zum Auflösen der Salze nimmt man destilliertes oder Regenwasser; der Behälter kann aus Schwarzblech, emailliertem Eisen oder Holz, darf aber nicht aus verzinntem oder verzinktem Eisen hergestellt werden.

Hydronalium, Duranalium und andere magnesiumreiche Legierungen oxydiert man unter Zusatz von 10 g Ätznatron je Liter des obigen Bades, wobei schon eine Temperatur von 60—70° genügt, bei $^1/_2$—1 stündigem Eintauchen unter Umständen schon Zimmertemperatur.

Einen kaffeebraunen Ton erzielt man durch Nachbehandlung in einer MBV-Lösung, der man 4 g/l Kaliumspermanganat zusetzt oder man färbt mit der S. 170 angeführten Permanganatbeize. Einen besonders tiefschwarzen Ton erhält man, wenn man in dieser das Kupfernitrat durch Kobaltnitrat ersetzt. Dunkelblau liefert das S. 167 angegebene Verfahren mit Ferricyankalium und Eisenchlorid.

Zur Färbung mit organischen Farbstoffen taucht man sofort nach der Spülung 10 Minuten bis 1 Stunde in eine mit 1 cm³ Eisessig (konz. Essigsäure) je Liter angesäuerte Lösung eines geeigneten Farbstoffes. Hierfür wird empfohlen auf je 1 l für Gelb: 1 g Zaponechtgelb CGG, für Rot: 1 g Zaponechtscharlach CG, für Braun: 1 g Zaponechtorange RR oder 0,8 g Zaponechtscharlach und 0,2 g Zaponechtschwarz M oder 0,4 g Zaponechtscharlach, 0,4 g Zaponechtgelb und 0,2 g Zaponechtschwarz, für Schwarz: 0,8 g Zaponechtschwarz und 0,2 g Zaponechtscharlach, für Violett: 1 g Zaponechtviolett, für Blau: 1 g Fanalblau LR extra, für Grün: 1 g Fanalgrün LBB (s. auch S. 45).

Zur Imprägnierung wird auch Hareslack EL in Spiritus gelöst und bei von 120° in 1—4 Stunden auf 140° gesteigerter Temperatur eingebrannt.

3. Ähnliche Schutz- und Färbeverfahren.

Ähnliche Verfahren hat sich die Jirotkagesellschaft bzw. Dr. Sprenger schützen lassen, nach diesen zahlreichen Patenten werden verschieden gefärbte Schutzüberzüge hergestellt. Das DRP. 442766 schützt ein Verfahren, metallisch aussehende Überzüge auf Aluminium und Aluminiumlegierungen durch Eintauchen in Salzlösungen zu erzeugen, die Salze der Schwermetalle und Alkalikarbonate enthalten, daneben noch in den meisten Fällen Alkalichromat. Das Verfahren unterscheidet sich also vom MBV-Verfahren durch den Zusatz von Schwermetallsalzen. Weitere Patente der inzwischen erloschenen Firma schützen Bäder, die außer den schon genannten Bestandteilen Salpetersäure oder Nitrate, Flußsäure und Fluoride, Permangansäure, Salze des zweiwertigen Mangans, Wasserstoffsuperoxyd und andere anorganische oder organische Säuren enthalten, auf die weiter unten noch eingegangen wird.

Ähnlich ist das Protalverfahren (Frankreich), nach dem mit der alkalischen Lösung eines Metalls gearbeitet wird, das zwei Oxyde bildet, ein höheres lösliches, das durch den bei der Auflösung von Aluminium freiwerdenden Wasserstoff zu einem niederen unlöslichen, das sich auf der Oberfläche niederschlägt, reduziert wird.

Beim Mc Culloch-Verfahren taucht man in siedende Suspensionen von 1% Kalziumhydroxyd und 0,1% Kalziumsulfat.

Pacz ist ein Verfahren geschützt, das sich einer Lösung von 0,15% Natriumsilikofluorid, 0,3% Alkalinitrat und 0,3% einer Nickel-, Kobalt- oder Molybdänverbindung bedient.

Das Ammoniakverfahren, auf kupferhaltige Legierungen anwendbar, besteht darin, daß man die Gegenstände unter mehrmaligem Anfeuchten Ammoniakdämpfen aussetzt; es hat den Nachteil, daß die Behandlung bis zu 14 Tagen fortgesetzt werden muß, ehe man eine gleichmäßig matthellgraue Oxydschicht erhält.

Empfohlen wird auch Tauchen in eine Lösung von 2,5—12% Natriumsilikat, 2—6% Natriumhydroxyd und 1,5—2,5% Ammoniak.

Das DRP. 530018 der Expented Metal Cie, London, schützt ein Verfahren, nach dem eine Oxydhaut durch Schwefelkohlenstoffdämpfe oberflächlich in Sulfid verwandelt werden soll.

Von weiteren Verfahren, die zur Färbung des Aluminiums vorgeschlagen worden sind, haben eine Anzahl, die darauf beruhen, organische Stoffe wie Fette, Öle, Harze, Tannin, Gallussäure, Eiweiß, teilweise mit Zusatz von Metallsalzen aufzubrennen, wenig Anwendung gefunden, es dürfte genügen sie zu erwähnen.

4. Färbungen nach Vollrath und Lahr.

Nach Vollrath und Lahr (Aluminium, 1934 Nr. 10) erhält man eine als Eisenmatt bezeichnete Graufärbung durch halbstündiges Tauchen in die auf 80—90° erhitzte Lösung von 25 g Kaliumsulfid und 1 g Vanadiumsulfat je Liter, durch nachträgliches Abreiben mit Stahlwolle eine als „Eisen glänzend" bezeichnete Färbung. Durch Zusatz organischer Farbstoffe zu obiger Kaliumsulfidlösung erhält man folgende Färbungen:

Goldbraun: je 1 g Alizarin und Morin,

kaffeebraun: 0,5 g Vanadinsulfat, 0,5 g Kaliumdichromat und 1 g Alizarin,

eine Zwischenfarbe: 0,5 g Kaliumdichromat, 1 g Alizarin und 0,5 g Morin,

samtbraun: 1 g Vanadinsulfat, 5 g Kaliumdichromat und 1 g Alizarin,

goldgelbbraun: 3 g Vanadinsulfat, 2 g Morin,

braunschwarz: 1 g Vanadinsulfat,

goldgelb (Bronzeton): 1 g Morin,

goldgelb mit leichtem Silberton: in 10 Minuten bei Zusatz einer Spur Alizarin,

goldrot: in 20 Minuten bei Zusatz von je 1 g Alizarin und Morin,

rot: 0,3 g Kaliumdichromat und 1 g Alizarin.

5. Brauchbarkeit älterer Färbevorschriften.

Von den zahlreichen, im Fach- und Patentschrifttum noch zu findenden Verfahren zum Färben des Aluminiums sind die meisten wertlos. Man kann natürlich auf vielerlei Weise Aluminium färben, aber gut haftende, fabrikmäßig nutzbar zu machende Färbungen erhält man nach den meisten dieser Vorschriften nicht. Eine Nachprüfung durch den Verfasser führte, soweit die Verfahren sich nicht als unbrauchbar erwiesen, zu folgenden Ergebnissen:

Nach einer älteren Vorschrift des Kriegsministeriums zum Schwärzen von Aluminiumkochgeschirr sollte eine Lösung von 100 g Antimonchlorür, 200 g Salzsäure und 50 g Manganoxydul in 1 l reinem Spiritus verwendet werden, die Geschirre dann noch mit einer schwarzen Spiritus-Schellacklösung überzogen werden. Die Beize liefert zwar eine tiefschwarze, aber sehr schlecht haftende Färbung, ohne nachfolgende Lackierung ist das Verfahren ungeeignet und auch mit Lackierung wenig zu empfehlen.

Bei der Anwendung dieses Verfahrens, wie auch bei der Anwendung salzsaurer Arsenbeizen, erhält man auch bei sorgfältigster Spülung durch in den Poren sitzenbleibende Säurereste nach kurzer Zeit weiße Ausblühungen.

Alkalische Arsenbeize (s. V. Abschn. II, 9): Dagegen kann man zum Graufärben, auch zum Altsilber ähnlichen Färben eine alkalische Arsenbeize, z. B. 75 g arsenige Säure und 75 g wasserfreie Soda je Liter, benutzen; man taucht in die erhitzte Lösung.

Blaufärbung: Der Lüstersud (S. 57) Natriumthiosulfat und Bleiazetat liefert nur eine unschön graue Färbung, ein besser haltbares Blau erhält man mit der Mischung der Lösungen von je 5 g/l Ferrizyankalium und Eisenchlorid.

Die bekannte Messingschwarzbeize (kohlensaures Kupfer in Ammoniak gelöst) ist in Fachzeitschriften zur Schwarzfärbung von Aluminium, das in einer Lösung von Kupferchlorid und Chlorkalium (Erdmann, Aluminium, S. 76) durch Eintauchen verkupfert worden ist, empfohlen worden; wir erhielten aber keine brauchbaren Färbungen, obwohl die Beize natürlich für stark galvanisch vermessingtes Aluminium anwendbar ist. Ohne vorherige Verkupferung bzw. Vermessingung lieferte die Beize kalt in normaler Konzentration und verdünnt keine Färbung auf Aluminium, beim Tauchen in die erhitzte Beize ein schlecht haftendes Braun.

Bei der Färbung von verkadmierten Gegenständen und Zink erzielte gute Erfolge veranlaßten Versuche mit der Chloratbeize, Natriumchlorat und Kupfersulfat bzw. -nitrat. Man bekommt beim Eintauchen in die kalte Lösung Verkupferung, durch kurzes Tauchen in die siedende Lösung und etwas Nachwirkenlassen an der Luft bevor man spült, eine tiefschwarze Färbung, die aber nur selten gut haftet. Wir prüften Beizen verschiedener Konzentrationen mit Kupfersulfat, -nitrat und -chlorid und suchten auch die starke Reaktion durch Zusätze abzuschwächen, fanden aber keine zur Aluminiumfärbung geeignete Zusammensetzung. Versuche mit Ersatz der Kupfersalze durch Eisen-, Nickel- oder Kobaltsalze geben bei Lösungen von Natriumchlorat und Kobalt- oder Nickelsulfat besser haftende stahlgraue, aber kaum zu empfehlende Färbungen.

Aluminiumlegierungen werden beim Beizen in Natronlauge häufig braun bis schwarz, auch technisch reines Aluminium wird durch alkalische Lösungen bei einer gewissen kritischen Alkalinität geschwärzt. Nach Versuchen der Erftwerke soll eine Konzentration von 0,66 g Ätznatron in Liter am besten wirken. Wir erhielten aber trotz tagelanger Einwirkung nur eine unansehnliche gelblichgraue Oberflächenschicht, die man nicht als „Färbung" ansprechen kann. Auch Lösungen von Schwefelalkalien und Schlippschem Salz gaben nur einen magergrauen Anlauf (siehe aber vorstehend die Bäder nach Vollrath und Lahr).

6. Ammoniumphosphatbeize.

Ferner sollen siedende Lösungen von phosphorsaurem Ammonium zur Aluminiumfärbung brauchbar sein. Wir prüften Lösungen von Diammoniumphosphat von 5—40%, die 5proz. Lösung war unwirksam, die 40proz. ätzte nur, Lösungen von 10—20% gaben eine magergraue, kaum brauchbare Färbung. Von Zusätzen verschiedener Schwermetallsalze zu dieser Lösung wirkte am besten ein Zusatz von wenig Mangannitrat, der eine gleichmäßige mattgraue Färbung ergab, ein Kupfernitratzusatz lieferte zwar eine dunklere schwarzgraue, aber weniger gleichmäßige und haftende Färbung.

7. Färbung mit Kobaltsalzlösungen.

Der AEG wurde 1908 ein Verfahren zum Brünieren und Schwarzfärben von Aluminium (auch Zink, Zinn, Magnesium oder deren Legierungen) geschützt (DRP. 230982), das darin bestand, daß das Arbeitsstück in angewärmtem oder nicht angewärmtem Zustande in die alkalische oder neutrale Lösung eines Kobaltsalzes getaucht und nachträglich schwach oder stärker ausgeglüht wurde. Die Lösung kann auch mit einem weichen Pinsel aufgetragen werden. Die Höhe der Temperatur beim Ausglühen und die Zahl der Tauchungen richtet sich nach dem gewünschten Farbton, der bei schwachem Glühen blau (Kobaltultramarin oder Thenards Blau) bei stärkerem Glühen aber braun bis schwarz sein soll. Gut haftende Schwarzfärbungen hat Verfasser nach diesem Verfahren häufig hergestellt. Blaufärbungen herzustellen ist aber nicht gelungen, es ist auch kaum anzunehmen, daß diese bei den durch den niedrigen Schmelzpunkt des Aluminiums begrenzten Glühtemperaturen herstellbar sind.

Czochralski hat ein ähnliches Schwarzfärbeverfahren ausgearbeitet: Als Brünierflüssigkeit wird eine etwa 10proz. Kobaltoxydulnitratlösung verwendet, die mit so viel Ammoniak versetzt wird, daß der anfangs entstehende Niederschlag eben wieder gelöst wird. Die Färbung wird am zweckmäßigsten so ausgeführt, daß man die Aluminiumgegenstände zwecks Entfettung auf etwa 300° erhitzt und sie dann noch heiß in die Brünierflüssigkeit einbringt. Die Teile werden hierauf feucht in einen Trockenofen gebracht und bei etwa 60—80° langsam getrocknet. Die Temperatur des Ofens wird dann allmählich (Temperaturanstieg etwa 10—20° in der Minute) auf etwa 220° gesteigert. Der Prozeß ist bei 250° beendet. Die Behandlung ist, wenn nötig, zu wiederholen.

Das Tauchverfahren bringt die Gefahr mit sich, daß an den unteren Rändern, in Vertiefungen u. dgl. Pfützen stehenbleiben, die beim

Erhitzen abblätternde Färbungen geben, besser ist es, die Lösung mit einem eben noch feuchten Pinsel ganz dünn aufzutupfen. Da die Färbung wahrscheinlich nicht, wie in der obengenannten Patentschrift der AEG angenommen, eine chemische Verbindung des Kobaltsalzes mit Aluminiumoxyd, sondern einfach Kobaltoxyd ist, Kobaltsalze aber mehr als fünfmal so teuer sind als die entsprechenden Nickel- und Kupfersalze, prüften wir, ob an Stelle der Kobaltsalze auch diese verwendet werden können, ferner, ob die Nitrate sich am besten eignen, oder auch Chloride, Sulfate oder Karbonate (Messingschwarzbeize) verwendet werden können, schließlich ob die ammoniakalischen Lösungen gegenüber den neutralen bzw. schwachsauren den Vorzug verdienen. Dabei erwiesen sich die schwachsauren wie die ammoniakalischen Lösungen der Sulfate aller drei Metalle Kobalt, Nickel und Kupfer als ganz ungeeignet. Die Chloridlösungen gaben teilweise brauchbare Färbungen, am besten die Kobaltlösung, die ammoniakalische etwas bessere als die schwachsaure. Die mit Nickelchlorid erzielten Färbungen waren grau und schlecht haftend, die mit Kupferchlorid erzielten waren mehr braunschwarz.

Weit besser wirkten aber von allen drei Metallen die Nitratlösungen, und zwar die Kobaltnitratlösung am besten. Die Verwendung der durch ihren starken Geruch unangenehmen ammoniakalischen Lösung hat höchstens den Vorteil, daß sie besser benetzt, sonst sind schwachsaure Lösungen, denen man, damit sie besser benetzen, etwas Spiritus zusetzen kann, ebensogut.

8. Andere Schwarz- und Graufärbeverfahren.

Zum Schwarzfärben wird eine siedende Lösung von 10 g Nickelsulfat, 5 g Natriumfluorsilikat und 25 g Kalisalpeter in 2 l Wasser empfohlen, altsilberähnlich abtönen kann man auch in einer Lösung von Nickelammonsulfat und Chlorammonium, die den Vorteil hat, daß die Färbung nicht so fest haftet, so daß das Abreiben leichter wird. Zum Schwarzfärben kann man auch eine heiße, mit Salzsäure leicht angesäuerte Lösung von etwa 30 g Eisenchlorid in 1 l Wasser benutzen.

9. Färbung mit Molybdatlösung.

Sehr vorteilhaft zum Schwarzfärben fand Verfasser eine Lösung von 10—20 g Ammoniummolybdat und bis zu 15 g je Liter Chlorammonium. Bei 5 g Chlorammonium je Liter muß man etwa 10 Minuten in die siedende Lösung tauchen, bei 15 g nur 1—2 Minuten, um eine tiefschwarze Färbung zu bekommen, ein höherer Zusatz macht die Färbung etwas rauh. In Färbebädern mit Molybdaten, die Pacz geschützt sind (siehe unter Zink), soll man Lüsterfarben durch Zusatz von Zinksalz erhalten, der die Färbegeschwindigkeit verlangsamen soll, so daß es leichter wird, die gewünschte Farbe festzuhalten

10. Färbung mit Permanganatbeizen.

Recht gute braune bis tiefschwarze Färbungen erzielt man mit Kaliumpermanganatbeizen. Auch die für Kupferlegierungen verwendeten Zusammensetzungen (S. 70) sind schon brauchbar.

Kaliumpermanganatbeizen werden in der Zusammensetzung von 20 g Kaliumpermanganat und 5 g Kupfersulfat im Liter für bronzeähnliche Färbungen von Vollrath und Lahr (a. a. O.) empfohlen und sind auch Gegenstand verschiedener erloschener Jirotkapatente. Verf. fand, daß mit Kaliumpermanganatlösungen, die schwach angesäuert werden, schon ohne Zusatz von Kupfersalz braune bis schwarze Färbungen zu erzielen sind, daß sich aber die Wirkung der Beize durch Zusatz von Kupfernitrat sehr verbessern läßt. Obwohl auch Schwefelsäure zum Ansäuern brauchbar ist und Flußsäure am stärksten wirksam ist, wenn auch meist auf Kosten der Haftfestigkeit der Färbung, lieferte das Ansäuern mit Salpetersäure die besten Erfolge. Essigsäure gab zwar gut haftende, aber nur helle Färbungen.

Versuche mit verschiedenem Gehalt der Lösungen ergaben, daß man schon mit 5 g im Liter Kaliumpermanganat gute Färbungen erzielt, um zu schnelle Erschöpfung der Beize zu verhüten, besser 10 g im Liter, ein höherer Gehalt ist nicht nötig.

Schon mit Zusatz von 0,5 g im Liter Kupfernitrat erhält man dunkelbraune bis schwarze Färbungen, mit 35—50 g werden die Färbungen streifig und fleckig, die besten Schwarzfärbungen erhält man bei einem Gehalt von 20—25 g Kupfernitrat im Liter, bei der Braunfärbung genügt ein Zusatz von 5 g im Liter.

Der Salpetersäurezusatz war von etwa 2 cm^3 (1,35 spez. Gewicht = 38° Bé) aufs Liter ab ausreichend, die Beizdauer verringerte sich zwar mit steigendem Salpetersäuregehalt, bei über 4—5 cm^3 im Liter wurden die Färbungen aber rauh, so daß man zweckmäßig darüber nicht hinausgehen wird. Der Salpetersäurezusatz kann um so höher genommen werden, je höher der Kupfernitratzusatz ist.

Die günstigste Zusammensetzung der Beize ergibt sich also zu:

5—10 g Kaliumpermanganat,
2—4 cm^3 Salpetersäure, 1,35 spez. Gewicht = 38° Bé,
und 20—25 g Kupfernitrat für Schwarzfärbung,
5 g Kupfernitrat für Braunfärbung,
in 1 l Wasser gelöst.

In nahezu siedender Lösung (mindestens 80°) wird eine satte, braune Färbung in etwa 10—15 Minuten, eine schwarze Färbung in 20—30 Minuten erzielt. Eine braune Färbung liefert die Beize auch bei mehrstündigem Einlegen bei Zimmertemperatur. Von den angewendeten Proben Handelsaluminium, Antikorodal (0,8—1,1% Silizium, 0,6—0,8% Mangan, 0,6—0,7% Magnesium) und AW 15 (1—2% Mangan) färbte sich Antikorodal am leichtesten tiefschwarz, ähnlich Handelsaluminium, AW 15 häufig nur braun.

11. Jirotkaverfahren.

Die verhältnismäßig große Beizdauer veranlaßte Verf. noch Versuche anzustellen, durch andere Zusätze die Wirkung der Beize zu verstärken bzw. zu beschleunigen, vielleicht auch den Farbton noch zu verändern. Bei dieser Gelegenheit wurden auch die in den Jirotkapatenten angeführten Verfahren nachgeprüft. Es handelt sich um die

DRP. 442766, 458562, 462507, 463534, 471053, 471054, 475789, 488554, 489974, 494262, 539976, 546466, 466843, die alle erloschen sind.

Die Versuche mit Bädern, die dem ersten Jirotkapatent entsprechend Salze der Schwermetalle neben Alkalikarbonat und Bichromat enthielten, gaben kaum brauchbare Färbungen, die Bäder zersetzten sich sehr rasch, etwas besser waren die Ergebnisse bei Verwendung von Bikarbonat, zu empfehlen sind aber diese Bäder auch nicht. Bäder, die konzentrierte Salpetersäure enthalten, gaben auch kaum brauchbare Färbungen, abgesehen davon, daß das Arbeiten mit solchen Bädern recht lästig ist. Besser waren die Erfolge mit flußsäurehaltigen Bädern und nach DRP. 494262: 2% Natriumbichromat und 1,2% Wasserstoffsuperoxyd ohne und mit noch 0,2% Eisenchlorid. Man erhält mit diesem Bade schön messinggelbe Färbungen, das Bad ist aber nicht lange haltbar. Am besten wirkten auch von den in den Jirotkapatenten angegebenen Bädern die permanganathaltigen. Nach DRP. 546466: 10,8 g Kaliumpermanganat, 32 g Kaliumbichromat, 5 g Manganchlorid und 10,4 g Flußsäure, erhält man braune bis schwarzbraune Färbungen, auch nach DRP. 489974: 22 g Kaliumpermanganat, 64 g Kaliumbichromat, 10,5 g Eisenchlorid und 20 g konzentrierte Schwefelsäure, mahagonibraune Färbungen.

Von den in den Jirotkapatentschriften gemachten Angaben konnte Verf. die, daß die Wirkung von Permanganatbeizen durch Zusatz von Bichromat in der Richtung verbessert wird, daß die Bäder schon bei niedrigerer Temperatur färben und besser haltbar sind, in mehreren Versuchen nicht bestätigt finden.

In den Jirotkapatentschriften ist die Angabe enthalten, daß der Zusatz von Salzen des zweiwertigen Mangans zur Permanganatlösung die Wirkung beschleunigt, auch Vollrath und Lahr empfehlen zur Herstellung messinggelber bis dunkelbrauner Färbungen eine Lösung von 20 g Kaliumpermanganat und 5 g Mangansulfat im Liter. Bei Versuchen ergab sich zwar die Richtigkeit der Jirotkaschen Angabe, daß Bäder mit diesem Zusatz schneller, stärker und auch bei niedrigerer Temperatur wirken, aber nicht nur die Haltbarkeit der erzielten Färbungen, sondern auch die der Beize waren geringer.

II. Elektronmetalle (Magnesiumlegierungen).

Der Werkstoff.

Elektronmetalle sind Legierungen, die vorwiegend aus Magnesium bestehen und infolgedessen noch leichter als Aluminium sind, das spezifische Gewicht ist nur 1,8—1,83. Sie schmelzen zwischen 440 und 650°. Es werden je nach den Verwendungszwecken verschiedene Gußlegierungen und verschiedene Guß- und Schmiedelegierungen geliefert.

Auch die Elektronmetalle überziehen sich, wie das Aluminium, an der Luft mit einer Oxydschicht, die das Metall schützt. Sie haben im Gegensatz zum Aluminium gute Beständigkeit gegenüber starken Laugen, aber ungenügende gegenüber Säuren, mit Ausnahme der Flußsäure, die schützende Deckschichten bildet. Sie sind beständig gegen viele alkalisch oder neutral reagierende organische Stoffe, aber nicht gegen

Chloride, Bromide, Sulfate, Nitrate und ähnliche Salze. Zu beachten ist bei der Bearbeitung die Brennbarkeit der Späne.

1. Färbeverfahren der IG-Farbenindustrie.

Für die Oberflächenbehandlung der Elektronmetalle gibt das Werk Bitterfeld der IG-Farbenindustrie AG. Anleitungen nach zum Teil patentierten Verfahren heraus, die den Beziehern von Elektronmetall zur Verfügung stehen. Durch Beizen in einer Salpetersäure-Alkalichromat-Lösung erhält Elektronmetall eine messinggelbe Farbe und größere Korrosionsbeständigkeit, auch durch 1—2stündiges Kochen in einer 5proz. Kalium- oder Natriumdichromatlösung und Spülen in heißem Wasser erhält man eine Schutzschicht. Nach obengenanntem Verfahren kann man es aber auch schwarz und hell- und mahagonibraun färben.

Ähnliche Beizen sind nach einer englischen Quelle, z. B. 15 g/l Kaliumdichromat, 10 g/l Alaun und 5 g/l Ätznatron, doch ist bei dieser Lösung sechsstündige Behandlung in der auf 95° erhitzten Beize nötig. In einem Bad, das neben 15 g/l Kaliumbichromat 15 g/l krist. Natriumsulfat enthielt, wurden bei 100° in $^1/_2$ Stunde nahezu gleichwertige Überzüge erhalten, das Bad wurde aber schnell unwirksam. Eine Lösung von 7,5 g/l Kaliumdichromat, 6,5 g/l Ammoniumdichromat, 30 g/l Ammoniumsulfat und 3,3 cm^3/l Ammoniak von 0,88 spez. Gewicht, p_H = etwa 6,5, ist haltbar, greift aber die schmiedeeisernen Wannen an. Das wurde durch Konzentrationserhöhung verhindert, wobei man mit folgender Zusammensetzung die besten Erfolge erzielte: 30 g/l Ammoniumsulfat, 15 g/l Ammoniumdichromat, 15 g/l Kaliumdichromat und 5 cm^3/l Ammoniak, $p_H = 5{,}8$—$6{,}2$, Beizdauer $^1/_2$ Stunde. Die Vorbehandlung soll nicht in Salpetersäure und nicht durch elektrolytische Entfettung, sondern in einer 5proz. Lösung eines Gemisches von 74,5% Kristallsoda, 24,5% pulver. Wasserglas und 1% Seife ausgeführt werden.

2. Sonstige Schutz- und Färbeverfahren.

Kroenig prüfte die Schutzwirkung von folgenden Verfahren: Kaliumdichromat mit Salpetersäure, Orthophosphorsäure mit Kaliumdichromat oder mit Kaliumpermanganat, Kaliumpermanganat mit Salpetersäure oder mit Borsäure und Natriumfluorid und fand als beste Beize 40 g Kaliumdichromat, 180 g Salpetersäure, 1,4 spez. Gewicht in 1 l Wasser, bei 80°. Weitere Verbesserung wurde durch Hinzufügen von Nitraten erzielt. Die Schutzwirkung war am besten gegen Seewasser und Witterungseinflüsse, in Leitungs- und destilliertem Wasser war sie ohne praktischen Wert. Sie war auf aluminiumhaltigen Legierungen am besten, die Beständigkeit von Reinmagnesium wird kaum beeinflußt.

Schutz durch Bichromatlösung ist auch Gegenstand mehrerer Patente, z. B. nach DRP. 493827 einstündiges Kochen in Bichromatlösung nach vorhergehender Beizung in Salpetersäure, nach einem Zusatzpatent genügt unter Umständen schon der Zusatz von 1% Bichromat zum benetzenden Wasser. DRP. 435931 schützt die Behandlung mit der Lösung eines Fluorids, z. B. Natriumfluorid, die die Oxydation durch Wasser auf ein Minimum herabsetzt, DRP. 579162 die Behandlung mit wässerigen Lösungen von Schwefelalkalien, nach einem anderen Verfahren verwendet man Lösungen von Arsenverbindungen.

Das DRP. 453886 schützt ein Verfahren durch Überziehen mit einer ein freies Phenol enthaltenden Lösung, wodurch auch das Anhaften von Lacken erleichtert wird, und das DRP. 557484 die Behandlung mit Phosphatlösungen, z. B. primärem Magnesium- oder Natriumphosphat, die keine freie Säure enthalten sollen, z. B. 15 Teile kalz. Magnesiumoxyd in 85 Teilen 85proz. Phosphorsäure gelöst und mit etwa 300 Teilen Wasser verdünnt. Wird die Lösung trübe, muß wieder etwas Phosphorsäure zugesetzt werden.

Nach Fournier wird das Magnesium in 15proz. Chromsäure mit 0,17% Schwefelsäure gebeizt und dann in ein Bad gebracht, das 100 g selenige Säure und 5 g Kochsalz im Liter enthält. So behandeltes Magnesium soll bei der Salzsprühprobe einen bedeutend verminderten Gewichtsverlust zeigen. Bengough und Whitby behandelten 5 Elektronmetallegierungen, die in 30proz. Salpetersäure vorgebeizt waren, durch 5—15 Minuten langes Tauchen bei Zimmertemperatur in 10proz. seleniger Säure mit 0,1—0,5% Natriumchlorid. Dabei erhielten sie sehr gut haftende rote und graue, glatte Selenüberzüge von 0,02 mm Schichtdicke. Der Überzug soll ein sogenannter „selbstheilender" sein, dadurch, daß sich zunächst eine dünne Haut von Magnesiumselenid bildet, das bei der Zersetzung durch Wasser Selenwasserstoff gibt, der sich mit dem Sauerstoff der Umgebung zu Wasser und Selen umsetzt, das die Poren verstopft. Der Gewichtsverlust bei Seewasserkorrosionsversuchen war gering, es zeigte sich aber eine Verschlechterung der mechanischen Eigenschaften, infolge Angriff an den Korngrenzen.

Fischer und Schwan stellten Fluoridüberzüge durch anodische Behandlung in Natrium- und Kaliumbifluoridschmelzen her, mit 1,5 A/dm² Stromdichte und 40—80 Volt Spannung, die Schichten sind aber porös und sind nur in Verbindung mit Lackanstrichen brauchbar.

Fünftes Kapitel.

Mechanische Metallfärbung.

Die mechanische Metallfärbung soll in diesem Buche nur insoweit behandelt werden, als sie zur Ergänzung der chemischen dient, eine ausführlichere Behandlung findet man in Dr. Fritz Zimmer: „Handbuch der Lackier- und Dekoriertechnik, 2. Aufl., Berlin 1929".

Zum Überziehen von Metalloberflächen, sei es zum Schutze, sei es zur Verschönerung, besonders auch zur Ergänzung der vorstehend beschriebenen chemischen und elektrochemischen Metallfärbungen, verwendet man Lacke, besonders die Zelluloselacke oder Zapone und Firnisse. Ölfarben-, Rostschutzanstriche und ähnliche Anstriche, die das Metall vollkommen verdecken, sollen, wie schon gesagt, hier nicht behandelt werden.

A. Arten der Metallacke und -firnisse.

Lacke sind Auflösungen von Harzen u. dgl. in verschiedenen Lösungsmitteln, sie trocknen durch Verflüchtigung des Lösungsmittels und werden deshalb auch flüchtige Lacke genannt. Enthalten sie neben dem flüchtigen Lösungsmittel noch ein Öl, so nennt man sie fette Lacke oder Öllacke. Bei diesen verändert sich nach der Verflüchtigung des Lösungsmittels das trocknende Öl unter der Einwirkung des Luftsauerstoffs und des Lichts derart, daß der entstehende Körper mit dem Harz zusammen zu einer festen Schicht eintrocknet.

Man benennt die Lacke teilweise nach dem Lösungsmittel, teilweise nach der Trockensubstanz und kann fünf große Gruppen von Lacksorten unterscheiden: Sprit-, Öl- und Asphaltlacke, Kunstharzemaillen und Zelluloselacke, die in Nitrozellulose- und Azetylzelluloselacke eingeteilt werden.

Leinölfirnisse sind Flüssigkeiten, die durch chemische Veränderung trocknender Öle hergestellt werden, also ohne Zusatz flüchtiger Lösungsmittel. Zur Beschleunigung der die Trocknung hervorrufenden Sauerstoffwirkung enthalten die Firnisse wie auch die Öllacke metallische Verbindungen (Sikkative).

Man teilt die Leinölfirnisse ein in gekochte Firnisse mit den seit langem gebrauchten Oxyden und Salzen, bei höherer Temperatur bereitet, ungekochte Firnisse oder Präparatfirnisse mit löslichen Sikkativen bereitet und mit Luft, Ozon, Elektrizität oder andere Sonderverfahren so umgewandeltes Leinöl, daß es in weniger als 24 Stunden trocknet.

Man unterscheidet weiter lufttrocknende (die im allgemeinen magerer) und ofentrocknende Lacke (die fetter sind), weiter deckende und transparente Lacke, ferner nach der Art der Anwendung Streich-, Spritz- und Tauchlacke.

Emaillacke werden bei höherer Temperatur (120—200°) eingebrannt.

Die Nitrozelluloselacke werden aus Kollodiumwolle, d. i. Nitrozellulose unter Verwendung von Amylazetat, Butylazetat und sogenannten Nichtlösern, wie Benzin, Benzol, Xylol u. dgl., hergestellt unter Zusatz von Schellack, Elemi, Damar und neutralen Kunstharzen, die nicht etwa als minderwertige Ersatzstoffe zu betrachten sind. Bunte Decklacke werden mit Erdfarben, Pigmenten u. dgl. angeteigt und ganz fein vermahlen.

Der farblose oder goldgetönte Zapon ist der älteste Nitrozelluloselack, er unterscheidet sich von dem Spirituslack dadurch, daß dieser dem Metalluntergrund einen besonderen Glanz verleiht, die gebräuchlichen alten Zapone nicht.

B. Zaponieren.

In Verbindung mit der chemischen Metallfärbung kommen gegenwärtig fast nur die Nitrozelluloselacke oder Zapone in Anwendung, weshalb das Zaponieren nachstehend ausführlicher behandelt werden soll.

1. Eigenschaften und Arten der Zapone.

Über die Rohstoffe und die Herstellung der Zapone gibt das Buch von Dr. Fr. Zimmer: Nitrozelluloseesterlacke und Zaponlacke (Verlag S. Hirzel, Leipzig) Auskunft, den Verbraucher interessiert nur die Feststellung, daß der fruchtätherähnliche Geruch nach dem früher ausschließlich und auch heute noch als Lösungsmittel verwendeten Amylazetat, nach dem viele die Güte des Zapons beurteilen, kein Merkmal der Güte ist und daß besonders die Spritz- und Tauchzapone keinen lästigen Geruch haben sollen.

Der Zapon muß dem beabsichtigten Auftrag durch Streichen, Spritzen oder Tauchen entsprechend gewählt werden. Streichzapone werden mit einem breiten, weichen Haarpinsel voll aufgetragen, auch mit Watte, jedoch gehört dazu mehr Übung. Auf Hohlkörper, die nur außen zaponiert werden sollen, wird der Zapon auch aufgegossen. Beim Tauchverfahren werden die Stücke langsam in den Zapon getaucht, worauf man sie etwa 10 Minuten abtropfen läßt oder noch besser eine Viertelstunde bei etwa 60° im Ofen trocknet. Zaponansammlungen an den unteren und vorspringenden Teilen werden vorsichtig mit dem Pinsel oder Fließpapier abgenommen. Anwärmen der Stücke vor dem Tauchen ist vorteilhaft, aber nicht unbedingt nötig. Massenartikel und größere Stücke werden meist mit der Spritzpistole zaponiert. Zaponartige Lacke werden auch für Trommellackierung verwendet.

Der Zapon soll besonders für Silber wasserhell sein, er darf keine Schlieren bilden, keine mechanischen Beimengungen enthalten und muß sich mit dem zugehörigen Verdünnungsmittel ohne Trübung oder Ausscheidung mischen lassen, denn die Zapone werden meist in einer Konsistenz geliefert, die später eine Verdünnung nötig macht. Diese darf natürlich nicht mit einem beliebigen Verdünnungsmittel, sondern muß mit dem von der Lackfabrik vorgeschriebenen vorgenommen werden. Farblose Zaponierung soll nach dem Trocknen äußerlich nicht erkennbar sein. Farbloser Zapon soll von hochpoliertem, ganz fettfreiem, vorgewärmten Messingblech ohne jede Hauchbildung ablaufen.

2. Ausführung der Zaponierung.

Die anzuwendende Lackiertechnik richtet sich nach Art, Form und Größe der Gegenstände, allgemeine Regeln lassen sich dafür nicht aufstellen, das geeignetste Verfahren muß von Fall zu Fall ermittelt werden. Ebenso gibt es keinen Zapon, der sich für alle Verwendungen gleich gut eignet, man gebe also bei der Bestellung immer die Verwendung genau an und beziehe nicht von unzuverlässigen Bezugsquellen.

Die Verwendbarkeit für eine bestimmte Lackiertechnik ist in erster Linie von der Viskosität abhängig, Spritz-, Tauch- und Gießlacke sind im allgemeinen von geringerer Viskosität, Streichlacke von höherer. Für die Viskositätsmessung hat man verschiedene Methoden und Apparate, für die bei den Zaponen in Frage kommenden Viskositäten eignet sich am besten die Messung der Auslaufgeschwindigkeit einer gewissen Menge aus einer Kapillare, z. B. mit dem Englerschen Viskosimeter. Ein einfacher, leicht selbstherzustellender Apparat ist der Fordbecher, bei der

Ford-Motor-Company in Anwendung. Er besteht aus einem polierten zylindrischen Stahlgefäß mit kegelförmigem Boden, in dem sich ein kleines Loch befindet. Eine Rinne um den oberen Rand fängt beim Füllen des Gefäßes, wobei man das Loch mit dem Finger schließt, den überschüssigen Lack auf. Man mißt die Auslaufzeit des Lackes von 23° Temperatur mit der Stoppuhr. Für hochviskose Lacke verwendet man die Kugelfallviskosimeter, bei denen die Fallzeit einer Kugel von bestimmtem Durchmesser in der zu prüfenden Flüssigkeit gemessen wird, für dünnflüssige auch den Apparat von Cochius, bei dem man die Zeit mißt, die eine Luftblase braucht, um in einem mit dem Lack gefüllten Rohr aufzusteigen.

Der Zaponierraum soll vollkommen abgeschlossen, nach Norden gelegen und mit ausreichender Heizung und Lüftung versehen sein.

Der Raum soll staubfrei sein, da die zu lackierenden Teile staubfrei sein müssen. Nach dem Zaponieren ist der Nitrozelluloseesterlack nicht so staubempfindlich wie andere Lacke, da er durch rasches Trocknen schnell unempfindlich gegen Staub wird.

Die zu zaponierenden Gegenstände müssen ebenso wie beim Galvanisieren sorgfältig entfettet und dekapiert (von Oxydhäuten befreit) werden, schon Spuren von Fett können ein Abschälen, aber auch ein Irisieren des Zapons verursachen. Das gleiche gilt von Feuchtigkeit auf der Oberfläche der zu zaponierenden Gegenstände. Feuchte Luft, Öffnen der Fenster, Betreten des Raumes mit nasser Kleidung bei Regenwetter sind zu vermeiden. Da die Luft immer Wasserdampf enthält, kann sich Feuchtigkeit aber auch durch Temperaturunterschiede, zu niedrige Temperatur der Gegenstände gegenüber der Raumtemperatur, Abkühlung durch Zugluft od. dgl., auf den zu zaponierenden Gegenständen niederschlagen, auch die Lacktemperatur darf nicht niedriger als die Raumtemperatur sein. Diese soll also möglichst auf gleicher Höhe gehalten werden und nicht unter 18° sein. Zu beachten ist auch, daß durch Verdunstung der Lösungsmittel Abkühlung eintritt. Bei künstlicher Belüftung sind Staubfilter und Wasserabscheider in die Druckluftleitung einzubauen, in letzteren das Wasser häufig abzulassen. Metalle, die an der Luft leicht oxydieren, wie Aluminium und Zink, sind sofort nach der Reinigung bzw. dem Polieren zu zaponieren.

Nach dem Umfüllen von Zapon muß man warten, bis alle Luftblasen verschwunden sind, farbige deckende Lacke sind zur Verteilung der Farbkörper gründlich umzurühren. Reste soll man möglichst nicht in die Vorratsgefäße zurückgießen, da sie häufig verdünnt, auch verdichtet oder sogar verunreinigt sind.

Beim Aufstreichen mit Pinsel soll der Pinsel nicht zu klein genommen werden, nach dem Eintauchen des Pinsels in den Zapon ist zu warten, bis keine Blasen mehr aufsteigen, dann ist der Überschuß an den Wänden des Gefäßes vorsichtig abzustreifen, und beim Streichen selbst muß Blasenbildung durch zu schnelles Streichen vermieden werden. Die Pinsel sind, am besten in einem weithalsigen verkorkten Gefäß, in einem Lösungs- oder Verdünnungsmittel freihängend aufzubewahren, da sie beim Einlegen verformt werden.

Die Pinsel sind auch mit einem zum Zapon passenden Lösungs- oder Verdünnungsmittel auszuwaschen, nicht mit Spiritus oder Benzin, die durch Zersetzung des Zapons die Pinsel steif machen.

Beim Auftragen mit Wattebausch muß die Watte ziemlich stark benetzt und ohne Druck lose über die Oberfläche geführt werden.

Zum Tauchen nimmt man meist Weißblech- oder Steinzeuggefäße, die, um Zapon zu sparen, der Größe des zu tauchenden Gegenstandes angepaßt sind, außer Gebrauch sind sie gut zu verschließen. Um Überlaufen zu verhindern, sollen sie nur etwa zum dritten Teil gefüllt werden. Man soll einen Tauchzapon beziehen und nicht einen Streichzapon verdünnen. Taucht man zu schnell ein, werden Luftblasen anhaften, zieht man zu schnell heraus, verläuft der Zapon ungleichmäßig und bildet „Gerinne", „Vorhänge", „Nasen" usw., die Lackschicht wird zu dick und ungleichmäßig. Bei langsamen Herausziehen wird der letzte Lacktropfen durch die Kohäsion des Lackes abgezogen. Spitze Gegenstände können schneller getaucht werden als runde. Die Geschwindigkeit des Herausziehens wird zu 2—4 cm in der Minute angegeben. Das Tauchen kann maschinell ausgeführt werden. Ein Vorteil der Tauchlackierung ist, daß sicher die ganze Oberfläche benetzt wird.

Gefärbte Zapone eignen sich nicht zum Tauchen, da sie, namentlich an Gegenständen mit Verzierungen, infolge verschiedener Dicke der Zaponschicht verschieden gefärbte Stellen geben. Man vermeidet dies nach einem Dr. Perl & Co. durch DRP. 84450 geschützt gewesenen Tauchvernierverfahren, indem man die farblos zaponierten Gegenstände $^1/_2$ Stunde bei 60—70° trocknet, die erkalteten Stücke 2—5 Sekunden in die Tauchfarbe taucht, in kaltem Wasser kurz abspült und trocknet.

Zum Spritzen sind gefärbte Zapone gut verwendbar. Beim Spritzen ist hauptsächlich „Trockenspritzen" zu vermeiden, durch das Schleierbildung und leichtes Abblättern hervorgerufen wird, und auf richtige Entfernung der Spritzpistole vom Gegenstand zu achten, bei zu geringer Entfernung entstehen Nasen und Vorhänge, bei zu großer entsteht „Trockenspritzen".

Chemisch gefärbte Metallgegenstände erfordern häufig einen besonderen Zapon, z. B. Arsenfärbungen, die nach dem Zaponieren leicht weiße Flecke bekommen. Reste der Färbebäder sind durch sorgfältiges Spülen in fließendem oder häufig erneuertem kalten und heißen Wasser zu entfernen und poröse Gegenstände sorgfältig zu trocknen. Reste des Färbebades oder auch des Spülwassers, die in Poren zurückbleiben, verursachen oft noch nach längerer Zeit auf dem Lager das oft auftretende pustelförmige Abstoßen des Zapons durch Ausblühungen von Salzen (Reste des Färbebades oder Reaktionsprodukte mit dem Metall) aus den Poren.

3. Fehlerhafte Zaponierungen.

Die sonstigen beim Zaponieren häufig auftretenden Fehler haben folgende Ursachen:

Irisierende Überzüge: Zu dünne Zaponierung, entweder durch zu stark verdünnten Zapon oder zu starkes Ausdrücken von Pinsel oder

Watte, evtl. auch schlechte Entfettung, Niederschlag von Feuchtigkeit, Anfassen mit Schweißfingern od. dgl.

Weißer Anlauf: Zu kalter Raum oder kalter Luftzug, Niederschlag von Luftfeuchtigkeit auf der trocknenden Zaponschicht. Die Störung tritt namentlich im Frühjahr und Herbst bei feuchtem Wetter, auch bei schönem Wetter bei Gewitterneigung auf. Das Hygrometer zeigt 90% relative Feuchtigkeit und mehr. Luftzug kann z. B. durch Transmissionsriemen verursacht werden, gegen Temperaturschwankungen empfindlich sind besonders Gegenstände aus dünnem Blech. Durch Anwärmen der Gegenstände auf etwa 40° kann man der Erscheinung vorbeugen. Die Erscheinung kann auch durch unsachgemäße Verdünnung und beim Spritzlackieren, wenn Kondenswasser in die Spritzapparatur kommt, hervorgerufen werden. Auch fehlerhafte Zusammensetzung des Zapons kann schuld sein.

Blindwerden, Rost- oder Grünspanbildung, oft erst nach längerer Zeit, werden auch durch zu dünne Überzüge als Folge der obengenannten Fehler hervorgerufen.

Porig- und Blasigwerden tritt ein, wenn der Zapon niedrigsiedende Nichtlöser neben einem hochsiedenden Lösungsmittel enthält.

Rauhe Oberfläche deutet auf Staub auf den Gegenständen oder im Lackierraum oder auch unreinen Zapon, bei der Spritzzaponierung auf zu große Entfernung der Spritzpistole oder zu hohe Temperatur des Lackierraumes, wodurch das Lösungsmittel zu schnell verdunstet.

Die Lichtempfindlichkeit, besonders die Empfindlichkeit gegen ultraviolette Strahlen des farblosen Zapons, wird schon durch sehr kleine Zusätze von Körperfarben herabgesetzt oder aufgehoben, Gegenstände, die im Freien dem Sonnenlicht ausgesetzt sind, soll man deshalb nicht farblos zaponieren.

Wenn auch Zaponierungen schnell trocknen, ist doch vor der Verpackung ein Nachtrocknenlassen, wenn schnelle Verpackung nötig ist, in einem mäßig erhitzten Trockenofen zu empfehlen.

Zur Prüfung der Zaponierung auf Härte, Haftfestigkeit, Elastizität usw. sind eine große Zahl Apparate konstruiert worden; die Probe mit dem Fingernagel durch Kratz- und Losschälungsversuche bietet aber dem erfahrenen Praktiker schon ein sehr gutes Hilfsmittel zur Prüfung der Güte einer Zaponierung.

C. Bronzieren mit Bronzepulvern.

Das Bronzieren von Eisengittern u. dgl. erfordert eine Grundierung mit Ölfarbe oder Lack. Meist verreibt man gut abgeklärten Leinölfirnis mit Ocker, dem man etwas Berlinerblau und Schwarz zusetzt, zu einer schmutzig grünen Farbe, mit der man 2—3 Aufstriche macht. Auf den letzten noch klebrigen Anstrich wird die trockene Bronze mittels Haarpinsel aufgepudert, nach dem Trocknen die überschüssige Bronze mit einem halbsteifen Pinsel abgestäubt. Man sammelt sie auf einen untergelegten Bogen Papier.

Will man lebhaft grünen Untergrund, so verwendet man Chromgrün als Grundfarbe. Eine Grundfarbe für Silberbronze erhält man, wenn man Zinkweiß mit etwas Ruß und Leinölfirnis verreibt, auch Graphit mit Firnis verrieben gibt eine gute Grundfarbe.

D. Patinaimitation (Antikwirkung).

Man nimmt einen sogenannten „Wassereinsetzlack" (schwarz oder bunt) und streicht diesen mit dem Pinsel so auf, daß vor allen Dingen die Tiefen benetzt werden. Nach kurzem Trocknen wird der Lacküberschuß von den Höhen mit einem wasserfeuchten Lappen entfernt, getrocknet und zaponiert. Man kann auch mit dem Borstenpinsel einen lufttrocknenden, bunten, deckenden Ölmattlack einreiben und den Lacküberschuß mit benzolfeuchtem bzw. terpentinfeuchtem Lappen entfernen, später mit einem farblosen oder goldgefärbten Spirituslack nicht zu kräftig überwischen. Vielfach deckt man erst mit einem Patinalack und setzt mit einem andersfarbigen Öllack ein.

Patinaimitation mit Farben. Man färbt zuerst mit verdünntem Schwefelammonium vor, trägt dann eine der nachstehenden, mit dünner Leimlösung verriebenen Farben auf, macht den Leim durch Bestreichen mit Formalinlösung wasserunlöslich und reibt nach dem Trocknen mit Leinölfirnis ein. In die Vertiefungen kann man noch grüne Farbpulver eintragen.

Geeignete Farbmischungen erhält man, wenn man gleiche Teile Chromgrün und Kupferkarbonat oder Chromgrün und Ocker oder Chromgrün und Zinkweiß mischt. Soll die Farbe dunkler werden, mischt man noch etwas Ruß zu.

In ähnlicher Weise kann man auch mit anderen Farben bzw. gefärbten Lacken die verschiedenartigsten Wirkungen erzielen, die aber natürlich einer echten chemischen Färbung nicht gleichwertig sind. Die Lacke sich selbst herzustellen, ist nicht zu empfehlen, man bezieht sie am besten von Spezialfabriken.

Namen- und Sachverzeichnis.